新工科**电子信息类**
新形态教材精品系列

模拟电路与数字电路

微。课。版

高明◎主编

曲中水 张伟阳◎副主编

U0191412

人民邮电出版社

北京

图书在版编目（CIP）数据

模拟电路与数字电路：微课版 / 高明主编. -- 北京：人民邮电出版社，2024.8
新工科电子信息类新形态教材精品系列
ISBN 978-7-115-64351-3

Ⅰ. ①模… Ⅱ. ①高… Ⅲ. ①模拟电路－高等学校－教材②数字电路－高等学校－教材 Ⅳ. ①TN710.4②TN79

中国国家版本馆CIP数据核字(2024)第091234号

内 容 提 要

　　本书针对人工智能发展的实际需求，以培养学生逻辑思维和逻辑设计能力，以及严谨的科学态度为目标，探索性地将模拟电子技术和数字电子技术相关内容适当地融合，突破传统教学模式。本书共 15 章，主要内容包括绪论、电路基础、模拟电子元器件、分立元器件基本电路、数字电路基础、逻辑代数基础、组合逻辑电路、触发器、时序逻辑电路、逻辑电路的自动化设计、集成运算放大器、正弦波振荡电路、脉冲波形产生和变换、数模转换器与模数转换器、仿真实验等。

　　本书结构完整、内容丰富、涉及面广，讲解注重系统性和实践性，配有大量例题和习题，能够帮助读者理解、掌握和应用相关知识。

　　本书可作为普通高等学校计算机类、电子信息类、自动化类专业基础课程教材，也可作为相关专业工程技术人员的参考书。

◆ 主　　编　高　明
　　副 主 编　曲中水　张伟阳
　　责任编辑　徐柏杨
　　责任印制　陈　犇

◆ 人民邮电出版社出版发行　　北京市丰台区成寿寺路 11 号
　　邮编　100164　电子邮件　315@ptpress.com.cn
　　网址　https://www.ptpress.com.cn
　　三河市君旺印务有限公司印刷

◆ 开本：787×1092　1/16
　　印张：17　　　　　　　　　2024 年 8 月第 1 版
　　字数：422 千字　　　　　　2024 年 8 月河北第 1 次印刷

定价：69.80 元

读者服务热线：(010)81055256　印装质量热线：(010)81055316
反盗版热线：(010)81055315
广告经营许可证：京东市监广登字 20170147 号

前　言

编写背景

党的二十大报告首次对教育、科技、人才工作进行专题部署和系统谋划，深化了推进三者一体化的重大理论和实践问题的规律性认识，理顺了教育强国、科技强国、人才强国的内在联系，为新时代我国教育发展、科技进步、人才培养提供了根本原则。

随着电子技术的发展，人类社会已进入"数字时代"。小到用智能手机购物，大到靠无人驾驶飞行器空运物资，集成电路不仅深入军工、航天等各个领域，也与我们日常生活息息相关。目前人工智能成为新一轮产业变革的核心驱动力，大规模和超大规模集成电路日新月异，模拟系统和数字电路系统的设计也发生了深刻的变化，这对模拟电子技术和数字电子技术传统的教学体系、内容和方法提出新的挑战。

编写初衷

编者围绕国家在电子技术产业和相关领域的实际需求，针对新时代大学生对知识理解和理论学习的多元性，以党的二十大报告提出的"教育、科技、人才是全面建设社会主义现代化国家的基础性、战略性支撑"为指导，立足"立德树人、产教融合"的编写理念，探索性地将模拟电子技术和数字电子技术相关内容适当地融合编成本书。

本书首先讲解模拟电子技术的基础知识，利用二极管和晶体管搭建相关电路，使初学者宏观上了解逻辑运算过程，对后续数字电子技术的学习打下基础。集成运算放大器、正弦波振荡电路、555定时器等模拟电子元器件的具体应用又要涉及数字电子技术，因此本书在时序逻辑电路章节之后编写相关具体的模拟电子元器件，最后讲解数模转换器与模数转换器。使初学者对模拟电子技术和数字电子技术相关知识由易到难、从宏观到微观，深入浅出地弄懂学透。

本书以注重基础知识、基本方法和典型电路结构为出发点，尽可能反映目前模拟电子技术和数字电子技术的新发展和新应用，使读者在掌握基础知识和理论的同时，充分地了解和认识新技术和新方法，为加快智能制造、高端芯片领域的突破和应用提供技术保障。

本书内容

本书主要面向计算机类、电子信息类、自动化类专业的学生和相关专业工程技术人员。本书在内容方面难点分散、循序渐进，重点突出；在例题选取方面注重实用性和针对性，力求做到思路清晰，深入浅出，避免就事论事，达到举一反三的目的。

本书特色

1 融入丰富元素，打造全新教材

编者结合多年的教学经验，借鉴近几年国内外优秀教材特点，融模拟电子技术、数字电子技术于一体，总结电子技术发展的趋势。本书融入大量具体应用案例，将科学研究精神、社会主义核心价值观、国家相关技术发展现状融入书中，实现教材在育人和育才上的有机统一。

2 增加微课视频，方便读者自学

本书针对重点和难点内容，录制深入、细致的微课视频，读者可以扫描书中微课视频二维码进行观看，方便随时随地开展高效自学。

3 理论联系实际，增强应用能力

本书从工程教育认证以人才需求为导向的理念出发，根据培养读者学习过程中发现问题、分析问题和解决问题的工程实践能力的相关要求，编排了丰富的例题和习题，同时在习题中精选部分历年考研题，力求理论知识和工程应用紧密结合。

4 配套教辅资源，服务教师教学

在新工科教育背景下，本书配套教学大纲、教案、课程 PPT、题库、习题答案等资源。

编者团队

哈尔滨理工大学计算机科学与技术学院数字电路与逻辑课程组由教学经验丰富、专业特色鲜明、教育教学体系改革成果卓著的教师队伍组成，主要负责哈尔滨理工大学相关课程的教学与实验工作。

本书由哈尔滨理工大学计算机科学与技术学院数字电路与逻辑课程组负责人高明担任主编，课程组骨干教师曲中水、黑龙江旅游职业技术学院督导处处长张伟阳担任副主编。其中，高明负责编写第3、4、5、6、7、11、13章，并对全书进行审定与润饰；曲中水负责编写第1、2、8、9、10章，并负责录制本书配套的微课视频；张伟阳负责编写第12、14、15章。

致谢

编者在编写本书的过程中参考了大量资料，吸收了目前较新的研究成果，编者在此对为本书的编写提供支持的领导和同事表示诚挚的谢意。由于编者水平有限，书中难免存在不足之处，编者诚恳地希望读者批评指正，读者可以通过电子邮箱 gaominghust@126.com 给编者发送邮件，提出宝贵的意见和建议，以便本书不断完善。

编　者
2024 年 7 月
于哈尔滨理工大学

目　录

第 5 章
数字电路基础

第 6 章
逻辑代数基础

第 7 章
组合逻辑电路

第8章
触发器

第9章
时序逻辑电路

第 10 章
逻辑电路的自动化设计

第 11 章
集成运算放大器

第 12 章
正弦波振荡电路

第 13 章
脉冲波形产生和变换

第 14 章
数模转换器与模数转换器

第 15 章
仿真实验

第 1 章
绪 论

本章学习目标

掌握数字信号的特点。
了解模拟信号的特点。
了解模拟信号和数字信号的区别。

本章讨论的问题

模拟信号和数字信号有何区别？
数字信号的应用领域有哪些？

刻苦从事科学事业，做到"又红又专"。——王大珩（中国光学之父）

王大珩，中国科学院院士，中国工程院院士，哈尔滨理工大学原校长；1999年荣获"两弹一星功勋奖章"；现代国防光学技术及光学工程的开拓者和奠基人，开创并发展了我国光学技术、光学计量、激光技术、光学工程等领域的工作，为发展尖端武器和研制各种大型光学观测设备做出了突出贡献。

王大珩时刻胸怀祖国和人民，一生情系科技事业；他的学术思想和培养科技英才的成就，他对国家科技发展战略的重大建议，都将载入史册。

1.1 模拟电子技术概念

电子技术的应用主要集中在电路中，可以说是电路的放大镜。模拟电子技术在电子技术中非常重要，其用于处理电路中的连续信号，是一种较为简单的处理技术。

1.1.1 模拟信号

模拟信号指信息参数在时间上和数值上连续的信号。有线电话和无线电话都是通过模拟信号来传递信息的，在进行通话时，电话线路中所传输的信号会随着用户自身的音量高低改变而改变。产生的电话信号即语音信号，在时间以及空间波动上是连续的状态，语音信号首先被转换为与它的频率、幅值一致的电信号，其次运用有线或无线的方式将其输出，通话接收方再运用接收设备将电信号转换为语音信号即还原为初始的状态。语言信号转化而来的电信号就叫作模拟信号。

"模拟"指的是人们对生活中实物的一些具体表达，如一本插画、在计算机上所观察到的画面、在通话过程中听到通话对方的声音等，这些都可以被归纳为"模拟"。"模拟"需要载体，即能够存储信息的介质，例如，白纸可以承载文字，胶卷可以承载影像。除此之外，"模拟"还需要相应的工具，"打电话"中的电话机、"看电视"中的电视机、电视机的屏幕以及电视机的音响都可以被归纳为"模拟"所可能用到的其他工具。最后，"模拟"也有传播方式，例如运用手机设备与外地的朋友、家人进行对话，电话网可以把信息通过"模拟"传给距离遥远的对方。

1.1.2 模拟电子技术

模拟电子技术是电子技术中十分重要的技术，主要运用在电路中，当信号按一定规律有序进入电路后，电路能够放大接收到的信号，保证电路稳定工作。模拟电子技术处理的大多是简单的、连续的、在时间和数据上连续变化的模拟信号。模拟电子技术常用的半导体元器件主要有二极管、场效应管等，常用的电路有放大电路、稳压电路等。

模拟电子技术较为简单，使用便利，能够让电路工作时间有效缩短，进而确保运行效率。由于模拟电子技术工作原理较为简单，对电路本身也没有太高的要求，其造价低廉就成为一个明显的优势，因此可大大拓宽其应用市场。例如，在过去的很长时间里，电视机大多是采用模拟电子技术制造的，应用较为简单，造价低廉、成本可控让电视机得到了广泛普及。

但是相对应地，模拟信号精度存在一定的问题。在处理模拟信号的过程中，决定模拟信号精度的主要因素是硬件电路，处理效果受到电子元器件性能的影响。"信息时代"对无损信号的要求越来越高，受限于硬件电路，那些精度要求高的系统无法使用模拟电路。同时，模拟电路的抗干扰能力较差。晶体管在工作中始终处于放大状态，在那些容易产生机械振动的环境中，模拟电路的信号干扰特别明显，信号的准确性无法保证，失真的情况时有发生。特别是在线路比较复杂的长距离传输过程或传输环境中其他设备数量较多的情况下，信号干扰就更为明显。

1.2　数字电子技术概念

数字电子技术使用的是抽样定理，通过抽样模拟信号，让信号的精度得到保证，所以和模拟电子技术相比，数字电子技术具有较高的精度。

1.2.1　数字信号

数字信号可以理解为能够呈现出一定数字量的信号，通常情况下，处在比较稳定的状态之间且呈现出阶梯形式变化的信号称为数字信号，其被分为脉冲型和电位型。随着数字技术的进步，现代社会逐步发展进入"数字时代"。就像"模拟"一样，"数字"也能够对日常生活中的一些实物进行体现，它也属于一种表达方式。例如，数字通信将数字信号当作载体传播各方面的消息，通常最普遍的数字信号的状态只有两种，这种数字信号被称为二进制信号。

1.2.2　数字电子技术

数字电子技术在传输数据时使用数字信号，从而可保证传输的质量与效率。数字电子技术包括数字电路及数字信号两种综合性技术应用，前者连接整个电路，保证信号的传输不受干扰；后者的传输速度直接影响到电路的运行效率。

由于数字电子技术使用了开关电路，所以对物理量的精度要求降低，只需要确定相应的范围即可，这在一定程度上简化了使用流程，技术便利性也得到了体现；此外，数据传输更加可靠和安全，电路稳定性得到提高，外界环境造成的干扰微乎其微。所以在数字电路当中，其信号精度更高，对信号存储来说更加有利。例如，数字电视的画面更加清晰。数字电路可以更完善地开展程序控制，这对产品批量生产是非常有利的，可以让生产效率得到有效保证，这也是确保企业经济收益的重要条件。由于数字电路采用了高级加密系统，所以程序控制更加完善，其自身的加密功能也更加强大，保证了信号安全。

1.3　模拟电子技术和数字电子技术的应用及发展趋势

20 世纪 90 年代，模拟电子技术得到了快速的发展，在有线电视、有线电话等中得到了广泛的应用，方便了人们的生产和生活，带动了当时经济的发展。但是，随着社会的发展、科技的进步，模拟电子技术在很多场景下已经无法满足社会生产、生活的需要，只在部分场景下保留使用。

信息时代的到来为数字电子技术的发展提供了前提，促进了数字电子技术的发展，在社会生产和生活中得到越来越多的应用。数字电子技术应用于网络能够提高网络的抗干扰能力、存储能力及传输速度，满足人们生产和生活的众多需求。

随着信息时代、数字时代的发展与深化，数字电子技术得到了更多的发展机会与更大的发展空间。例如，半导体的工艺水平已经达到深亚微米级别，数字电路的集成度也越来越高，特别是在芯片及数据传输位数等方面的技术越来越成熟，可以预期数字电子技术的应用领域会越来越多，数字电子技术的功能会越来越强。实际上，随着电子设计自动化技术的不断普及，信息时代的高新技术将会层出不穷，能够助力数字电子技术攀上新的技术高峰。

从社会经济的发展现状可以看出，数字电子技术还有很多亟待开发的领域，只有研制出更具针对性与适用性的产品，才能推动数字电子技术的发展。从数字电子技术的发展现状可以看出，数字电子技术的发展趋势主要有两个方向，一是实现数字电子技术发展的数字化；二是数字电子与模拟电子紧密结合、共同进步。

第**2**章

电路基础

⏱ 本章学习目标

掌握电阻、电感、电容等基本电路元器件的特性。

掌握理想电压源和电流源的特点以及实际电源模型。

掌握基尔霍夫定律、叠加定理、等效电源定理的使用方法。

⏱ 本章讨论的问题

常用的电路元器件有哪些？

理想电源和实际电源之间是什么样的关系？

什么是基尔霍夫定律？基尔霍夫定律在具体应用中要注意哪些问题？

什么是叠加定理？什么是等效电源定理？

一生致力于科学研究和人才培养。——邱关源（我国著名电路理论专家）

  邱关源一生淡泊名利，高风亮节，桃李满天下，深受广大师生爱戴。他是我国电路理论领域的著名专家，在有源滤波器、开关电容网络、非线性理论、全集成电流模式电路理论、模拟电路故障诊断理论、神经网络理论等领域具有很大影响力，为我国人才培养做出了重要贡献。

  邱关源在教育教学过程中所体现的胸怀祖国、服务人民的爱国精神，追求真理、严谨治学的求实精神，淡泊名利、潜心育人的奉献精神，甘为人梯、奖掖后学的育人精神，是教育家精神的生动体现，是我们宝贵的精神财富。

2.1 电路基本物理量

电路是为了实现某种应用目的，将若干电工、电子元器件或设备按一定的方式相互连接所组成的整体。例如，常用的荧光灯照明电路是由灯管、镇流器、起动器、开关和交流电源用导线相互连接而成的；收音机电路是由一定数量的晶体管（或集成电路元器件）、电阻器、电感器、电容器、扬声器及直流电源等元器件组成的。由于电的应用很广泛，所以电路的具体形式是多种多样、千变万化的。

根据电路的作用，大体上可将电路分为两类。一类是用于实现电能的传输和转换的电路。例如，照明电路和动力电路分别将电能由电源传输至照明灯和电动机，并转换为光能和机械能。将电能转换为其他形式能量的元器件或设备统称为负载。因此这类电路必然包括电源、负载和连接导线3个基本组成部分，还常接有开关、测量仪表等。这类电路由于电压较高，电流和功率较大，习惯上常称为"强电"电路。另一类电路用于进行电信号的传递和处理。以收音机电路为例，收音机的天线可以接收到从空中传来的载有声音信息的无线电波（这时天线相当于信号源），通过调节收音机中的可变电容器，就可以从天线所接收到的众多信号中选出一个需要的信号，再经过放大和处理，最后由扬声器将声音信号重现出来。这类电路通常电压较低，电流和功率较小，习惯上常称为"弱电"电路。

2.1.1 电路元器件及模型

用于构成电路的电工、电子元器件或设备统称为实际电路元器件，简称为实际元器件。由实际元器件构成的电路称为实际电路。实际元器件种类繁多，各具特性和用途。

一个实际元器件往往呈现多种物理性质。例如，一个用导线绕成的线圈不仅具有电感，而且具有电阻，线圈的匝与匝之间还存在分布电容。为了便于进行电路分析，常采用一些理想电路元器件来表征实际元器件的特性，称为实际元器件的模型。理想电路元器件是对实际元器件在一定条件下进行科学抽象而得到的，具有某种理想的电路特性。例如上述的线圈，如果忽略其电阻和电容，就成为了理想电感元器件。一个实际元器件的性质，可以用一个理想电路元器件或几个理想电路元器件的组合来表示。根据与实际元器件特性的近似程度不同，一个实际元器件可以建立不同形式的模型。

将实际电路中的各种实际元器件都由其相应的模型表示后，就构成实际电路的电路模型。也就是说，电路模型是由一些理想电路元器件相互连接而构成的整体，是实际电路的一种等效表示，故有时也称为等效电路。建立电路模型给分析实际电路带来很大方便，是研究电路问题的常用方法。

2.1.2 电流、电压及功率

1. 电流

电路中带电粒子在电源作用下的有规则移动形成电流。金属导体中的带电粒子是自由电子，半导体中的带电粒子是自由电子和空穴，电解液中的带电粒子是正、负离子，因此电流既可以由负电荷的定向运动产生，也可以由正电荷的定向运动产生，或者是两者兼有的定向运动的结果。

习惯上规定正电荷移动的方向为电流的实际方向。

电流为电荷量对时间的变化率，即

$$i = \frac{dq}{dt} \qquad (2-1)$$

式中，电荷 q 的单位为库仑（C），时间 t 的单位为秒（s），电流 i 的单位为安培（A）。电流的单位有时也采用毫安（mA）、微安（μA）或千安（kA），$1A=10^3mA=10^6μA=10^{-3}kA$。

如果电流的大小和方向都不随时间变化，则称为直流电流（Direct Current，DC），用大写字母 I 表示。如果电流的大小和方向都随时间变化，则称为交流电流（Alternating Current，AC），用小写字母 i 表示。

在进行电路分析时，为了列写与电流有关的表达式，必须预先假定电流的方向，称为电流的参考方向（也称为正方向），并在电路图中用箭头标出。如果电流的实际方向可以判定，通常就取其为参考方向；如果电流的实际方向难以确定，则参考方向就可以任意假定。根据所假定的电流参考方向列写电路方程并求解后，如果电流为正值，则表示电流的实际方向和参考方向相同；如果电流为负值，则表示电流的实际方向和参考方向相反。交流电流的实际方向是随时间而变化的，因此当电流的参考方向确定后，如果在某一时刻电流为正值，则表示在该时刻电流的实际方向和参考方向相同；如为负值，则相反。确定电流的参考方向在电路分析时是必不可少的，这是一个很重要而又容易被读者忽视的问题，必须养成在进行电路分析时首先在电路中标出电流参考方向的良好习惯。

2．电压

电压是描述电场力对电荷做功的物理量，表达式为

$$u = \frac{dW}{dq} \qquad (2-2)$$

式中，dq 为由电路的一点移到另一点的电荷量；dW 为转移过程中电荷 dq 所获得或失去的能量，单位为焦耳（J）。电压 u 的单位为伏特（V），电压的单位有时也采用毫伏（mV）、微伏（μV）、或千伏（kV），$1V=10^3mV=10^6μV=10^{-3}kV$。

如果电压的大小和方向都不随时间变化，则称为直流电压，用大写字母 U 表示。如果电压的大小和方向都随时间变化，则称为交流电压，用小写字母 u 表示。

电压是由于两点间电位的高低差别而形成的，它的方向是从高电位指向低电位，是电位降低的方向。电动势是描述电源将其他形式的能量转化为电能的能力的物理量，电动势的方向是从低电位指向高电位，是电位升高的方向。

在进行电路分析时，为了列写与电压有关的表达式，必须预先假定电压或电动势的参考方向（也称为参考极性）。电压的参考方向采用"+""−"极性表示，从"+"端指向"−"端。当电压采用双下标（例如 U_{ab}）表示时，习惯上认为前一个下标（即 a）的端点为参考方向的"+"端。为了分析方便，如果已知电压、电动势的实际方向，就常以其实际方向作为参考方向。电压方向示意如图 2-1 所示，在忽略电池的内阻和导线的电阻时，根据所标参考方向，a、b 间的电压 U_{ab} 和电池的电动势相等，即 $U_{ab} = E$。

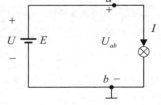

图 2-1　电压方向示意

电压参考方向和电流参考方向可以分别加以假定，但在电路分析时通常假定电源以外的元器件（或电路）的电压参考方向与电流参考方向一致，即电流参考方向为从电压参考方向的"+"端指向"−"端，称为关联参考方向。例如，在图 2-1 中，流过白炽灯的电流参考方向假定为从

上到下，白炽灯两端电压的参考方向也假定为上"+"下"−"，两者相关联。在采用关联参考方向时，如果标出某个电路元器件的电流或电压参考方向，则该元器件的电压或电流参考方向就随之关联地确定，可以不再标出。

如图2-1所示，电压U_{ab}就是a、b两点的电位差，它在数值上等于电场力驱使单位正电荷从a点移至b点所做的功。a点（或b点）的电位V_a（或V_b）在数值上等于电场力驱使单位正电荷从a点（或b点）移至零电位点所做的功。零电位点又称参考点，可以任意设定，常用符号"⊥"表示。在图2-1中，设b为参考点（即$V_b = 0$），则a点的电位V_a就等于a、b间的电压U_{ab}，即$U_{ab} = V_a - V_b = V_a$。因此，如要知道某一点的电位，只需计算该点到参考点的电压。

3．功率

功率是电路分析中另一个常用的物理量。如果某个元器件（或某段电路）流过的电流为i，两端电压为u，而且电流和电压的参考方向相关联，则功率

$$p = ui \tag{2-3}$$

功率的单位为瓦特（W）。

在电流和电压的参考方向相关联时，若根据式（2-3）计算的功率为正值，则表示该元器件（或该段电路）吸收功率（即消耗电能或吸收电能）；若为负值，则表示输出功率（即送出电能）。

习惯上对电源的端电压和流过电源的电流采用非关联参考方向。例如，在图2-1中，按所示电流参考方向，电流从电池的"−"端流向"+"端，此时（忽略电池的内阻时）电池的端电压$U = E$，乘积UI（即EI）表示电源（电池）向外电路（白炽灯）所提供（输出）的功率大小。

在时间t_1到t_2期间，元器件（或电路）吸收的电能为

$$W = \int_{t_1}^{t_2} ui\mathrm{d}t \tag{2-4}$$

电能的单位为焦耳（J），实际应用中常采用千瓦时（kW·h），1kW·h=1000W·3600s=3.6×10⁶J，1kW·h俗称1度电。

2.2 电路基本元器件

电路中普遍存在着电能的消耗、磁场能量的储存和电场能量的储存这些基本的能量转换过程。表征这些物理性质的电路参数有电阻、电感和电容。只含其中一个电路参数的元器件分别称为理想电阻元器件、理想电感元器件和理想电容元器件，通常简称为电阻元器件、电感元器件和电容元器件，它们的图形符号如图2-2所示。

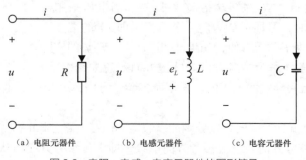

(a) 电阻元器件　　(b) 电感元器件　　(c) 电容元器件

图2-2　电阻、电感、电容元器件的图形符号

2.2.1 电阻

电阻元器件简称为电阻。电阻上电压和电流之间的关系称为伏安特性。如果电阻在 u-i 平面上的伏安特性曲线是一条通过坐标原点的直线，则称电阻为线性电阻。线性电阻两端的电压 u 和流过它的电流 i 之间的关系服从欧姆定律（Ohm's Law），即当 u、i 的参考方向如图 2-2（a）所示时，有

$$u = Ri \qquad (2-5)$$

式中，R 为元器件的电阻，是一个与电压、电流无关的常数，单位为欧姆（Ω）。

式（2-5）表明，线性电阻的电压与电流之间成线性函数关系。线性函数关系具有以下性质：（1）比例性（亦称齐次性），若电流增加 k 倍或减少为原来的 $1/k$，则电压亦增加 k 倍或减少为原来的 $1/k$；（2）可加性，若电流 i_1、i_2 在电阻上分别产生的电压为 $u_1 = Ri_1$、$u_2 = Ri_2$，则电流之和（$i_1 + i_2$）产生的电压为 $u = R(i_1 + i_2) = u_1 + u_2$。

电阻吸收的功率为

$$p = ui = Ri^2 = \frac{u^2}{R} \qquad (2-6)$$

从 t_1 到 t_2 的时间内，电阻吸收的能量为

$$W = \int_{t_1}^{t_2} Ri^2 \mathrm{d}t \qquad (2-7)$$

电阻吸收的电能全部转换为热能，这是不可逆的能量转换过程。因此，电阻是一个耗能元器件。

若电阻的电压与电流之间不是线性函数关系，则称电阻为非线性电阻。非线性电阻在 u-i 平面上的伏安特性曲线可以是通过坐标原点或不通过坐标原点的曲线。

2.2.2 电感

电感元器件简称为电感。当有电流 i 流过电感时，电感周围将产生磁场。设在磁感应强度为 B 的匀强磁场中，有一个面积为 S 且与磁场方向垂直的平面，磁感应强度 B 与面积 S（指有效面积，即垂直通过磁场线的面积）的乘积，叫作穿过这个平面的磁通量，简称磁通。若电感线圈共有 N 匝，穿过每匝线圈的磁通为 Φ，则该线圈的磁通为 $N\Phi$。如果电感中的磁通和电流之间是线性函数关系，则称电感为线性电感。如果电感中的磁通和电流之间不是线性函数关系，则称电感为非线性电感。线性电感的特征方程为

$$N\Phi = Li \qquad (2-8)$$

式中，L 为元器件的电感，是一个与磁通、电流无关的常数，单位为亨利（H）。磁通 Φ 的单位为韦伯（Wb）。

当流过电感的电流 i 随时间变化时，会产生自感电动势 e_L，电感两端就有电压 u。若电感 i、e_L、u 的参考方向如图 2-2（b）所示，则

$$e_L = -\frac{\mathrm{d}N\Phi}{\mathrm{d}t} = -L\frac{\mathrm{d}i}{\mathrm{d}t} \qquad (2-9)$$

$$u = -e_L = L\frac{\mathrm{d}i}{\mathrm{d}t} \qquad (2-10)$$

式（2-10）表明，线性电感的端电压 u 与电流 i 对时间的变化率 $\mathrm{d}i/\mathrm{d}t$ 成正比。对于恒定电流（即直流电流），电感的端电压为 0。故在直流电路的稳态情况下，电感相当于短路。

电感是一个储存磁场能量的元器件。当流过电感的电流增大时，磁通增大，电感所储存的磁场能量也变大。但如果电流减小到 0，则电感所储存的磁场能量将全部释放出来。故电感本身并

不消耗能量，是一个储能元器件。当时间由0到t_1、流过电感的电流i由0变到I时，电感所储存的磁场能量为

$$W_L = \int_0^{t_1} ui\mathrm{d}t = \int_0^I Li\mathrm{d}i = \frac{1}{2}LI^2 \qquad (2\text{-}11)$$

式（2-11）表明，电感在某一时刻的储能只取决于该时刻的电流值，而与电流过去的变化进程无关。

2.2.3 电容

电容元器件简称为电容。当电容两端加有电压u时，它的极板上就会储存电荷q。如果电容的电荷q和电压u之间是线性函数关系，则称电容为线性电容。如果电容的电荷和电压之间不是线性函数关系，则称电容为非线性电容。

线性电容的特征方程为

$$q = Cu \qquad (2\text{-}12)$$

式中，C为元器件的电容，是一个与电荷、电压无关的常数，单位为法拉（F）。由于1法拉太大，实际应用中常采用微法（μF）、纳法（nF）或皮法（pF），$1\mathrm{F}=10^6\mu\mathrm{F}=10^9\mathrm{nF}=10^{12}\mathrm{pF}$。

当电容两端的电压u随时间变化时，极板上储存的电荷q就随之变化，和极板连接的导线中就有电流i。若u、i的参考方向如图2-2（c）所示，则

$$i = \frac{\mathrm{d}q}{\mathrm{d}t} = C\frac{\mathrm{d}u}{\mathrm{d}t} \qquad (2\text{-}13)$$

式（2-13）表明，线性电容的电流i与端电压u对时间的变化率$\mathrm{d}u/\mathrm{d}t$成正比。在恒定电压下，电容的电流为0。故在直流电路的稳态情况下，电容相当于开路。

与电感类似，电容也是一个储能元器件，它将能量储存于电容的电场之中。当时间由0到t_1、电容的端电压u由0变到U时，电容所储存的电场能量为

$$W_C = \int_0^{t_1} ui\mathrm{d}t = \int_0^U Cu\mathrm{d}u = \frac{1}{2}CU^2 \qquad (2\text{-}14)$$

式（2-14）表明，电容在某一时刻的储能只取决于该时刻的电压值，而与电压过去的变化进程无关。

2.3 独立电源元器件

2.3.1 理想电压源和理想电流源

理想电压源（简称电压源）和理想电流源（简称电流源）都是理想化的电源元器件，它们的图形符号如图2-3所示。图中R是外接电阻，U_S是电压源的电压，I_S是电流源的电流。习惯上电压源的端电压和电流采用非关联参考方向，电流源的电流和端电压也采用非关联参考方向。

电压源能提供一个恒定值的电压——直流电压U_S或按某一特定规律随时间变化的电压u_S。图2-3（a）中，当外接电阻R变化时，流过电压源的电流I将发生变化，但电压U_S不变。因此，电压源的一个重要特性是端电压在任何时刻都和流过的电流大小无关；另一个重要特性是输出电流取决于外电路。

电流源能提供一个恒定值的电流。图2-3（b）中，当外接电阻R变化时，直流电流源输出的电流始终为I_s，但端电压$U=RI_s$将发生变化。因此，电流源的一个重要特性是输出电流在任何时刻都和它的端电压大小无关；另一个重要特性是它的端电压取决于外电路。

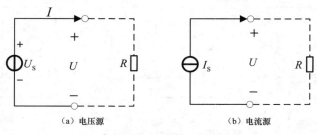

（a）电压源　　　　　　　　（b）电流源

图 2-3　电压源、电流源的图形符号

2.3.2　实际电源的模型

一个实际的电源，一般不具有理想电源的特性，即当外接电阻R变化时，电源提供的电压和电流都会发生变化。当外部负载电阻变化时，有的电源输出电压波动很小，比较接近电压源的特性；而有的电源输出电流波动较小，比较接近电流源的特性。

实际电源的特性可以用理想电源元器件和电阻元器件的组合来表征，如图2-4所示。图2-4（a）所示为实际电源向外部电阻R输出电压U和电流I。当R断开时（称为开路），设$U=U_s$（称为开路电压）。当R减小时，I将增大，电源内阻R_0的电压也增加，输出电压U下降。因此可以采用电压源U_s和电阻R_0串联的模型（称为电压源模型）来表示实际电源，如图2-4（b）所示。图2-4（b）所示电路中的电流、电压关系可表示为

$$I = \frac{U_s}{R_0 + R} \tag{2-15}$$

$$U = RI = \frac{R}{R_0 + R}U_s \tag{2-16}$$

式（2-16）表示电阻R与R_0串联后，R两端的电压U和总电压U_s之间的分压关系。由式（2-16）可知，电源内阻R_0越小（$R_0 \ll R$），输出电压U就越接近U_s，该实际电源的特性就越接近电压源。

图2-4（b）中的输出电压U还可表示为

$$U = U_s - R_0 I \tag{2-17}$$

可改写为

$$I = \frac{U_s}{R_0} - \frac{U}{R_0} \tag{2-18}$$

若设

$$\frac{U_s}{R_0} = I_s \tag{2-19}$$

则式（2-18）变为

$$I_s = \frac{U}{R_0} + I = \frac{U}{R_0} + \frac{U}{R} \tag{2-20}$$

显然，式（2-20）中流过R的电流I和式（2-15）中的I是相等的，但式（2-20）所表达的是R和R_0并联，流入的总电流为I_s，相应的电路如图2-4（c）所示。在该电路中，用电流源I_s和电阻R_0并联的模型（称为电流源模型）来表征实际电源对R的作用。也就是说，一个实际电源既

可以采用电压源模型来表示，也可以采用电流源模型来表示。但不论采用哪一种模型，在外接电阻相同的情况下，其输出电压、电流均要和实际电源的输出电压、电流相等。

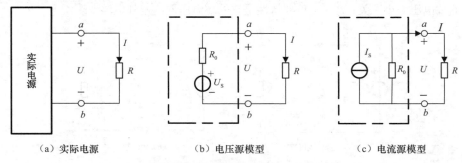

（a）实际电源　　　　　　　（b）电压源模型　　　　　　　（c）电流源模型

图2-4　实际电源和电压源模型、电流源模型

如前所述，在图2-4（b）所示的电压源模型中，U_S 是实际电源的开路电压。而在图2-4（c）所示的电流源模型中，I_S 由式（2-19）确定，它实际上就是实际电源的短路电流（$R=0$ 时的电流）。要注意的是，很多实际电源的内阻 R_0 都比较小，因此在使用中绝不允许将这类实际电源短路。由式（2-19）可知，电源的内阻 R_0 等于开路电压与短路电流之比。

图2-4（c）中流过电阻 R 的电流

$$I = \frac{U}{R} = \frac{1}{R} \times \frac{R_0 R}{R_0 + R} I_S = \frac{R_0}{R_0 + R} I_S \qquad (2\text{-}21)$$

式（2-21）表示流过并联电阻 R 的电流 I 和总电流 I_S 之间的分流关系。由式（2-21）可知，电源内阻 R_0 越大（$R_0 \gg R$），输出电流 I 就越接近 I_S，该实际电源的特性就越接近电流源。

由以上分析可知，电压源模型可以等效转换为电流源模型，条件是 R_0 不变、$I_S = U_S/R_0$。反之，电流源模型也可以等效转换为电压源模型，条件是 R_0 不变、$U_S = R_0 I_S$。采用两种电源模型等效互换的方法，可以对电路进行变换及化简，给电路分析带来方便。

2.4　基尔霍夫定律

我们可以用常用的电路元器件及其模型构成多种多样的电路。具有3个结点和5条支路的电路如图2-5所示。

图2-5中存在的一些名词说明如下。

① 结点：3个或3个以上电路元器件的连接点。图2-5中的 a、b、c 即结点。

② 支路：连接两个结点之间的电路。图2-5中的 adb、bec 等均是支路。

③ 回路：电路中任一闭合路径称为回路，如图2-5所示的回路1、2、3、4。

④ 网孔：电路中不能再分的最简单回路，如图2-5所示的回路1、2、3。

每一条支路的电流称为支路电流，每两个结点之间的电压称为支路电压。在图2-5中各支路电流的参考方向均用箭头标出。

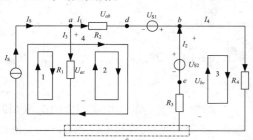

图2-5　具有3个结点和5条支路的电路

2.4.1 基尔霍夫电流定律

基尔霍夫电流定律（KCL）：在任何电路中，任何结点上的所有支路电流的代数和在任何时刻都等于0。其数学表达式为

$$\sum i = 0 \qquad (2\text{-}22)$$

把KCL应用到某一结点时，首先要指定每一条支路的电流的参考方向。在式（2-22）中，参考方向离开结点的电流带正号，参考方向指向结点的电流带负号。例如，对图2-5中的结点b，应用KCL可得到

$$-I_1 - I_2 + I_4 = 0$$

或

$$I_1 + I_2 = I_4$$

若流向某结点的电流之和为 $\sum i_{\text{in}}$，流出该结点的电流之和为 $\sum i_{\text{out}}$，则

$$\sum i_{\text{in}} = -\sum i_{\text{out}} \qquad (2\text{-}23)$$

KCL 不仅适用于结点，也适用于任一闭合面。这种闭合面有时称为广义结点。

2.4.2 基尔霍夫电压定律

基尔霍夫电压定律（KVL）：在任何电路中，形成任何一个回路的所有支路沿同一循行方向电压的代数和在任何时刻都等于0。其数学表达式为

$$\sum u = 0 \qquad (2\text{-}24)$$

为了应用KVL，必须指定回路的循行方向。在式（2-24）中，当支路电压的参考方向和回路的循行方向一致时带正号，反之带负号。例如，对图2-5中的回路2，设a、b、c这3个结点间的支路电压为U_{ab}、U_{bc}、U_{ac}，其KVL方程为

$$U_{ab} + U_{bc} - U_{ac} = 0$$

如果各支路由电阻和电压源构成，运用欧姆定律可以把KVL加以改写。例如，对图2-5所示的回路，可以写出

$$回路2：R_2 I_1 - U_{S1} + U_{S2} - R_3 I_2 - R_1 I_3 = 0$$
$$回路3：R_4 I_4 + R_3 I_2 - U_{S2} = 0$$

在实际应用中，通常会遇到求两点之间电压的问题，如求图2-5所示电路中a、b两点之间的电压U_{ab}。根据KVL方程$U_{ab} + U_{bc} - U_{ac} = 0$，可得到

$$U_{ab} = U_{ac} - U_{bc}$$

2.4.3 支路电流法

支路电流法是最基本的电路分析方法之一。它以支路电流为求解对象，应用KCL和KVL分别对结点和回路列出所需要的方程，然后求出各支路电流。求出支路电流后，就很容易得到支路电压和电路功率。支路电流法的解题步骤如下。

（1）标出各支路电流的参考方向。设支路数目为b，则有b个支路电流，应有b个独立方程。

（2）根据KCL列写结点的电流方程。设有n个结点，则可建立$(n-1)$个独立方程。第n个结点的电流方程可以从已列出的$(n-1)$个方程求得，不是独立的。

（3）标出回路的循行方向，根据KVL列写回路的电压方程。电压方程的数目为［$b-(n-1)$］。如按网孔列写方程，则恰好建立［$b-(n-1)$］个独立的电压方程。

（4）解联立方程组，求出各支路电流。

例如，对于图2-6所示电路，它有3个结点和5条支路。5个支路电流的参考方向已标于图中。

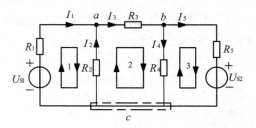

图 2-6　支路电流法例图

为求出5个支路电流，应列出5个独立的方程，即

结点a

$$I_1 + I_2 = I_3 \tag{2-25}$$

结点b

$$-I_3 + I_4 + I_5 = 0 \tag{2-26}$$

回路1

$$R_1 I_1 - R_2 I_2 - U_{S1} = 0 \tag{2-27}$$

回路2

$$R_2 I_2 + R_3 I_3 + R_4 I_4 = 0 \tag{2-28}$$

回路3

$$-R_4 I_4 + R_5 I_5 + U_{S2} = 0 \tag{2-29}$$

解上述方程组，就可得出I_1、I_2、I_3、I_4和I_5。

当电路中含有电流源时，因含有电流源的支路电流是已知的，故求解支路电流时可减少方程个数。例如图2-7所示含有电流源的电路，只有I_1和I_2是未知的，故只需列出2个方程。即

结点a　　　　$-I_1 + I_2 = I_S$

回路1　　　　$R_1 I_1 + R_2 I_2 = U_S$

联立解得

$$I_1 = \frac{U_S - R_2 I_S}{R_1 + R_2} \tag{2-30}$$

$$I_2 = \frac{U_S + R_1 I_S}{R_1 + R_2} \tag{2-31}$$

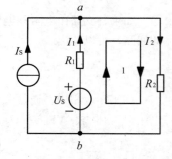

图 2-7　含有电流源的电路

2.5　叠加定理与等效电源定理

2.5.1　叠加定理

叠加定理的含义是：对于一个线性电路，由几个独立电源共同作用所产生的某一支路的电流

或电压，等于各个独立电源单独作用时分别在该支路所产生的电流或电压的代数和。当其中某一个独立电源单独作用时，应除去其余的独立电源（电压源予以短路，电流源予以开路）。

叠加定理体现了线性电路的一个重要性质，在实际的工程系统中有着广泛的应用。如图 2-8（a）所示的电路中支路电流 I_1 和 I_2 由两个分量组成。

$$I_1 = \frac{U_S - R_2 I_S}{R_1 + R_2} = \frac{U_S}{R_1 + R_2} + \left(\frac{-R_2 I_S}{R_1 + R_2} \right) = I_{11} + I_{12} \quad (2\text{-}32)$$

$$I_2 = \frac{U_S + R_1 I_S}{R_1 + R_2} = \frac{U_S}{R_1 + R_2} + \frac{R_1 I_S}{R_1 + R_2} = I_{21} + I_{22} \quad (2\text{-}33)$$

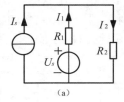 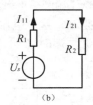 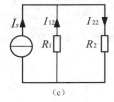

图 2-8　叠加定理示例

式中，I_{11} 和 I_{21} 是由电压源单独作用而产生的，相应的电路如图 2-8（b）所示；I_{12} 和 I_{22} 是由电流源单独作用而产生的，相应的电路如图 2-8（c）所示。也就是说，图 2-8（a）所示的由 U_S 和 I_S 共同作用的电路，可以分解成图 2-8（b）所示的 U_S 单独作用的电路和图 2-8（c）所示的 I_S 单独作用的电路。由图可见，当电压源 U_S 单独作用时，电流源 I_S 所在处被开路（即断开）；当电流源 I_S 单独作用时，电压源 U_S 所在处被短路（即用导线直接连通）。

必须指出的是，叠加定理适用于线性电路中电流和电压的计算，不适用于功率的计算。因为功率是和电流（或电压）的平方成正比的，它们之间不存在线性关系。

在含有受控源的电路中，受控源不是独立电源，不能单独作用。在某个独立电源单独作用而除去其余独立电源时，受控源不能除去，仍要保留在电路中。

2.5.2　等效电源定理

等效电源定理包括戴维南定理（Thevenin's Theorem）和诺顿定理（Norton's Theorem），是计算复杂线性电路的一种有力工具。一般地，凡是具有两个接线端的部分电路，就称为二端网络，如图 2-9 所示。二端网络还根据其内部是否包含电源而分为有源二端网络和无源二端网络。图 2-9（a）为无源二端网络示例，图 2-9（b）为有源二端网络示例。如果把端口以内的网络用一个方框来表示并标以 N，就得到图 2-9（c）所示的二端网络的一般形式。常用 N_A 表示有源二端网络，N_P 表示

戴维南定理和
诺顿定理解释

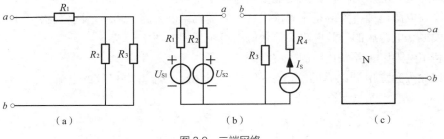

图 2-9　二端网络

无源二端网络。显然，对二端网络来说，从一个端口流出的电流一定等于流入另一个端口的电流。

在电路分析计算中，常常会碰到这样的情况：我们只需知道一个二端网络对电路其余部分（外电路）的影响，而对二端网络内部的电压和电流情况并不关心。这时可以用一个简单的电路（等效电路）来代替复杂的二端网络，使计算得到简化。对于无源二端网络，等效电路为一条无源支路，可用一个等效电阻表示。例如图2-9（a）所示的无源二端网络的等效电阻为

$$R = R_1 + \frac{R_2 R_3}{R_2 + R_3}$$

戴维南定理指出：对外电路来说，一个线性有源二端网络可用一个电压源和一个电阻串联的电路来等效，该电压源的电压等于此有源二端网络的开路电压 U_{oc}，串联电阻等于此有源二端网络除去独立电源后在其端口处的等效电阻 R_0。这个电压源和电阻串联的等效电路称为戴维南等效电路，如图2-10所示。图中 N_A 表示有源二端网络，N_P 表示除去 N_A 内部所有的独立电源以后的无源二端网络。

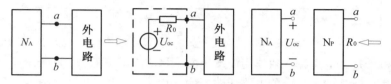

图2-10　戴维南定理示意

由于电压源模型可以等效变换为电流源模型。因此，有源二端网络的戴维南等效电路可以变换为电流源 I_{sc} 与电阻 R_0 并联的电路，这就是诺顿等效电路。诺顿等效电路中的 $I_{sc} = U_{oc}/R_0$，它等于图2-10所示的戴维南等效电路 a 端和 b 端用一根导线直接接通时的短路电流，也就是有源二端网络端点 a、b 的短路电流。诺顿定理陈述如下：对外电路来说，一个线性有源二端网络可用一个电流源和一个电阻并联的电路来等效，该电流源的电流等于此有源二端网络的短路电流 I_{sc}，并联电阻等于此有源二端网络除去独立电源后在其端口处的等效电阻 R_0。图2-11展示了诺顿定理等效关系。

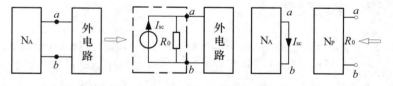

图2-11　诺顿定理示意

值得注意的是，戴维南定理和诺顿定理对被等效网络的要求是该二端网络必须是线性的，而对外电路则无此要求。另外，若二端网络与外电路之间有耦合关系，例如外电路的某受控源受网络内某支路电流或电压的控制，则不能使用这两个定理。

应用等效电源定理，关键是正确求出有源二端网络的开路电压或短路电流，从而求出有源二端网络除去独立电源后的等效电阻。等效电阻可用下列方法之一求出。

（1）利用电阻串、并联化简的方法得到。

（2）在除去独立电源以后的端口处外加一个电压 U，求其端口处的电流 I，则其端口处的等效电阻

$$R_0 = \frac{U}{I} \qquad\qquad (2\text{-}34)$$

（3）根据戴维南定理和诺顿定理，显然有

$$R_0 = \frac{U_{oc}}{I_{sc}} \tag{2-35}$$

于是只要求出有源二端网络的开路电压 U_{oc} 和短路电流 I_{sc}，就可由式（2-35）计算出 R_0。

当有源二端网络中含有受控源时，除去独立电源以后，受控源仍保留在网络中，这时应该用上述方法（2）或（3）计算等效电阻 R_0，而不能用电阻串、并联化简的方法求得。

📝 本章小结

1．电路是由电路元器件按一定的方式相互连接所组成的整体。电路元器件包括电阻元器件、电感元器件、电容元器件、独立电源元器件等。

2．基尔霍夫电流定律：在任何电路中，任何结点上的所有支路电流的代数和在任何时刻都等于0。基尔霍夫电压定律：在任何电路中，形成任何一个回路的所有支路沿同一循行方向电压的代数和在任何时刻都等于0。支路电流法：以支路电流为求解对象，应用基尔霍夫定律分别对结点和回路列出所需要的方程，然后求出各支路电流。

3．叠加定理：对于一个线性电路来说，由几个独立电源共同作用所产生的某一支路的电流或电压，等于各个独立电源单独作用时分别在该支路所产生的电流或电压的代数和。当其中某一个独立电源单独作用时，应除去其余的独立电源（电压源予以短路，电流源予以开路）。

4．戴维南定理：对于外电路，一个线性有源二端网络可用一个电压源和一个电阻串联的电路来等效。诺顿定理：对于外电路，一个线性有源二端网络可用一个电流源和一个电阻并联的电路来等效。戴维南定理和诺顿定理对被等效网络的要求是该二端网络必须是线性的，而对外电路则无此要求。

📝 习题

一、填空题

1．一只220V/100W的灯泡正常发光20h所消耗的电能为（　　　）度电。

2．KCL应用于结点，反映了与某结点相连的各支路电流的代数和恒等于（　　　）；KVL应用于回路，反映了闭合回路的所有支路沿同一循行方向电压的代数和恒等于（　　　）。

3．理想电压源的电压恒定，（　　　）随外电路变化而变化；理想电流源的电流恒定，（　　　）随外电路变化而变化。

4．对于有 n 个结点、b 条支路的电路，用支路电流法求各支路电流时，可列出（　　　）个独立的KCL方程，列出（　　　）个独立的KVL方程。

5．用戴维南定理计算有源二端网络的等效电源只对（　　　）等效，对内不等效。

二、选择题

1．常用的理想电路元器件中，耗能元器件是（　　　）。

A．电阻　　　　　　B．开关　　　　　　C．电容　　　　　　D．电感

2．常用的理想电路元器件中，储存电场能量的元器件是（　　　）。

A．电阻 　　　　　　B．开关 　　　　　　C．电容 　　　　　　D．电感

3．用支路电流法求解一个具有 b 条支路、n 个结点（$b>n$）的复杂电路时，可以列出的结点电流方程有（　　　）个。

A．n 　　　　　　B．$n-1$ 　　　　　　C．$n+1$ 　　　　　　D．b

4．叠加定理适用于（　　　）电路。

A．线性 　　　　　　B．非线性 　　　　　　C．直流 　　　　　　D．交流

5．应用戴维南定理求解有源二端网络等效电路时，网络应是（　　　）。

A．任意网络 　　　　B．线性网络 　　　　C．非线性网络 　　　　D．以上均不正确

6．用戴维南定理计算电路的等效电阻时，应将电路所有的电源（　　　）。

A．短路处理 　　　　B．开路处理 　　　　C．置0处理 　　　　D．无需任何处理

第 **3** 章

模拟电子元器件

本章学习目标

掌握 PN 结的单向导电性原理。

了解二极管的结构。

了解晶体管的结构。

掌握晶体管的放大原理和开关特性。

掌握场效应管的工作原理。

本章讨论的问题

二极管为什么能单向导电？

晶体管为什么能进行放大？

双极晶体管和场效应管的放大有何不同？

我愿意积极投入这伟大转折之中，决心为我国计算机、半导体事业的发展，为实现四个现代化贡献自己的全部力量。——吴德馨（中国科学院院士，半导体元器件和集成电路领域专家）

吴德馨主要从事砷化镓微波集成电路和光电模块的研究。她在国内首先研究成功了硅平面型高速开关晶体管、MOS 4K 位动态随机存储器，自主开发成功了微米 CMOSLSI 全套工艺技术和 0.8 微米 CMOSLSI 工艺技术，产生了重要的经济和社会效益。

2010 年 2 月 9 日，吴德馨参加中国科学院微电子研究所七室举行的"前沿与创新"学术研讨活动，她对七室未来的发展方向提出了建议并结合自身的科研经历向大家提出了要求，她鼓励科研人员要热爱本职工作、体会其中的乐趣，要勤于思考、扎扎实实做研究，要有高度的责任心、团队合作和互助精神，要在研究过程中有所突破、有所创新。

3.1 二极管

二极管是最早诞生的半导体元器件之一，其应用非常广泛。将二极管和电阻、电容、电感等元器件进行合理的连接，构成不同功能的电路，可以实现对交流电整流、对调制信号检波、限幅/钳位以及对电源电压的稳压等多种功能。无论是在常见的家用电器产品还是工业控制电路中，都可以找到二极管的踪迹。二极管的外观如图3-1所示。

图 3-1 二极管的外观

3.1.1 PN 结

导体是依靠自由电子导电的，即在导体两端加外部电压时，自由电子做定向运动，形成电流。对于半导体而言，参与导电的粒子（简称载流子）有两种：自由电子和空穴。空穴是由外界因素的影响使得电子挣脱原子核的束缚而形成的空位。由于空穴是失去电子造成的，因而表现为正电荷。自由电子是指不被约束在某一个原子内部的电子，在受到外电场或外磁场的作用时，能够在物质或真空中定向运动而形成电流。在半导体内部，不仅自由电子可以导电，空穴也可以参与导电，这是半导体区别于导体的一个重要特点。图3-2所示为半导体中两种载流子在电场中的运动，自由电子带负电，空穴带正电，电流的流动方向为正电荷（空穴）的运动方向。

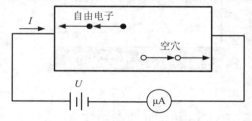

图 3-2 半导体中两种载流子在电场中的运动

根据所掺入杂质元素的不同，杂质半导体可分为两类：N型半导体和P型半导体。

N型半导体：在硅（或锗）晶体中掺入微量的五价元素（如磷P、砷As、锑Sb）。由于五价元素的掺入，硅（或锗）晶体中自由电子的数目大大增加，导电能力也大大增强。这种半导体主要依靠自由电子导电，称为N型半导体。在N型半导体中，自由电子是多数载流子，空穴是少数载流子。

P型半导体：在硅（或锗）晶体中掺入微量的三价元素（如硼B、铝Al、铟In等）。由于三价元素的掺入，硅（或锗）晶体中空穴的数目大大增加，导电能力同样大大增强。这种半导体主要依靠空穴导电，称为P型半导体。

无论是P型半导体还是N型半导体，其空穴浓度取决于掺杂浓度，自由电子浓度取决于温度与光照强度。由于没有掺入多余的电荷，它们对外都呈电中性。

在纯净的半导体中掺入微量元素得到了P型半导体和N型半导体，这并非最终的目的。对半导体元器件来说，最重要的是PN结。通过特殊工艺，使一块半导体一边形成P型半导体，另一边形成N型半导体，在这两种半导体的交界处，就会形成一个具有特殊电性能的过渡层，这个过渡层就称为PN结。

二极管实际上就是由一个PN结构成的，其内部结构和符号如图3-3所示。从P区和N区各引出一条线，然后封装在一个管壳内，就制成了一个二极管。二极管有两个电极，分别为二极管的正极和负极，其中正极也称为阳极，负极也称为阴极。PN结具有单向导电性，因此，二极管亦具有单向导电性。当二极管正极接电源正极（即PN结的P区接电源正极），负极接电源负极（即PN结的N区接电源负极）时，二极管正向导通，简称正偏，此时二极管呈现很小的电阻，可以通过较大的电流；当二极管正极接电源负极，负极接电源正极时，二极管反向截止，简称反偏，此时二极管呈现很大的电阻，流过二极管的电流非常小。

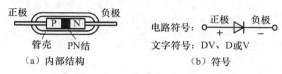

图 3-3　二极管的内部结构和符号

3.1.2　二极管的基本知识

1．二极管的伏安特性

理想状态的二极管，只要施加正向电压就导通，施加反向电压就截止，但现实中的二极管并非如此。

二极管两端的电压和流过二极管的电流之间存在一定的关系，这种关系常用二极管的电压、电流特性曲线来描述。绘制二极管电压、电流特性曲线的方法是，以电流为纵坐标，电压为横坐标，改变二极管两端的电压，测出相应的电流，将相应的坐标点连接起来，便可得到较直观的二极管的伏安特性曲线，如图3-4所示。

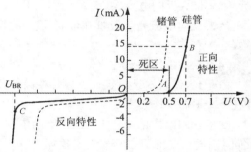

图 3-4　二极管的伏安特性曲线

（1）正向特性

当正向电压上升到大于死区电压（硅管约为0.5V、锗管约为0.2V）时，电流增加得很快（图3-4所示AB段曲线），二极管正向导通。导通后，正向电压的微小增加都会引起正向电流的急剧增大。AB段曲线陡直，电压和电流关系近似成正比（线性关系）。导通后二极管的正向电压称为正向压降（或管压降）。一般正常工作时，硅管的正常导通压降约为0.7V，锗管的正常导通压降约为0.3V。

（2）反向特性

当承受反向电压时，二极管呈现很大的电阻。但在反向电压的作用下，少数载流子很容易通过PN结形成反向电流。由于少数载流子数目是有限的，这种反向电流在外加反向电压增高时无明显增大，故通常称它为反向饱和电流（图3-4所示曲线OC段）。通常硅二极管的反向电流是几微安到几十微安，锗二极管则可达到几百微安。反向电流是衡量二极管质量优劣的重要参数，其值越小，二极管的质量越好。

当反向电压增大到超过某一值（图3-4中C点）时，反向电流会突然增大，这种现象称为反向击穿。与C点对应的电压叫作反向击穿电压U_{BR}。此时若有适当的限流措施，把电流限制在二极管能承受的范围内，二极管便不会损坏；如果没有适当的限流措施，流过二极管的电流过大会导致二极管过热，出现热击穿现象，从而造成二极管永久损坏。

由图3-4所示二极管的伏安特性曲线可知，不同材料、不同结构的二极管的伏安特性曲线虽然有些区别，但形状基本相似，都不是直线，故二极管是非线性元器件。需要说明的是，二极管的伏安特性曲线与温度相关。温度升高时二极管正向特性曲线向左移动，正向压降减小；反向特性曲线向下移动，反向电流增大。由于锗二极管的反向电流随温度变化更为明显，因此，其单向导电性能不及硅二极管，锗二极管现使用较少。

2．二极管的主要参数

二极管的参数是反映其性能和质量的数据。由于各种二极管具体的功能不同，应用场合也不同，因此通常用一些有代表性的数据来反映二极管的具体特性和使用中受到的限制。

二极管的参数较多，但实际应用时主要考虑下面几个参数。

（1）最大正向电流I_{FM}

二极管长期使用所允许通过的最大正向平均电流称为最大正向电流，常称为额定工作电流，其大小由PN结面积和散热条件决定。最大正向电流与二极管两端的正向压降的乘积，就是二极管发热的耗散功率。使用时，二极管的实际工作电流要低于规定的最大正向电流。

（2）最高反向工作电压U_{RM}

保证二极管不被击穿而规定的最高反向工作电压，常称为额定工作电压。二极管使用手册上一般给出的最高反向工作电压约为反向击穿电压的一半，以确保二极管安全工作。

（3）最大反向电流I_{RM}

最大反向电流是二极管在最高反向工作电压下的反向电流，此值越小，二极管单向导电性越好。

（4）最高工作频率f_M

由于PN结存在结电容，二极管在高频使用时，二极管的单向导电性能将变差，因此二极管存在一个最高工作频率。

二极管的参数是正确使用二极管的依据。使用时，一定要注意不要超过最大正向电流和最高反向工作电压，否则二极管容易损坏。

3．二极管的理想特性

当电源电压与二极管的正向压降相差不多时，正向压降不可忽略，可近似认为二极管的特性曲线如图3-5（a）所示：二极管导通后，正向压降恒等于U_D（U_D的数值通常为硅二极管0.7V、锗二极管0.3V）；二极管截止时，电流等于0。当电源电压远大于二极管的正向压降时，正向压降可忽略，二极管的理想特性曲线如图3-5（b）所示：加正向电压时，二极管导通，正向压降和正向电阻等于0，二极管相当于短路；加反向电压时，二极管截止，反向电流等于0，反向电阻等于无穷大，二极管相当于开路。这样的二极管称为理想二极管。

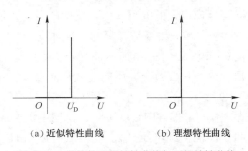

（a）近似特性曲线　　　　（b）理想特性曲线

图3-5　二极管的近似特性曲线与理想特性曲线

例3-1　在图3-6所示的各电路中，假设二极管都是理想的，试判断这些二极管的工作状态。

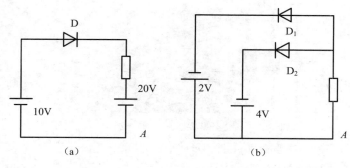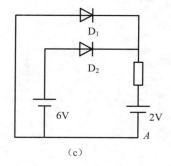

图 3-6　例 3-1 电路图

解：（1）对于图 3-6（a）所示电路，分析步骤如下。

① 假设零电位点（如电路中标出了零电位点，则不需要假设）：设 A 点为零电位点。

② 假设二极管断路（电路中所有二极管都断路）。

③ 判断二极管正负极电位：正极电位为 10V，负极电位为 20V。

④ 判断二极管是正偏还是反偏，若正偏则导通，若反偏则截止；此电路中二极管负极电位比正极电位高，所以二极管反偏而截止。

（2）对于图 3-6（b）所示电路，两个二极管的阳极接在一起，称为共阳极接法。这种接法使得阴极电位低的二极管先导通。按照上述步骤分析如下。

① 假设 A 点为零电位点。

② 假设二极管都断路。

③ D_1 正极电位为 0，负极电位为 –2V；D_2 正极电位为 0，负极电位为 –4V。

④ 可见，D_2 承受正向电压大，所以 D_2 优先导通。D_2 导通后使得正极电位变为 –4V，此时 D_1 承受反向电压而截止。

（3）对于图 3-6（c）所示电路，两个二极管的阴极接在一起，称为共阴极接法。这种接法使得阳极电位高的二极管先导通。按照上述步骤可得 D_1 截止、D_2 导通。

3.1.3　特殊二极管

除普通二极管外，还有一些具有特殊用途的二极管。

1. 稳压二极管

稳压二极管主要被作为稳压器或电压基准元器件使用。稳压二极管可以串联起来以便在较高的电压上使用，从而获得更高的稳定电压。

（1）稳压二极管的外形与电路符号

稳压二极管用文字符号 D_Z 来表示，常见稳压二极管的图形符号、外形及实物如图 3-7 所示。

（2）稳压二极管的特性与主要参数

稳压二极管是一种特殊的二极管，它的正常工作区为 PN 结的反向击穿区。由于制造工艺上采取了特殊措施，稳压二极管在一定的反向电流数值内不会被损坏，其特点是反向电流在一定范围内变化时稳压二极管两端的电压几乎不变，这一范围内反向击穿区的伏安特性曲线非常陡峭。

稳压二极管的主要参数如下。

① 稳定电压 U_Z：指稳压二极管正常工作时两端的电压。U_Z 通常为 3V ～ 300V。

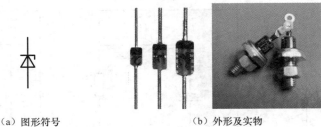

（a）图形符号　　　　　　　　（b）外形及实物

图 3-7　常见稳压二极管的图形符号、外形及实物

② 稳定电流I_Z：指保持稳定电压时的工作电流。

③ 最大稳定电流I_{ZM}：指稳压二极管的最大工作电流，若超过此电流，稳压二极管将因功耗过大而损坏。

④ 最大耗散功率P_{ZM}：指工作电流流过稳压二极管时产生的耗散功率的最大允许值，近似为U_Z和I_{ZM}的乘积。

（3）稳压二极管的检测及使用注意事项

用万用表检测稳压二极管正、负极的方法与检测普通二极管的相同。即用万用表"R×1k"档，对调两表笔进行两次测量。其中，阻值较小的那一次，黑表笔接的是稳压二极管的正极，红表笔接的是稳压二极管的负极。

使用稳压二极管的注意事项如下。

① 稳压二极管两端必须施加大于其反向击穿电压的反向电压，以保证稳压二极管工作在反向击穿区。

② 稳压二极管需要串联适当阻值的电阻，以限制反向电流，使反向电流和耗散功率均不超过其允许值。

2．发光二极管

与普通二极管一样，发光二极管（LED）也是由 PN 结构成的，同样具有单向导电性，发光二极管在正向导通时能发光，是一种能把电能转换为光能的半导体元器件。发光二极管的类型很多，如单色发光二极管、变色发光二极管、闪烁发光二极管、电压型发光二极管、红外发射二极管、激光二极管等。发光二极管通常用砷化镓、磷化镓等半导体材料制成，它发光的颜色取决于所用的材料。单色发光二极管的发光颜色有红、黄、绿、橙、蓝、紫、白等，被广泛应用于数码显示、电气设备的指示灯显示等；红外发射二极管能把电能直接转换成红外光能，常用于红外遥控发射器中。

发光二极管的型号有 2EF201 系列，有的用在 LED、BT 等后面加尾数的方法表示。发光二极管通常用透明的塑料封装，长的引脚为正极，短的引脚为负极。有的发光二极管有 3 个引脚，根据引脚电压情况能发出两种颜色的光。发光二极管的外形和图形符号如图 3-8 所示。

3．光电二极管

光电二极管是将光信号转换为电信号的特殊二极管。光电二极管的外形和图形符号如图 3-9 所示。自动门、侦测器、行车灯和电视放映灯等都需要借助光电二极管对光源进行探测，以保证相应设备正常工作。

光电二极管又叫光敏二极管，其构成和普通二极管相似，不同点在于管壳上有入射光窗口。它的工作状态有两种。一是当光电二极管加反向工作电压时，反向电流将随光照强度的改变而改变，光照强度越大，反向电流越大，大多数情况下光电二极管都工作在这种状态。二是光电二极管上不加电压，利用PN结在受光照射时产生正向电压的原理，把它当作微型光电池，工作在这种状态的光电二极管一般用作光电检测器。

（a）外形　　　（b）图形符号　　　　　　　　　　　（a）外形　　　（b）图形符号

图 3-8　发光二极管的外形和图形符号　　　　　　图 3-9　光电二极管的外形和图形符号

4．变容二极管

由于PN结具有电容效应，而二极管结电容的大小除了与本身结构和工艺有关外，还与外加电压有关，结电容随外加电压增加而减小，这种效应显著的二极管称为变容二极管。变容二极管是利用结电容可变的原理制成的半导体元器件，在高频调谐、通信等电路中作为可变电容器使用。

变容二极管具有显著的变容效应，当变容二极管施加反向电压时，其PN结的结电容会随着反向电压变化而变化。如果将变容二极管用于LC正弦波振荡电路中，则通过加在变容二极管上的调制信号，可使振荡回路的谐振频率随之改变。变容二极管的型号有2AC、2CC、2CE等系列，变容二极管的图形符号如图3-10所示。

图 3-10　变容二极管的图形符号

5．开关二极管

开关二极管和普通二极管的导电特性相同，即加正向偏置电压导通，正向电阻很小；加反向偏置电压截止，反向电阻很大。二极管的这一特性在电路中可起到接通或关断的作用。开关二极管和普通二极管的不同之处在于，通过特殊的工艺，开关二极管的开关时间非常短（硅二极管仅几纳秒），因而被广泛应用在脉冲电路和自动控制电路中。开关二极管的型号有2CK、2AK等系列。

3.2　晶体管

双极晶体管（Bipolar Junction Transistor）通常称为晶体管或三极管。晶体管是一种用于控制电流的半导体，它的主要作用是放大信号，将原本微弱的信号放大成幅度比较大的电流信号，偶尔也作为没有触点的开关使用在电路中。晶体管的外形如图3-11所示。

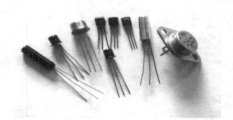

图 3-11　晶体管的外形

3.2.1　晶体管的基本结构

在一块极薄的硅或锗基片上，通过特殊的工艺制作出2个PN结，对应的3个半导体区域分别叫作发射区、基区和集电区，从3个区引出的3个电极分别为发射极e（或E）、基极b（或B）和集电极c（或C），再封装在管壳里就制成了晶体管。发射区和基区交界的PN结称为发射结，集电区和基区交界的PN结称为集电结。

按基片是N型半导体还是P型半导体划分，晶体管有NPN型和PNP型两种组合形式，它们的基本结构和符号如图3-12所示。两个图形符号的区别在于发射极箭头的方向不同，箭头的方向就是发射结正向偏置时电流的方向。晶体管的文字符号为V，有的教材中也用VT或者T来表示。

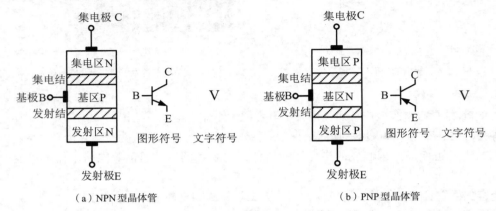

图3-12　晶体管的基本结构和符号

从内部结构来分，晶体管可以分为合金管和平面管两类，不论哪一种结构都具有以下的特点。

① 发射区的掺杂浓度大。

② 基区很薄，且掺杂浓度小。

③ 集电结的面积大于发射结的面积。

因此，晶体管的发射极和集电极显然是不能互换的，也不能利用两个二极管通过电路连接的方式代替晶体管。

3.2.2　晶体管的电流放大作用

晶体管是一个具有电流放大作用的半导体元器件，但是要想使晶体管具有正常的电流放大作用，必须在其发射结上加正向偏置电压，在集电结上加反向偏置电压。由于晶体管有NPN型和PNP型的区别，所以外加电压的极性不同，它们具有电流放大作用的外部条件如图3-13所示。

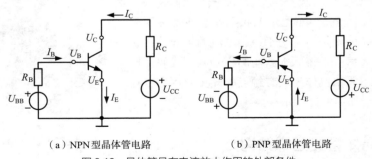

图3-13　晶体管具有电流放大作用的外部条件

对于NPN型晶体管，C、B、E这3个电极的电位必须符合$U_C > U_B > U_E$；对于PNP型晶体管，电源的极性与NPN型晶体管相反，应符合$U_C < U_B < U_E$。满足上述条件时，存在着基极电流对集电极电流的控制作用。常把这种电流放大的能力称为直流电流放大系数h_{FE}，$h_{FE} = I_C / I_B$。

以NPN型晶体管为例，当$U_C > U_B > U_E$时，发射结正偏，集电结反偏。通过具体实验得到$I_E = I_B + I_C$，$I_E \approx I_C$，$I_C = h_{FE} I_B$。当晶体管处于放大状态时，基极电流发生一微小变化即$\Delta I_B = I_{B2} - I_{B1}$，同时测得相应的集电极电流的变化$\Delta I_C = I_{C2} - I_{C1}$，则晶体管的交流电流放大系数

$$\beta = \Delta I_C / \Delta I_B \tag{3-1}$$

通过具体实验可得到$\beta \approx h_{FE}$，即

$$\beta = I_C / I_B \tag{3-2}$$

在具体应用中，晶体管的β值表示晶体管电流放大能力的强弱，通常在$30 \sim 100$较为合适。β值太小，放大作用差；β值太大，晶体管的性能不稳定。

3.2.3　晶体管的特性曲线和主要参数

1．晶体管共发射极的输入和输出特性曲线

晶体管的特性曲线是描述晶体管各极的电压和电流变化关系的曲线，一些重要参数均可以从特性曲线上反映出来。晶体管的特性曲线主要有输入特性曲线和输出特性曲线两种。晶体管在采用共发射极接法时，基极、集电极的电流和电压如图3-14所示。此时基极是输入端，基极电流为I_B，基极和发射极之间的电压（简称基极-射极电压）为U_{BE}；集电极是输出端，集电极电流为I_C，集电极和发射极之间的电压（简称集电极-射极电压）为U_{CE}。

（1）输入特性曲线

输入特性曲线是指当晶体管的集电极和发射极之间的电压U_{CE}保持一定时，加在基极和发射极之间的电压U_{BE}和基极电流I_B的关系曲线。

当$U_{CE} = 0V$时，调节U_{BB}测得相应的U_{BE}和I_B，即得到一条输入特性曲线A；当$U_{CE} = 1V$时，重复上述步骤，可得到另一条输入特性曲线B，如图3-15所示。

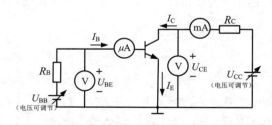

图 3-14　晶体管在采用共发射极接法时的电流和电压

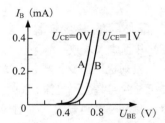

图 3-15　晶体管的输入特性曲线

当$U_{CE} > 1V$时，测得的输入特性曲线和$U_{CE} = 1V$时的输入特性曲线非常接近，所以晶体管的输入特性曲线只需画出$U_{CE} = 1V$时的输入特性曲线，在以后分析放大电路时也只用该条输入特性曲线。

从晶体管的输入特性曲线可以看出，只有加在发射结上的正偏电压大于死区电压时，晶体管才出现基极电流。硅晶体管的死区电压约为0.5V，锗晶体管的死区电压约为0.2V。晶体管处于正常放大状态时，硅晶体管的导通电压U_{BE}约为0.7V，锗晶体管的导通电压U_{BE}约为0.3V。

（2）输出特性曲线

输出特性曲线是指当晶体管基极电流I_B一定时，晶体管的集电极电流I_C与集-射极电压U_{CE}的

关系曲线，如图3-16所示。

从输出特性曲线簇可以看到，每条曲线都有上升、弯曲及平直部分，且各条曲线的上升部分很陡峭，几乎重合在一起，而平直部分则按I_B值由小往大排列。一般I_B取值均匀时，相应的输出特性曲线的平行部分的间距也均匀，且与横轴近似平行。这说明在基极电流一定时，集电极电流在这一区域不随集-射极电压变化而变化，故晶体管具有恒流特性。

根据晶体管的输出特性曲线的特点，可以把它分为3个区域：截止区、放大区和饱和区。这3个区域分别对应晶体管的3种工作状态，即截止状态、放大状态和饱和状态。

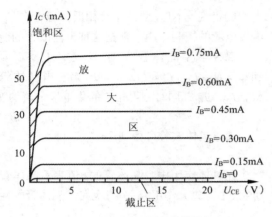

图 3-16　晶体管的输出特性曲线

① 截止区。一般把$I_B = 0$对应的曲线以下的区域称为截止区，此时晶体管的发射结反偏或零偏（发射结外加正向电压，但正偏电压小于死区电压）、集电结反偏。对NPN型晶体管（硅材质）来说，当发射结反偏时，$I_B = 0$；当发射结零偏时，由输入特性曲线可知，虽然$U_B > U_E$，但$U_{BE} < 0.5V$，故I_B仍然为0。从输出特性曲线可以看到，在$I_B = 0$时对应有一个很小的集电极电流，称为穿透电流I_{CEO}，它不受基极控制，与放大无关。因此，晶体管在截止状态下的特征是$I_B = 0$，$I_C \approx 0$，集电极和发射极之间相当于断路。

② 放大区。当发射结正偏，集电结反偏时，输出特性曲线近似平直的部分是放大区。放大区的特征是：I_C受I_B控制，I_B改变时，I_C也随着改变，I_C的大小与U_{CE}基本无关，此时有$\Delta I_C = \beta \Delta I_B$。放大区也称为线性区，放大区内的曲线越平坦，间距越均匀（I_B取值均匀）时，晶体管的线性放大性能越好。

③ 饱和区。输出特性曲线的左侧阴影区为饱和区（见图3-16），它包括输出特性曲线的上升和弯曲部分。晶体管的饱和条件是发射结和集电结都处于正偏状态，饱和区的特点是：U_{CE}很低（$U_{CE} < U_{BE}$），I_C不受I_B控制，晶体管失去放大作用，集电极和发射极之间相当于一个接通的开关。

2．晶体管的主要参数

（1）电流放大系数

① 共发射极电路交流电流放大系数β

共发射极电路交流电流放大系数是指，在共发射极电路（信号在基极和发射极之间输入，在集电极和发射极之间输出，发射极是输入和输出信号的公共端）中，当U_{CE}为规定值时（测试条件下），集电极电流变化量与基极电流变化量的比值。$\beta = \Delta I_C / \Delta I_B$，在晶体管手册中常用$h_{FE}$表示，习惯上叫作电流放大系数$\beta$。

② 共发射极电路直流电流放大系数h_{FE}

共发射极电路直流电流放大系数是指，在共发射极电路中，当U_{CE}为规定值且无交流信号输入时，集电极电流I_C和基极电流I_B的比值，$h_{FE} = I_C / I_B$。

如果晶体管的恒流特性比较好，输出特性曲线间距均匀，则忽略I_{CEO}时，β和h_{FE}近似相等。为了方便，在以后共发射极电路中电流放大系数只用β表示，且把β作为常数。

（2）极间反向电流

① 集电极-基极反向饱和电流I_{CBO}

当发射极开路，在集电极和基极之间施加规定的反向电压时的反向电流，称为集电极-基极反向饱和电流，它本质上就是集电结反偏时的反向电流。I_{CBO}越小，晶体管的单向导电性越好。在常温下一般小功率硅晶体管的I_{CBO}在1μA以下，锗晶体管则在10μA左右。

② 集电极 - 发射极反向饱和电流I_{CEO}

当基极开路（$I_B = 0$），在集电极和发射极之间加规定的反向电压时的反向电流，称为集电极 - 发射极反向饱和电流。它是从集电极直接穿透晶体管而到达发射极的电流，故又叫作穿透电流。I_{CEO}和I_{CBO}有如下关系。

$$I_{CEO} = (1 + \beta)I_{CBO} \tag{3-3}$$

晶体管工作在放大区时，集电极电流$I_C = \beta I_B + I_{CEO}$。当温度升高时，$I_{CBO}$增加得很快，但$I_{CEO}$增加得更快，使$I_C$也相应增加，所以$I_{CEO}$大的晶体管的热稳定性差。

I_{CEO}和I_{CBO}都是衡量晶体管质量的重要参数。由于I_{CEO}比I_{CBO}大，故I_{CEO}更容易测量，通常通过测量I_{CEO}来衡量晶体管的质量。

（3）极限参数

① 集电极最大电流I_{CM}

当集电极电流过大时，晶体管的β将减小，一般规定β减小到其正常值的2/3时的集电极电流称为集电极最大电流I_{CM}，使用时一般限制$I_C < I_{CM}$。如果$I_C > I_{CM}$，晶体管虽然不一定损坏，但放大性能会变差。如果I_C比I_{CM}大得多，则晶体管将因耗散功率增加使温度过高而损坏。一般小功率晶体管的I_{CM}为几十毫安，大功率管的I_{CM}在几安以上。

② 集电极 - 发射极反向击穿电压$U_{(BR)CEO}$

当基极开路时，加在集电极和发射极之间最大的允许工作电压称为集电极 - 发射极反向击穿电压，用$U_{(BR)CEO}$表示。在使用晶体管时，其集电极电源电压应低于这个电压。当$U_{CE} > U_{(BR)CEO}$时，I_C急剧增大，造成集电结反向击穿。因此，在很多高压大电流电路中，晶体管的发射极电路中往往接有一个阻值不大的电阻，其目的是提高反向击穿电压。另外要注意，在高温下晶体管的$U_{(BR)CEO}$还会降低。

③ 集电极最大允许耗散功率P_{CM}

集电极电流I_C流过集电结时会消耗电能而产生热能，使晶体管温度升高。根据晶体管允许的最高温度和散热条件来规定最大允许耗散功率P_{CM}，P_{CM}与I_C和U_{CE}的关系是

$$P_{CM} \geqslant I_C U_{CE} \tag{3-4}$$

晶体管工作时，若$I_C < I_{CM}$，$U_{CE} < U_{(BR)CEO}$，但$I_C U_{CE} > P_{CM}$，晶体管仍将损坏，这种情况可能是U_{CE}较大和I_C较小，或U_{CE}较小和I_C较大。因此，根据P_{CM}可以定出一个安全工作区，如图3-17所示。图中曲线称为P_{CM}曲线，或功耗曲线。功耗曲线左侧为安全工作区，右侧为过损耗区。

P_{CM}是晶体管在常温下带有规定的散热器时测得的值。P_{CM}可达几十瓦的晶体管，工作时若不用散热器，它的P_{CM}一般也不超过2W。大功率晶体管是靠散热器来提高P_{CM}的，因此，在工作中一定要使管壳和散热器紧密连接，绝不能出现管壳温度高而散热器温度过低的现象。

图 3-17　晶体管的安全工作区

（4）温度对晶体管主要参数的影响

① 对β的影响

温度升高，各条输出特性曲线之间的间隔增大。这是因为温度升高，载流子运动加剧，载流子穿越基区的时间缩短，从而在基区复合的载流子数目减少，而被集电区收集的载流子数目增

多，使得 β 增大。实践证明，温度每升高 $1^\circ C$， β 就增大 $0.5\% \sim 1\%$。

② 对 U_{BE} 的影响

晶体管的输入特性曲线与二极管的正向特性曲线相似，温度升高，曲线左移。在 I_B 相同的条件下，输入特性曲线随温度升高而左移， U_{BE} 减小。实践证明，温度每升高 $1^\circ C$， U_{BE} 就减小 $2 \sim 2.5mV$。

③ 对 I_{CBO} 的影响

晶体管的输出特性曲线随温度升高将向上移动。这是因为温度升高，本征激发（晶体管在没有外加电压条件下）产生的载流子浓度增大，少数载流子增多，所以 I_{CBO} 增大，导致 I_{CEO} 增大，从而使输出特性曲线上移。实践证明，温度每升高 $10^\circ C$， I_{CBO}、 I_{CEO} 就约增大 1 倍。

3.2.4 晶体管的开关特性

晶体管的主要用途有两种：一是作为放大元器件，工作在放大区；二是作为开关元器件，工作在截止区、饱和区。

1．晶体管的工作状态

在放大区中，晶体管中的电流符合 $I_C = \beta I_B$ 的关系，构成放大电路时能够不失真地放大信号；在截止区中， $I_B = 0$，晶体管的C、E之间相当于开路，集电极电阻R没有电流（ $I_R \approx 0$）；在饱和区中，晶体管 U_{BE} 较大， I_B 较大，使得晶体管 $U_{CE} < 0.7V$。通常晶体管饱和时，晶体管在深度饱和状态下的集电极-发射极电压 $U_{CES} < 0.35V$，这时C、E之间近似接通，电源电压全部降落到集电极负载上。

对于NPN型晶体管， $U_{BE} < 0.5V$、基极电流 $I_B = 0$ 时，可以判断晶体管工作在截止区； $U_{BE} > 0.7V$ 且 $U_{CE} < 0.7V$ 时，晶体管工作在饱和区。

晶体管作为开关元器件使用时，不能工作在放大区，晶体管的截止与饱和同开关的断开与闭合相对应，这就是晶体管的开关特性。即晶体管工作在截止状态，相当于开关断开；晶体管工作在饱和状态，相当于开关闭合。

2．晶体管开关电路

图3-18所示为晶体管开关电路的基本结构。为了使晶体管能够工作在开关状态，首先，输入信号 u_i 一般只有高电平与低电平两种信号，高电平一般大于3V，低电平小于0.5V。其次，基极偏置电阻一般为几千欧姆至几十千欧姆。这样在 u_i 为低电平时， U_{BE} 必定小于0.5V，晶体管截止，C、E之间开路；在 u_i 为高电平时，能够提供足够大的基极电流，使晶体管饱和，C、E之间导通。

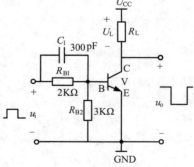

晶体管的开关特性解释

图 3-18　晶体管开关电路的基本结构

为了提高晶体管的开关速度，首先要选用开关晶体管（或高频晶体管），其次是在 R_{B1} 两端并联加速电容 C_1。在 u_i 由低电平变为高电平时，由于 C_1 瞬间短路，可以使晶体管 I_B 获得较大的起始电流，加速晶体管导通。导通之后，晶体管 $U_{BE} = 0.7V$， C_1 上得到较高的左正、右负的电压；在 u_i 变为低电平时， C_1 两端的电压反向加到晶体管的B、E之间，可以加速晶体管的截止。

3．晶体管的饱和与截止

为了使晶体管能够可靠地饱和，通常使晶体管的基极电流 I_B 较大。设集电极电流 $I_{CM} = U_{CC}/R_L$，

要求 βI_B 范围为 $1.5 \sim 2I_{CM}$，保证晶体管能够可靠地饱和。基极电流 I_B 也不宜太大，否则会降低晶体管的开关速度。R_{B1}、R_{B2} 在电路中起到分压作用，可适当降低基极电流 I_B，防止晶体管饱和时基极电流太大。

　　为了保证晶体管可靠地截止，稳态时低电平电压要求小于 0.5V，这样低电平电压通过 R_{B1}、R_{B2} 分压之后必定小于 0.5V，U_{BE} 小于开启电压，晶体管在截止区。实际工作中，可以使 U_{BE} 为负电压，如 $U_{BE} = -3V$（不能小于 $-6V$，以防止发射结被击穿），不但可以确保晶体管进入截止区，而且可以提高晶体管的开关速度。

3.3　场效应管

　　场效应晶体管（Field Effect Transistor，FET）简称场效应管，是利用输入回路中栅极、源极两端的电场效应控制输出回路漏极电流大小的半导体元器件。场效应管可用于放大电路。由于场效应管放大电路的输入阻抗很大，因此耦合电容容量可以较小，不必使用电解电容器。场效应管也可作为可变电阻、恒流源、电子开关等。

3.3.1　场效应管的分类和结构

1．场效应管的分类

　　一般的晶体管是由两种极性的载流子即多数载流子和反极性的少数载流子共同参与导电的，因此称为双极晶体管。而场效应管与双极晶体管相反，仅由多数载流子参与导电，也称为单极晶体管。场效应管主要利用电场效应控制导电区电阻的大小，实现电压对电流的控制功能，属于电压控制半导体元器件。场效应管具有输入电阻大（$10^8 \sim 10^9 \Omega$）、噪声小、功耗低、动态范围大、易于集成、没有二次击穿现象、安全工作区域宽等优点。

　　如图 3-19 所示，场效应管主要分为结型、绝缘栅型两大类。结型场效应管（Junction Field-Effect Transistor，JFET）因有两个 PN 结而得名，绝缘栅型场效应管（Insulated-Gate Field-Effect Transistor，IGFET）则因栅极与其他电极完全绝缘而得名。目前在绝缘栅型场效应管中，应用最为广泛的

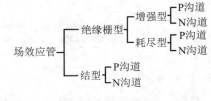

图 3-19　场效应管的分类

是 MOS 场效应管（简称 MOS 管），即金属 - 氧化物 - 半导体场效应管（Metal-Oxide-Semiconductor Field-Effect Transistor，MOSFET）。

　　按沟道半导体材料的不同，结型和绝缘栅型场效应管各分 N 沟道和 P 沟道两种。若按导电方式来划分，场效应管又可分成耗尽型与增强型。结型场效应管均为耗尽型，绝缘栅型场效应管既有耗尽型，也有增强型。

2．场效应管的结构

（1）结型场效应管

　　图 3-20 所示是结型场效应管的结构和图形符号。它是在 N 型（或 P 型）的半导体基片的两侧制作两个 PN 结，从上面各引出一个电极，将两侧的电极连在一起，称为栅极 G，在基片两端各引出两个极，分别称为源极 S 和漏极 D，D、S 之间的 N 区（或 P 区）称为导电沟道。

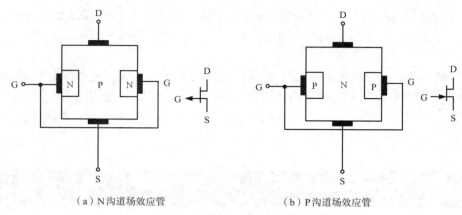

（a）N沟道场效应管　　　　　　　　　　（b）P沟道场效应管

图 3-20　结型场效应管的结构和图形符号

　　结型场效应管的文字符号为 VT 或 V，图形符号中的箭头方向由 P 区指向 N 区，因此，从图形符号上也可识别 D、S 之间是 N 沟道还是 P 沟道。

　　（2）绝缘栅型场效应管

　　绝缘栅型场效应管的栅极 G 与源极 S 和漏极 D 之间是完全绝缘的，因此称为绝缘栅型场效应管。目前应用最广泛的绝缘栅场效应管是 MOS 管，它也有 N 沟道和 P 沟道两类，每一类又可分为增强型和耗尽型两种。

　　① 增强型 MOS 管

　　常用的增强型 MOS 管以 N 沟道的为主，它的结构和图形符号如图 3-21 所示。它是在一块杂质浓度较低的 P 型半导体衬底上再制作两个杂质浓度高的 N 区，并分别将它们作为源极 S 和漏极 D，然后在衬底的表面制作一层 SiO_2 绝缘层，并在上面引出一个电极作为栅极 G。

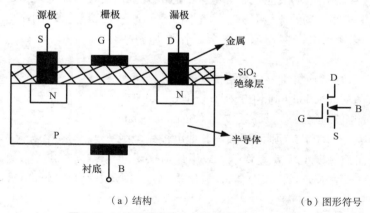

（a）结构　　　　　　　　　　　　　（b）图形符号

图 3-21　N 沟道增强型 MOS 管的结构和图形符号

　　② 耗尽型 MOS 管

　　耗尽型 MOS 管是在绝缘层中提前掺入不能运动的正电荷，可以在栅极与源极连在一起，即 $U_{GS}=0$ 时就产生导电沟道。常用的耗尽型 MOS 管也以 N 沟道的为主，它的结构和图形符号如图 3-22 所示。图形符号中的箭头表示由 P 区指向 N 区，实线表示耗尽型。

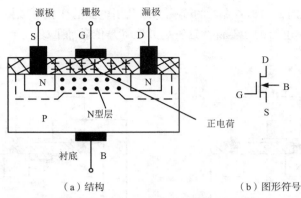

（a）结构　　　　　　　　　　　　　（b）图形符号

图 3-22　N 沟道耗尽型 MOS 管的结构和图形符号

3.3.2　场效应管的工作原理

1．结型场效应管的工作原理

以 N 沟道结型场效应管为例，当 $U_{GS} = 0$ 时，在漏极与源极之间加上一定的漏源电压 U_{DS}，如图 3-23（a）所示。这时在 U_{DS} 作用下形成一定的漏极电流 I_D，这种 $U_{GS} = 0$、$I_D \neq 0$ 的工作方式称为耗尽型。

当栅极和源极之间加上反向偏置电压，使 $U_{GS} < 0$ 时，耗尽层厚度增加，如图 3-23（b）所示，耗尽层厚度随着反向偏置电压的增加而增加。

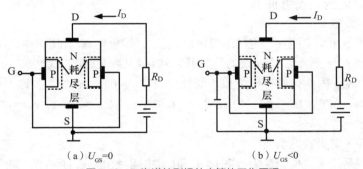

（a）$U_{GS} = 0$　　　　　　　　　　　　（b）$U_{GS} < 0$

图 3-23　N 沟道结型场效应管的工作原理

当反向偏置电压 U_{GS} 增加、耗尽层变厚时，导电沟道变窄，沟道电阻增加，I_D 减小；反之，当反向偏置电压减小，耗尽层变薄时，导电沟道变宽，沟道电阻减小，I_D 增大。在 $U_{GS} = 0$ 时，I_D 最大为 I_{DSS}。因此结型场效应管处在放大状态时，应控制 PN 结处在反向偏置状态。

在 U_{DS} 一定时，U_{GS} 的变化可以控制 I_D 的变化，若在漏极再增加一个电阻 R_D，那么 R_D 就可将 I_D 的变化转换成电压的变化。也就是说，U_{GS} 的微小变化，可引起输出电压 U_{DS} 较大的变化，这就是结型场效应管进行电压放大的简单工作原理。

2．绝缘栅型场效应管的工作原理

以 N 沟道增强型 MOS 管为例，当 $U_{GS} = 0$ 时，漏极和源极之间相当于两个相对的 PN 结，没有导电沟道，$I_D = 0$，如图 3-24（a）所示。

当 $U_{GS} > 0$ 时，栅极、源极会产生电场，强行将衬底 P 中的自由电子吸引到两个 N 区之间，形成 N 型导电沟道。U_{GS} 越大，导电沟道越宽，电阻越小，电流 I_D 越大，如图 3-24（b）所示。当

U_{GS}在一定范围内变化时，可以控制I_D的变化，即利用电压的变化可以控制电流I_D的变化，因此场效应管属于电压控制电流的元器件。这种场效应管是依靠加上U_{GS}才产生导电沟道的，因此称为增强型场效应管。

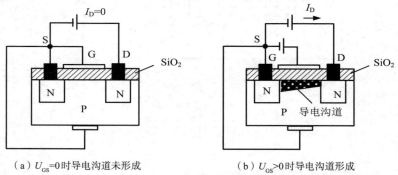

（a）$U_{GS}=0$时导电沟道未形成　　　　　（b）$U_{GS}>0$时导电沟道形成

图 3-24　N 沟道增强型 MOS 管的工作原理

对于耗尽型MOS管，如果接入$U_{DS}>0$，就会有I_D产生。当$U_{GS}>0$时，垂直电场增强，导电沟道变宽，I_D增大；当$U_{GS}<0$时，垂直电场削弱，沟道变窄，I_D减小；当$U_{GS}=U_P$（夹断电压）时，导电沟道消失，$I_D=0$（耗尽）。

3.3.3　场效应管的特性曲线和主要参数

1. 结型场效应管的特性曲线

（1）转移特性曲线

转移特性曲线是用来说明在一定的漏源电压U_{DS}下，漏极电流I_D和栅源电压U_{GS}之间变化关系的曲线，如图3-25（a）所示。从曲线的形状看，转移特性曲线是非线性的，但当U_{GS}在较小的范围（$-1V \sim -0.5V$）内变化时可以近似为线性。当$U_{GS}=0$时，I_D最大，称为I_{DSS}（饱和漏极电流）；当U_{GS}增高时，导电沟道变窄，电阻增大，I_D减小；当$U_{GS}=U_P$时，$I_D=0$，此时的U_{GS}称为夹断电压，用U_P表示。

（2）输出特性（漏极特性）曲线

输出特性曲线是用来说明当U_{GS}一定时，I_D和U_{DS}之间变化关系的曲线，如图3-25（b）所示。结型场效应管的输出特性曲线可分为3个区域。

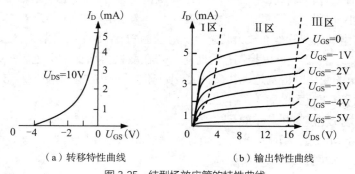

（a）转移特性曲线　　　　　　　（b）输出特性曲线

图 3-25　结型场效应管的特性曲线

① 可变电阻区

图3-25（b）所示的Ⅰ区为可变电阻区。在这个区域内，U_{DS}较小，当U_{GS}一定时，U_{DS}从0开始增大，I_D近似线性增加，这时N沟道相当于一个电压控制的电阻。U_{GS}负压越高，沟道电阻越大，I_D上升的斜率下降，曲线逐渐向水平方向弯曲，这说明沟道电阻是随U_{GS}的变化而变化的，故称为可变电阻区。

② 放大区

图3-25（b）所示的Ⅱ区为放大区（或恒流区）。在这个区域内，若U_{GS}不变，当U_{DS}增大时，I_D基本维持不变，这时I_D只受U_{GS}控制。U_{GS}的电压越高，I_D越小，曲线越向下移，体现了U_{GS}对I_D的控制作用。从曲线上可以看出，在U_{GS}均匀变化时，输出特性曲线间距不太均匀，但是只要取适当的U_{GS}且输入信号在较小范围内变化，依然可近似地认为线性。结型场效应管用作放大管时就工作在这个区域。

③ 击穿区

图3-25（b）所示的Ⅲ区为击穿区。当U_{DS}增加到一定值时，反向偏置的PN结被击穿，I_D突然增大，此时若不对I_D加以限制，场效应管将被损坏。

2．增强型MOS管的特性曲线

N沟道增强型MOS管的特性曲线如图3-26所示，与NPN型晶体管的类似，区别在于转移特性曲线为I_D与U_{GS}的关系，开启电压U_T一般在2V左右，工作电压在3.5V左右。

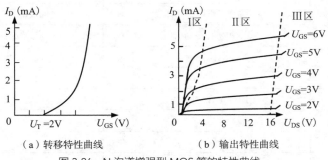

（a）转移特性曲线　　　　（b）输出特性曲线

图 3-26　N 沟道增强型 MOS 管的特性曲线

3．主要参数

（1）夹断电压U_P

当U_{DS}为某一定值（测试条件）时，对于结型场效应管和耗尽型MOS管，U_P为I_D减小到近似为 0 时的栅源电压U_{GS}值。

（2）开启电压U_T

当U_{DS}为某一定值（测试条件）时，增强型MOS管开始导通时的$|U_{GS}|$值就为$|U_T|$。N沟道增强型MOS管的U_T为正值，P沟道增强型MOS管的U_T为负值。

（3）饱和漏极电流I_{DSS}

对结型场效应管和耗尽型MOS管来说，当栅源电压$U_{GS}=0$且$U_{DS}>|U_P|$时的漏极电流为I_{DSS}。它反映了场效应管输出的最大漏极电流。

（4）最大漏源电压$U_{(BR)DS}$

$U_{(BR)DS}$是指漏极与源极之间的最大反向击穿电压，与晶体管的$U_{(BR)CEO}$类似，属于极限参数。

（5）跨导g_m

当U_{DS}为某一定值（测试条件）时，I_D的微小变化量与U_{GS}的微小变化量之比g_m称为跨导，即$g_m = \Delta I_D / \Delta U_{GS}$。$g_m$反映了场效应管$U_{GS}$对漏极电流$I_D$的控制能力，单位为西门子（S）或毫西门子mS。$g_m$是反映场效应管控制能力的主要参数，取值范围一般为5mS～20mS。

（6）最大功率P_{DM}

P_{DM}是指漏极允许消耗的最大功率，与晶体管的集电极最大功率P_{CM}类似，属于极限参数。

3.3.4 晶体管与场效应管的比较

场效应管的工作原理是漏极与源极间流经沟道的I_D受栅极与沟道间的PN结形成的反偏栅极电压控制，即通过U_{GS}（栅源电压）来控制I_D（漏极电流）。场效应管由于利用多数载流子导电，所以温度稳定性较好；因为它不存在杂乱运动的电子扩散引起的散粒噪声，所以噪声小；同时它的控制输入端电流极小，因此输入电阻很大。

晶体管与场效应管的性能特点比较如表3-1所示。

表3-1 晶体管与场效应管的性能特点比较

比较项目	晶体管	场效应管
导电机制	多数载流子和少数载流子都参与导电	只有多数载流子参与导电
元器件名称	晶体管、双极型晶体管	场效应管、单极型晶体管
元器件类型	NPN型、PNP型	结型和绝缘栅型N沟道、P沟道
控制方式	电流控制	电压控制
放大控制参数	β（20～100）	g_m（5mS～20mS）
直流输入电阻	小（$10^2\Omega \sim 10^5\Omega$）	大（$10^7\Omega \sim 10^{15}\Omega$）
热稳定性	差	好
噪声	较大	较小
抗辐射能力	差	强
制作工艺	较复杂	简单、成本低
静电影响	不受静电影响	易受静电影响
集成工艺	不易大规模集成	适宜大规模或超大规模集成

对表3-1中部分内容的说明如下。

（1）场效应管是电压控制元器件，而晶体管是电流控制元器件。在只允许从信号源取较少电流的情况下，应选用场效应管；而在信号电压较低，又允许从信号源取较多电流的情况下，应选用晶体管。

（2）场效应管是利用多数载流子导电的，被称为单极型元器件；而晶体管既利用多数载流子导电，也利用少数载流子导电，被称为双极型元器件。

（3）有些场效应管的源极和漏极可以互换使用，栅源电压也可正可负，使用灵活性比晶体管好。

（4）场效应管能在很小电流和很低电压的条件下工作，而且可以很方便地把很多场效应管集成在一块硅片上，因此场效应管在大规模和超大规模集成电路中得到了广泛的应用。

本章小结

1．在纯净半导体中掺入三价或五价元素，可形成两种杂质半导体，即 P 型半导体和 N 型半导体，从而为半导体元器件的制造奠定了物理基础。

2．PN 结具有单向导电特性，它是构成各种半导体元器件的基本单元。把一个 PN 结封装起来并引出金属电极便构成了二极管。

3．晶体管是在一块极薄的硅或锗基片上通过特殊的工艺制作出两个 PN 结，再封装在管壳里制成的。按基片是 N 型半导体还是 P 型半导体划分，晶体管有 NPN 型和 PNP 型两种组合形式。

4．场效应管有结型和绝缘栅型两大类，属于单极型电压控制元器件。结型场效应管分为 N 沟道耗尽型和 P 沟道耗尽型两种。绝缘栅型场效应管有增强型 N 沟道、增强型 P 沟道、耗尽型 N 沟道和耗尽型 P 沟道 4 种，它们的结构、电路、工作条件、特性曲线有所不同。

习题

一、填空题

1．如果在 N 型半导体中掺入足够量的三价元素，可将其改型为（　　　）。

2．当二极管正极接电源正极，负极接电源负极时，二极管（　　　）导通，此时二极管呈现（　　　）电阻。

3．对于理想二极管，U_D 的数值通常为：硅管（　　　）V，锗管（　　　）V。

4．稳压二极管的稳压区是其工作在（　　　）。

5．现有两只稳压管，稳压值分别是 5V 和 10V，正向导通电压为 0.3V。若将它们串联相接，则所得到的稳压值的可能值为：（　　　），（　　　），（　　　），（　　　）。

6．晶体管有（　　　）型和（　　　）型两种组合形式。

7．数字电路中的晶体管一般工作于（　　　）区和（　　　）区，而（　　　）区只是一种过渡状态。（**华中科技大学考研试题**）

8．当晶体管工作在放大区时，发射结电压（　　　）和集电结电压（　　　）。

9．从晶体管的输入特性曲线可以看出，加在发射结上的正偏电压只有大于死区电压时晶体管才出现（　　　）。

10．硅二极管的死区电压约是（　　　），导通压降约是（　　　）。

11．锗二极管的死区电压约是（　　　），导通压降约是（　　　）。

12．温度升高，晶体管输出特性曲线之间的间隔（　　　）。

13．场效应管主要分为（　　　）和（　　　）两大类。

14．场效应管是利用多数载流子导电的，被称为（　　　）；而晶体管既利用多数载流子导电，也利用少数载流子导电，被称为（　　　）。

二、选择题

1．当 PN 结外加正向电压时，扩散电流（　　　）漂移电流。

A．大于　　　　　　　　B．小于　　　　　　　　C．等于　　　　　　　　D．不确定

2．当 PN 结外加反向电压时，耗尽层（　　　）。

A．变宽　　　　　　B．变窄　　　　　　C．不变　　　　　　D．不确定

3．当PN结加正向电压（正向偏置）时，随着电压增大，电流（　　　）。

A．竖直上升　　　　B．呈指数上升　　　C．呈比例上升　　　D．呈对数上升

4．现有两只稳压管，稳压值分别是5V和10V，正向导通电压为0.3V。若将它们并联相接，则所得到的稳压值的可能值为（　　　）。

A．5.3V，0.3V　　　B．10V，0.3V　　　C．5V，0.3V　　　D．10.3V，0.3V

5．当硅二极管加上0.4V的正向电压时，该二极管相当于（　　　）。

A．很小的电阻　　　B．很大的电阻　　　C．短路　　　　　　D．断路

6．NPN和PNP型晶体管的区别是（　　　）。

A．由两种不同材料制成　　　　　　　　B．掺入杂质元素不同

C．P区和N区的位置不同　　　　　　　　D．以上答案均不对

7．由双极晶体管组成的开关电路，其饱和工作状态的条件是（　　　）。（**兰州大学考研试题**）

A．$I_B > I_C/\beta$　　　B．V_{BE}=0.6V　　　C．$I_B < I_C$　　　D．$I_B \leqslant I_{CEO}$

8．晶体管工作在开关状态下，其"关"态和"开"态分别指晶体管的（　　　）。（**南京理工大学考研试题**）

A．截止状态和饱和状态　　　　　　　　B．截止状态和放大状态

C．放大状态和饱和状态　　　　　　　　D．饱和状态和截止状态

9．工作在放大区的某晶体管，如果I_B从12μA增大到22μA，I_C从1mA变为2mA，那么它的β约为（　　　）。

A．80　　　　　　　B．90　　　　　　　C．100　　　　　　D．110

10．场效应管控制漏极电流的大小是利用外加电压产生的（　　　）。

A．电场　　　　　　B．磁场　　　　　　C．电流　　　　　　D．以上均不对

11．场效应管漏极电流是由载流子的漂移形成的，这种载流子是（　　　）。

A．少数载流子　　　B．多数载流子　　　C．两种载流子　　　D．正负离子

12．MOS管中的漏极电流（　　　）。

A．穿过PN结和衬底　　B．穿过衬底　　　C．不穿过PN结　　　D．穿过PN结

第 **4** 章

分立元器件基本电路

本章学习目标

掌握放大电路的基本概念。

掌握放大电路的静态工作点以及放大倍数、输入电阻、输出电阻等性能指标。

掌握用分立元器件构成门电路的方法。

本章讨论的问题

什么是基本放大电路？

怎样分析基本放大电路？

怎样用分立元器件构成门电路？

很多年轻人会在上大学后长舒一口气，这种想法是不对的，大学的这几年在人的一生中是非常重要的，只有有了目标，才会过得不一样。——杨奇逊（中国工程院院士、电力系统继电保护专家）

1994年，杨奇逊创办四方公司并首创总线不出芯片的单片机技术，大幅度提高了微机保护装置的抗干扰性能，并且将20世纪90年代国际上最新的计算机、网络通信、数字信号处理等技术运用于继电保护装置，使继电保护装置不再只是一个独立运行的装置，而成为整个电力系统信息处理过程中的智能单元，大大节省了变电站的占地成本和电缆敷设成本。

4.1 共发射极放大电路

放大电路（又称放大器）是电子设备中常用的基本单元电路，它可以将较小的电信号转换成较大的电信号，主要组成框图如图4-1所示。其中，1和1′端为放大电路的输入端，用来接收信号；2和2′端为放大电路的输出端，用来输出放大电路部分放大的信号。晶体管放大电路就是利用其电流控制作用将较小的电信号（电压、电流、电功率）不失真地转换成较大的电信号。表面上看就是将信号由小变大，但实质上是利用晶体管完成了能量的控制。

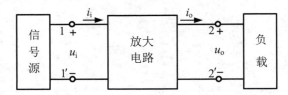

图 4-1　放大电路主要组成框图

4.1.1 电路组成

图4-2所示为单管共发射极放大电路原理图，电路由晶体管、偏置电阻、耦合电容和直流电源组成。由信号源提供信号u_i经电容C_1加到晶体管的基极与发射极之间，放大后的信号u_o从晶体管的集电极与发射极之间输出。电路以晶体管的发射极作为输入、输出回路的公共端，所以称为共发射极放大电路。

电路中各元器件的主要作用如下。

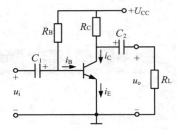

图 4-2　单管共发射极放大电路原理图

（1）NPN型晶体管。该晶体管具有电流放大作用，它使集电极电流随基极电流的变化发生相应的变化，是共发射极放大电路中的核心元器件。

（2）基极偏置电阻R_B。该电阻为晶体管的基极提供合适的偏置电流（基极直流电流），并向发射结提供必需的正向偏置电压。R_B一般取值为几百千欧姆。

（3）直流电源U_{CC}。U_{CC}一方面通过集电极负载电阻R_C给晶体管的集电结施加反向偏置电压，同时通过基极偏置电阻R_B给晶体管的发射结施加正向偏置电压，使晶体管处于放大状态；另一方面给放大电路提供能量，晶体管放大作用的实质是用输入端能量较小的信号去控制输出端能量较大的信号，其本身不能创造出新的能量，输出信号的能量来源于直流电源U_{CC}，它是整个放大电路的能量来源。

（4）集电极负载电阻R_C。该电阻把晶体管的电流放大作用以电压放大的形式表现出来，从而输出一个比输入电压大得多的电压。R_C一般取值为几千欧姆。

（5）耦合电容C_1和C_2。它们分别接在放大电路的输入端和输出端，利用电容器"隔直通交"的特点，一方面可避免放大电路的输入端与信号源之间、输出端与负载之间直流量的互相影响，使晶体管的静态工作点不会因接入信号源和负载而受到影响；另一方面能保证输入和输出信号畅通地传输。通常C_1和C_2选用电解电容器，取值为几微法到几十微法。

4.1.2　静态分析

所谓静态，是指输入信号为 0 时，放大电路只有直流电的工作状态。此时，在直流电源 U_{CC} 的作用下，直流电流所流过的路径为直流通路。由于电容的"隔直流"作用，画直流通路时，电路中的电容要做开路（电感短路）处理，如图 4-3 所示。

共发射极放大电路静态分析

静态分析的目的是运用直流通路分析电路中晶体管的工作状态。为了使放大电路能够正常工作，晶体管必须处于放大状态。因此，要求晶体管各极的直流电压、直流电流必须具有合适的静态工作参数 I_B、I_C、U_{BE}、U_{CE}。对应这 4 个数值，可在输入特性曲线和输出特性曲线上各确定一个固定不动的点 Q，如图 4-4 所示。把这个 Q 点就称为放大电路的静态工作点，简称工作点。为了便于说明此时的电压、电流值是对应于静态工作点 Q 的静态工作参数，把它们分别记作 I_{BQ}（对应静态工作点 Q 的基极偏置电流）、I_{CQ}（对应静态工作点 Q 的集电极电流）、U_{BEQ}

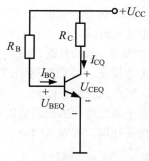

图 4-3　共发射极放大电路的直流通路

（对应静态工作点 Q 的基射极电压）、U_{CEQ}（对应静态工作点 Q 的集射极电压），这些值可用近似定量分析得到。因而求解静态工作点值 I_{BQ}、U_{BEQ}、I_{CQ} 和 U_{CEQ} 也称为求解静态工作点。

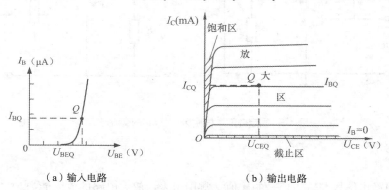

（a）输入电路　　　　　　　　　（b）输出电路

图 4-4　特性曲线中的 Q 点

由图 4-3 可见，静态工作点是通过偏置电阻 R_B 提供的，该电路又称为固定偏置共发射极放大电路，根据 KVL 方程可得

$$U_{CC} = I_{BQ}R_B + U_{BEQ}$$

经整理得到

$$I_{BQ} = \frac{U_{CC} - U_{BEQ}}{R_B} \tag{4-1}$$

由晶体管的输入特性和实际测量可知，晶体管的 U_{BEQ} 很小，其中硅管的 U_{BEQ} 约为 0.7V，锗管的 U_{BEQ} 约为 0.3V。通常 $U_{BEQ} < 0.1U_{CC}$ 时，U_{BEQ} 可忽略。因此，式（4-1）也可写为

$$I_{BQ} \approx \frac{U_{CC}}{R_B} \tag{4-2}$$

根据晶体管的电流放大作用，有

$$I_{CQ} \approx \beta I_{BQ} \tag{4-3}$$

从集电极回路来看，有

$$U_{CC}=U_{CEQ}+I_{CQ}R_C$$

经整理后得到

$$U_{CEQ}=U_{CC}-I_{CQ}R_C \qquad (4\text{-}4)$$

4.1.3 动态分析

所谓动态，是指放大电路输入信号不为0时的工作状态。当放大电路加入交流信号u_i时，电路中各电极的电压、电流都是由直流量和交流量叠加而成的。

动态分析的目的是用交流等效电路寻求放大倍数、输入电阻、输出电阻等性能指标。研究动态工作情况，必须要得到信号源单独作用下交流电流所流过的路径。电解电容器对交流近似短路，因此画交流通路时，可将电解电容器简化成一直线。另外，直流电源的内阻很小，也可以视为对交流短路，因此画交流通路时，将直流电源也简化成一直线，如图4-5（a）所示。根据电路的相关知识，可以将图4-5（a）所示通路简化成图4-5（b）所示通路。

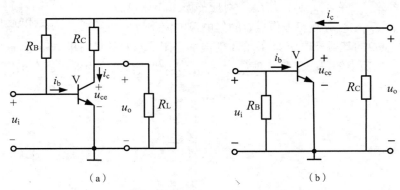

（a）   （b）

图 4-5　固定偏置共发射极放大电路的交流通路

1. 动态参数

（1）放大倍数

放大倍数即输出信号与输入信号的比值，常用于表示放大电路的放大能力。根据放大对象的不同，又有电压放大倍数、电流放大倍数和功率放大倍数之分。用对数的形式来表示的放大倍数称为增益，同样也有电压增益、电流增益和功率增益之分。

不同的情况对放大电路的放大倍数的要求不同，不能单纯追求高放大倍数，要根据具体问题全面考虑。

通常情况下"放大倍数"是指电路的电压放大倍数，定义为

$$A_u=\frac{u_o}{u_i} \qquad (4\text{-}5)$$

式中，u_i为输入电压，u_o为输出电压，通常情况下取峰值或有效值。需要说明的是，定义放大倍数A_{uo}为空载电压放大倍数，A_{uL}为有载电压放大倍数。

（2）输入电阻

当输入信号加到放大电路的输入端时，放大电路就相当于信号源的负载电阻，这个负载电阻就是放大电路本身的输入电阻，也就是从输入端往放大电路看，它所具有的等效电阻。如图4-6所示，输入电阻大小为

$$R_i = \frac{u_i}{i_i} \tag{4-6}$$

其中，u_i为输入电压，i_i为输入电流。

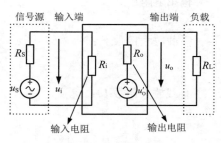

图 4-6　输入电阻和输出电阻

输入电阻是表明放大电路从信号源吸取电流大小的参数，输入电阻越大，放大电路从信号源吸取的电流就越小，这样信号源对放大电路的影响越小，所以通常情况下，我们希望输入电阻越大越好。

（3）输出电阻

输出电阻是指从放大电路输出端往放大电路看，其所具有的等效电阻，如图4-6所示。输出电阻表明放大电路带负载能力的强弱，输出电阻越小，放大电路带负载的能力越强，反之越弱，所以通常情况下，我们希望输出电阻越小越好。

放大倍数、输入电阻和输出电阻是晶体管放大电路主要的3个动态参数，通过研究这3个动态参数，可以了解放大电路的动态性能。

2．动态参数计算

放大电路的输入电阻、输出电阻和放大倍数均是与交流分量有关的参数，所以可以用交流通路来估算。

利用交流通路计算放大电路的动态参数时，常采用近似估算法。该方法需要把非线性晶体管等效为线性元器件，把非线性晶体管所组成的放大电路近似等效为线性电路，像处理线性电路那样来处理晶体管放大电路。要注意线性化的条件，即只有晶体管在小信号（微变量）情况下工作时，才能在静态工作点附近的小范围内用直线段近似地代替晶体管的特性曲线。

根据实践经验以及理论推导，我们可以把晶体管的输入端基极和发射极之间用等效电阻r_{be}来取代，集电极和发射极之间用等效恒流源βi_b来取代，这样晶体管就可以转换为线性元器件，整个放大电路就可以转换为线性电路，如图4-7所示。

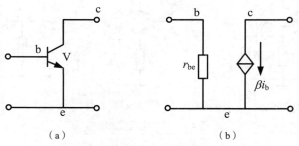

（a）　　　　　　　　　　　　（b）

图 4-7　晶体管的微变等效电路

当小功率晶体管在共发射极连接并工作在低频信号时，基极和发射极之间的电阻r_{be}可用经验公式求出。

$$r_{be} = 300 + (1+\beta)\frac{26}{I_{EQ}} \tag{4-7}$$

式中，I_{EQ}为静态情况下发射极电流，可用I_{CQ}近似代替；r_{be}的单位为欧姆，一般为几百欧姆到几千欧姆，它是对交流电路而言的一个动态电阻。β为静态条件晶体管集电极电流与基极电流的比值。

理论推导及实践都可以证明，共发射极放大电路的动态参数的计算公式如下。

输入电阻R_i：

$$R_\text{i} \approx r_\text{be}$$ （4-8）

输出电阻R_o：

$$R_\text{o} \approx R_\text{C}$$ （4-9）

空载放大倍数A_uo：

$$A_\text{uo} = \frac{u_\text{o}}{u_\text{i}} = -\frac{\beta R_\text{C}}{r_\text{be}}$$ （4-10）

有载放大倍数A_uL：

$$A_\text{uL} = \frac{u_\text{o}}{u_\text{i}} = -\frac{\beta \left(\dfrac{R_\text{C} R_\text{L}}{R_\text{C} + R_\text{L}} \right)}{r_\text{be}}$$ （4-11）

由于共发射极放大电路的放大倍数较大，输入电阻不是很大，输出电阻较大，因此共发射极放大电路多用于低频放大电路和多级放大电路的中间级。同时，在实际应用中，往往在发射极增加一个电阻，以减小放大倍数，提高输出波形的稳定性。

4.2 共集电极放大电路

4.2.1 电路结构

图4-8所示为共集电极放大电路，信号从基极输入，经过电路之后从发射极输出，所以该电路又称为射极输出器。共集电极放大电路具有集电极电阻R_E的串联型偏置方式，R_E有稳定静态工作点的作用。

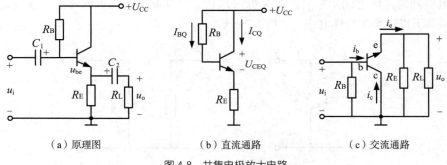

（a）原理图　　　　　　　（b）直流通路　　　　　　　（c）交流通路

图4-8　共集电极放大电路

4.2.2 静态分析

共集电极放大电路原理图如图4-8（a）所示，在分析共集电极放大电路的静态工作点之前，首先应画出该电路的直流通路，如图4-8（b）所示。

基极回路根据KVL方程可得

$$U_\text{CC} = I_\text{BQ} R_\text{B} + U_\text{BEQ} + I_\text{EQ} R_\text{E}$$

由于

$$I_\text{EQ} = I_\text{CQ} + I_\text{BQ} \approx \beta I_\text{BQ} + I_\text{BQ} = (1 + \beta) I_\text{BQ}$$

经整理得

$$I_{BQ} = \frac{U_{CC} - U_{BEQ}}{R_B + (1+\beta)R_E} \qquad (4\text{-}12)$$

由晶体管的输入特性和实际测量可知，晶体管的 U_{BEQ} 很小，与电源电压相比，U_{BEQ} 可忽略。因此，式（4-12）也可写为

$$I_{BQ} \approx \frac{U_{CC}}{R_B + (1+\beta)R_E} \qquad (4\text{-}13)$$

根据晶体管的电流放大作用，有

$$I_{EQ} \approx I_{CQ} \approx \beta I_{BQ} \qquad (4\text{-}14)$$

从集电极回路来看，有

$$U_{CC} = U_{CEQ} + I_{EQ}R_E$$

经整理后得到

$$U_{CEQ} = U_{CC} - I_{EQ}R_E \qquad (4\text{-}15)$$

静态工作点值（基极偏置电流、集电极电流、集射极电压）可分别按照式（4-13）、式（4-14）、式（4-15）估算出来。

4.2.3　动态分析

在分析共集电极放大电路的动态参数之前，首先应画出该电路的交流通路，如图4-8（c）所示。根据微变等效的电路分析方法，可得共集电极放大电路的3个动态参数的表达式如下。

输入电阻 r_i：

$$r_i \approx \frac{R_B[r_{be} + (1+\beta)R_L']}{R_B + [r_{be} + (1+\beta)R_L']} \qquad (4\text{-}16)$$

其中，R_L' 为发射极交流等效电阻（ $R_L' = \frac{R_E R_C}{R_E + R_C}$ ），也是放大电路输出端的交流总负载电阻。r_{be} 通常为1kΩ左右，β（基极电流与集电极电流的比值）为几十到几百。因此，共集电极放大电路的输入电阻 R_i 比较大，从几十千欧姆到几百千欧姆不等。

输出电阻 R_o：

$$R_o \approx \frac{r_{be}}{1+\beta} \qquad (4\text{-}17)$$

可见共集电极放大电路的 R_o 很小，约几欧姆到几十欧姆。

由图4-8可得 $u_i = u_{be} + u_o$，即 $u_o = u_i - u_{be}$，则放大倍数

$$A_u = \frac{u_o}{u_i} = \frac{u_i - u_{be}}{u_i} \leqslant 1 \qquad (4\text{-}18)$$

通常情况下，$A_u \approx 1$。由此可得，共集电极放大电路无电压放大作用，式（4-18）中放大倍数数值为正表示输出电压与输入电压同相，即射极与基极同相位。

由于共集电极放大电路的放大倍数近似为1，因而该电路又称为射极跟随器或电压跟随器，即输入怎样的电压就输出怎样的电压。但这是有条件的，即输入电压幅值不能太大，如果输入电压幅值超过一定的范围，输出波形就会失真，我们把波形失真前的电压大小称为跟随电压。当输入电压幅值小于跟随电压时，输出电压不失真，电路具有良好的跟随性能；当输入电压幅值大于跟随电压时，输出电压将失真，此时电路不具备良好的跟随性能。

共集电极放大电路的特点是放大倍数近似为1，输入阻抗较大，输出阻抗较小，因而多用在多级放大电路的输入级和输出级，以增大整个放大电路的输入电阻并减小整个放大电路的输出电阻。同时，在很多情况下，共集电极放大电路也用在放大电路的两级之间，起到缓冲作用。

4.3 分立元器件组成的基本门电路

前文讨论的电子电路，其输出信号是电路对输入信号进行"放大"的结果，称为放大电路。本节将介绍另一种基本的电子电路——门电路，其功能与放大电路的完全不相同。

与门、或门、非门电路解释

门电路是一种开关电路，在输入和输出信号之间存在着一定的因果关系即逻辑关系。如果把电路的输入信号看成"条件"，把输出信号看成"结果"，则当"条件"具备时，"结果"就会发生。所以门电路是一种逻辑电路。

在门电路中，输入、输出信号通常用电平的高低来描述。高电平和低电平指的就是高电位和低电位。电平的高低是相对的，它只是表示两个相互对立的逻辑状态，至于高低电平的具体数值，则随逻辑电路类型的不同而不同。在逻辑电路中，通常用符号0和1来表示两种对立的逻辑状态。但是用哪种符号表示高电平，哪种符号表示低电平可以是任意的。于是存在两种逻辑体制。一种是用1表示高电平，用0表示低电平，称为正逻辑；另一种是用0表示高电平，用1表示低电平，称为负逻辑。本书采用的是正逻辑。

基本的逻辑关系有3种：与逻辑、或逻辑、非逻辑。与此对应的门电路就是与门电路、或门电路、非门电路，由这3种基本门电路可以组成其他多种复合门电路。门电路可以用分立元器件组成。

4.3.1 与门电路

图4-9所示是一个具有两个输入端的二极管与门电路，它由两个二极管D_1、D_2和一个电阻R以及电源V_{CC}组成。A、B是与门电路的两个输入端，F是输出端。

下面对图4-9所示二极管与门电路的工作原理及逻辑功能进行分析。分析时设各输入端低电平为0，各输入端高电平为3V，电源电压V_{CC}为5V，电阻R为3kΩ，同时忽略二极管的正向压降。

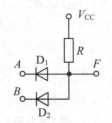

图4-9 二极管与门电路

当输入端A、B均为低电平0，即$U_A = U_B = 0$时，二极管D_1、D_2都处于正向偏置而导通，使输出端F的电压$U_F = 0$V，即输出端F为低电平0。

当输入端A为低电平0，B为高电平1，即$U_A = 0$，$U_B = 3$V时，二极管D_1阴极电位低于D_2阴极电位，二极管D_1导通，使$U_F = 0$V，因而二极管D_2处于反向偏置而截止，输出端F为低电平0。

当输入端A为高电平1，B为低电平0，即$U_A = 3$V，$U_B = 0$时，二极管D_2阴极电位低于D_1阴极电位，二极管D_2导通，使$U_F = 0$，因而二极管D_1处于反向偏置而截止，输出端F为低电平0。

当输入端A、B均为高电平1，即$U_A = U_B = 3$V时，二极管D_1、D_2都处于正向偏置而导通，使$U_F = U_A = U_B = 3$V，即输出端F为高电平1。

从上述分析可知，只有当所有输入端都是高电平1时，输出端才是高电平1，否则均是低电平0。这种"只有当决定一件事情的全部条件都具备时这件事情才会发生"的逻辑关系称为与逻辑，与门电路满足与逻辑关系。

在逻辑电路分析中，通常就用逻辑0、1来描述输入与输出之间的关系，所列出的表称为逻辑真值表（真值表）。上述两输入与门的真值表如表4-1所示。图4-10所示是与门逻辑符号，图4-10中输入端为两个。实际与门电路的输入端并不限于两个。对于有多个输入端的与门电路，其逻辑符号中输入线的条数按实际数画出。

表 4-1　两输入与门的真值表

A	B	F
0	0	0
0	1	0
1	0	0
1	1	1

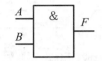

图 4-10　与门逻辑符号

从表4-1可见，信号有0、1两种状态，输入状态有4种可能的组合，且只有当输入全为1时，输出才为1。对于有 n 个输入端的门电路，其输入状态有 2^n 种可能的组合。逻辑真值表完整地表达了逻辑电路所有可能的输入、输出关系，是描述电路逻辑功能的有效工具。

逻辑电路的输入、输出关系的另一种表示方式是逻辑函数表达式。两输入与门电路的逻辑函数表达式为

$$F = A \cdot B \tag{4-19}$$

式中，"·"表示逻辑与，可以省略。逻辑与也称为逻辑乘。

4.3.2　或门电路

图4-11所示是一个具有两个输入端的二极管或门电路，它由两个二极管D_1、D_2和一个电阻R组成。A、B是或门电路的两个输入端，F是输出端。

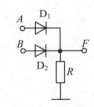

图 4-11　二极管或门电路

下面对图4-11所示二极管或门电路的工作原理及逻辑功能进行分析。分析时设各输入端低电平为0，各输入端高电平为3V，电阻R为3kΩ，电阻R一端接地，同时忽略二极管的正向压降。

当输入端A、B均为低电平0，即$U_A = U_B = 0$时，二极管D_1、D_2都处于正向偏置而导通，使输出端F的电压$U_F = 0$，即输出端F为低电平0。

当输入端A为低电平0，B为高电平1，即$U_A = 0$，$U_B = 3V$时，二极管D_2阳极电位高于D_1阳极电位，二极管D_2导通，使$U_F = 3V$，因而二极管D_1处于反向偏置而截止，输出端F为高电平1。

当输入端A为高电平1，B为低电平0，即$U_A = 3V$，$U_B = 0$时，二极管D_1阳极电位高于D_2阳极电位，二极管D_1导通，使$U_F = 3V$，因而二极管D_2处于反向偏置而截止，输出端F为高电平1。

当输入端A、B均为高电平1，即$U_A = U_B = 3V$时，二极管D_1、D_2都处于正向偏置而导通，使$U_F = U_A = U_B = 3V$，即输出端F为高电平1。

从上述分析可知，只有当所有输入端都是低电平0时，输出端才是低电平0，否则均是高电平1。这种"只要决定一件事情的全部条件中有一个具备时这件事情就会发生"的逻辑关系称为或逻辑，或门电路满足或逻辑关系。

上述两输入或门的逻辑真值表如表4-2所示。图4-12所示是或门逻辑符号，图4-12中输入端

为两个。实际或门电路的输入端并不限于两个。若或门电路的输入端不是两个，其逻辑符号中输入线的条数按实际数画出。

表 4-2　两输入或门的真值表

A	B	F
0	0	0
0	1	1
1	0	1
1	1	1

图 4-12　或门逻辑符号

具有两输入或门电路的逻辑函数表达式为

$$F = A + B \qquad (4\text{-}20)$$

式中，"+"表示逻辑或，也称逻辑加。在逻辑或中，1+1=1，应注意它与算术运算中"加号"的区别。

逻辑与和逻辑或的概念是相对的、有前提条件的。图 4-9 和图 4-11 所示两个电路的逻辑功能是在采用正逻辑体制的条件下加以分析的。对于图 4-11 所示电路，当输入端 A、B 中有一个（或两个）为高电平 1 时输出端 F 就为高电平 1；当 A、B 都为低电平 0 时 F 才为低电平 0。因为对正逻辑而言，用 1 表示高电平，当 A、B 有一个为高电平 1 时，输出 F 就为高电平 1，因此该电路是或门电路。但对负逻辑而言，用 1 表示低电平，只有当 A、B 都为低电平 1 时，输出 F 才是低电平 1，这样该电路就成为与门电路。即图 4-11 所示电路是一个正逻辑或门电路，也是一个负逻辑与门电路。同样图 4-9 所示电路是一个正逻辑与门电路，又是一个负逻辑或门电路。对于同一个门电路，尽管输入与输出之间的电平关系是确定的，但其逻辑关系只有确定采用某种逻辑体制才能确定。

4.3.3　非门电路

由第 3 章可知，晶体管可工作在放大状态，也可工作在开关状态（即饱和或截止状态）。当晶体管饱和时，集电极与发射极之间的电压近似为 0，相当于接通的开关；当晶体管截止时，集电极至发射极的电流近似为 0，相当于断开的开关。而晶体管的饱和与截止可通过加于其基极的电流（或电位）来控制。利用晶体管的这种开关特性就可构成非门电路。

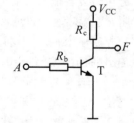

图 4-13 所示为晶体管非门电路。图中 A 为输入端，F 为输出端。电路参数的选择必须保证晶体管工作在开关状态。当晶体管处于截止状态时，要求发射结处于反向偏置以保证可靠截止。

图 4-13　晶体管非门电路

在图 4-13 所示电路中，输入为低电平 0 时，晶体管 T 截止，输出为高电平 1；当输入为高电平 1 时，晶体管 T 饱和导通，输出为低电平 0。该电路输出电平的高低总是和输入电平的高低相反，这种"结果与条件处于相反状态"的逻辑关系称为非逻辑。非门电路满足非逻辑关系，故非门也称为反相器。

表 4-3 所示是非门的真值表。图 4-14 所示为非门逻辑符号，图中 A 为输入端，F 为输出端。

表 4-3　非门的真值表

A	F
0	1
1	0

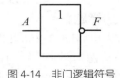

图 4-14　非门逻辑符号

非门电路的逻辑函数表达式为

$$F = \overline{A} \tag{4-21}$$

式中，A 上面的 "–" 表示逻辑非，即逻辑求反运算。

与门电路、或门电路和非门电路是基本的门电路。利用与门电路、或门电路、非门电路可以构成各种逻辑门电路。

📝 本章小结

1. 放大电路由核心元器件晶体管、直流电源、偏置电阻、耦合电容等组成。放大电路正常工作时，具有交、直流并存的特点，即电路中的各种电流和电压信号既有直流分量又有交流分量。在分析计算时，通过分别画交、直流通路，将交、直流分开，静态工作点通过直流通路分析估算，交流性能参数通过交流通路分析估算。

2. 通过估算的静态工作点参数判断晶体管的工作区域，以 NPN 型晶体管为例，当 $U_{CEQ} >$ 1V 时，认为晶体管工作在放大区；当 $U_{CEQ} < $ 1V 时，认为晶体管工作在饱和区。

3. 放大电路在具有合适的静态工作点后，在输入小信号的前提下，可通过放大电路的微变等效电路来分析估算 A_u、R_i、R_o 的值。

4. 共集电极放大电路又称射极跟随器，它没有电压放大能力，但仍有电流和功率放大能力。共极放大电路的输出电压和输入电压的相位相同，这是它的跟随特性；共极放大电路的输入电阻很大，因此可作为多级放大电路的输入级，以减轻信号源的负担；共极放大电路的输出电阻很小，因此可作为多级放大电路的输出级，以提高电路的带负载能力；共极放大电路的放大倍数近似为 1，因此可用于多级放大电路的中间级。

5. 分立元器件门电路是原始的门电路。由二极管、晶体管、电阻器等组成的与门电路、或门电路和非门电路是基本的门电路。利用与门电路、或门电路和非门电路可以构成各种逻辑门电路。

📝 习题

一、填空题

1. 所谓静态，是指输入信号为（　　　）时，放大电路只有直流电的工作状态。

2. 当放大电路加入交流信号 u_i 时，电路中各电极的电压、电流都是由（　　　）叠加而成的。

3. （　　　）、输出电阻和（　　　）是晶体管放大电路主要的 3 个动态参数。

4. 共集电极放大电路具有（　　　）的作用。

5. 门电路是一种（　　　），在输入和输出信号之间存在着一定的因果关系即逻辑关系。

6. 由（　　　）等组成的与门电路、或门电路和非门电路是基本的门电路。

二、选择题

1. 放大电路的输入电阻和（　　　）无关。

A. 信号源内阻 R_S 　　　B. 负载电阻 R_L 　　　　C. 基极电阻 R_B 　　　　D. 发射极电阻

2. 共集电极放大电路的输入电阻 R_i（　　　）。

A. 和负载电阻有关，和信号源内阻无关 　　　B. 和负载电阻无关，和信号源内阻有关

C. 和负载电阻无关，和信号源内阻无关 　　　D. 和负载电阻有关，和信号源内阻有关

3. 有关放大电路的性能指标，下列说法正确的是（　　　）。

A. 输出电阻越大，带负载能力越强 　　　　　B. 输出电阻越小，带负载能力越强

C. 输出电阻不能为0 　　　　　　　　　　　D. 输出电阻可以为0

4. 共集电极放大电路的放大倍数（　　　）。

A. 近似为0 　　　　B. 近似为1 　　　　C. 近似为2 　　　　D. 近似为3

5. 在共发射极放大电路中，调整静态工作点时，一般是调整（　　　）。

A. R_C 　　　　　　B. R_B 　　　　　　C. U_{CC} 　　　　　　D. β

6. 在共发射极放大电路中，将集电极电流的变化转换为电压的变化，实现电压放大作用的是（　　　）。

A. R_C 　　　　　　B. R_B 　　　　　　C. U_{CC} 　　　　　　D. β

第 **5** 章

数字电路基础

本章学习目标

掌握数字电路的种类。

掌握数制，二进制数与十进制数、十六进制数的转换。

了解其他进制数的相互转换。

掌握二进制数的表示和运算。

掌握 BCD 码与格雷码的表示方法。

本章讨论的问题

二进制表示有哪些优缺点？

不同进制转换的方法有哪些？

为什么要进行二进制编码？

无符号数和有符号数的区别是什么？

有符号数的原码、反码和补码如何表示？

以国家需要为指归。——朱物华（电子学科与水声学科奠基人）

朱物华是我国著名的无线电电子学家、水声工程专家、教育家，也是我国电子学科与水声学科奠基人之一。20世纪30年代中期，朱物华首次提出了终端有损耗的T形低通与高通滤波器瞬流计算公式，创造性地拍摄了直流与交流场合下的瞬流图。中华人民共和国成立后，朱物华提出了用相对功率谱密度和逐段积分的计算方法，揭示出了使电力线路传输较高频率的载波信号不致降低信噪比的内在关系。这些都为中国电力工业的发展做出了贡献。

5.1 数字信号与数字电路

5.1.1 数字信号

在第1章已经介绍过，信号可分为两大类：模拟信号和数字信号。

数字信号只有两种状态：高电平和低电平。因此，在数字电路中可以很方便地实现数字逻辑，也就是以高、低电平来表示逻辑1和逻辑0两种状态。第4章已经详细讲解了两种逻辑体制，这里不赘述。

5.1.2 数字电路及其分类

模拟信号比较直接地反映了自然界中真实的物理量变化，而数字信号则是通过人为选择，间接反映实际的物理量变化。数字电路是用数字信号对数字量进行算术运算和逻辑运算的电路。由于它具有逻辑运算和逻辑处理功能，所以又称数字逻辑电路。

数字电路主要完成信号的产生、放大、整形、传输、控制、存储、计数、运算等。分析及设计数字电路的基本工具是逻辑代数，组成数字电路的基本单元电路是门电路。数字电路在结构和工作状态、研究内容和分析方法等方面都与模拟电路不同，它具有如下特点。

（1）数字电路的单元结构比较简单，便于集成化和系列化生产，成本低廉，使用方便。

（2）数字电路的体积小、质量轻、抗干扰性强，工作准确可靠、精度高，稳定性好。

（3）数字电路的处理功能强，不仅能实现数值运算，还能实现逻辑运算和判断。

（4）数字信号更易于存储、加密、压缩和再现。

数字电路的分类说明如下。

1. 按电路类型分类

（1）组合逻辑电路

组合逻辑电路是指电路在任何时刻产生的稳定输出值仅仅取决于该时刻各输入值的组合，而与过去的输入值无关。

（2）时序逻辑电路

时序逻辑电路是指任何时刻电路的输出不但取决于该时刻电路的输入，还取决于电路过去的输入。它与组合逻辑电路本质的区别在于时序逻辑电路具有记忆功能。

2. 按集成电路规模大小分类

数字电路的发展经历了由电子管、半导体分立元器件到集成电路的过程。由于集成电路的发展非常迅速，很快占有主导地位，因此，目前数字电路主流形式是数字集成电路。根据集成电路规模的大小，数字集成电路分类如下。

（1）小规模集成电路

小规模集成电路（Small Scale Integrated Circuit，SSI）指含门数小于10的电路，典型的小规模集成电路有逻辑门、触发器等。

（2）中规模集成电路

中规模集成电路（Medium Scale Integrated Circuit，MSI）通常指含门数范围为 10 ～ 99 的电

路，典型的中规模集成电路有计数器、加法器等。

（3）大规模集成电路

大规模集成电路（Large Scale Integrated Circuit，LSI）通常指含门数范围为 100 ～ 9999 的电路，典型的大规模集成电路有小型存储器、门阵列等。

（4）超大规模集成电路

超大规模集成电路（Very Large Scale Integrated Circuit，VLSI）通常指含门数范围为 10000 ～ 99999 的电路，典型的超大规模集成电路有大型存储器、微处理器等。

（5）甚大规模集成电路

甚大规模集成电路（Ultra Large Scale Integrated Circuit，ULSI）通常指含门数大于 10^6 的电路，典型的甚大规模集成电路有可编程逻辑元器件、多功能专用集成电路等。

3．按所采用的半导体类型分类

（1）双极型集成电路

双极型集成电路采用双极型半导体元器件作为元器件。双极型集成电路又可分为 TTL（晶体管 - 晶体管逻辑）电路、ECL（发射极耦合逻辑）电路和 I²L（集成注入逻辑）电路等类型。

（2）单极型集成电路

单极型集成电路采用 MOS 管作为元器件。单极型集成电路又可分为 PMOS、NMOS 等类型。

5.2 数制

利用一组统一的符号和规则表示数的方法，称为进位记数制，简称数制。通俗地讲，数制就是记数的方法。

一个数可以用任何一种数制来表示和运算。但不同数制的运算方法和难易程度各不相同。在日常生活中，通常采用十进制（Decimalism）来记数，每位数可以采用 10 个数码之一来表示，即 0、1、2、3、4、5、6、7、8、9。十进制的基数为 10，基数表示数制所具有的数字符号的个数，即十进制具有的数字符号的个数为 10。

数字电路系统中多采用二进制（Binary），有时用八进制（Octal）和十六进制（Hexadecimal）。对于任意进制数 M，其数学描述均可表示为

$$(N)_M = \sum_{i=-m}^{n-1} a_i \times M^i$$

其中，N 表示某个 M 进制数，分别由 M 个符号组合而成；n 为整数部分的位数，m 为小数部分的位数；i 表示 N 的位权，a_i 表示 N 的第 i 位的数码，即系数。M 进制数的记数规律是逢 M 进一，借一当 M。

5.2.1 十进制

十进制是以 10 为基数的数制，其记数规律是"逢十进一（或借一当十）"，各位的系数为 0、1、2、3、4、5、6、7、8、9 中的一个，各位的位权是以 10 为底的幂。通常，十进制数用 $(N)_{10}$ 表示，其位权展开式是

$$(N)_{10} = \sum_{i=-m}^{n-1} a_i \times 10^i$$

式中，a_i为系数，n为整数部分的位数，m为小数部分的位数。

　　例如十进制数1234.56。这个数的最左位（第一位）为千位（1代表1000），第二位为百位（2代表200），第三位为十位（3代表30），第四位为个位（4代表4）；小数点右边第一位为十分位（5代表5/10），小数点右边第二位为百分位（6代表6/100）。这里千、百、十、个、十分之一和百分之一都是10的幂。在一个采用某一数制表示的数中，不同数位上的固定常数称为"位权"。例如十进制数1234.56从左至右各位的位权分别是：10^3、10^2、10^1、10^0、10^{-1}、10^{-2}。

　　十进制数1234.56按位权展开的形式为

$$1234.56 = 1 \times 10^3 + 2 \times 10^2 + 3 \times 10^1 + 4 \times 10^0 + 5 \times 10^{-1} + 6 \times 10^{-2}$$

其中，等式左边的表示方法称为位置记数表示法，等式右边则是按位权展开表示法。

5.2.2　二进制

　　二进制是以2为基数的数制，其记数规律是"逢二进一（或借一当二）"，各位的系数是0、1，位权是2的整数幂。通常，二进制数用$(N)_2$表示，其位权展开式是

$$(N)_2 = \sum_{i=-m}^{n-1} a_i \times 2^i$$

式中，a_i为系数，n为整数部分的位数，m为小数部分的位数。

　　例如：二进制数$(1101.01)_2$按位权展开为

$$(1101.01)_2 = 1 \times 2^3 + 1 \times 2^2 + 0 \times 2^1 + 1 \times 2^0 + 0 \times 2^{-1} + 1 \times 2^{-2}$$

5.2.3　八进制

　　八进制是以8为基数的数制，其记数规律是"逢八进一（或借一当八）"，用0、1、2、3、4、5、6、7这8个数码作为系数，位权是8的整数幂。通常，八进制数用$(N)_8$表示，其位权展开式是

$$(N)_8 = \sum_{i=-m}^{n-1} a_i \times 8^i$$

式中，a_i为系数，n为整数部分的位数，m为小数部分的位数。

　　例如：八进制数$(357.1)_8$按位权展开为

$$(357.1)_8 = 3 \times 8^2 + 5 \times 8^1 + 7 \times 8^0 + 1 \times 8^{-1}$$

5.2.4　十六进制

　　十六进制是以16为基数的数制，其记数规律是"逢十六进一（或借一当十六）"，采用数码0、1、2、3、4、5、6、7、8、9、A、B、C、D、E、F作为系数，位权是16的整数幂。通常，十六进制数用$(N)_{16}$表示，其位权展开式是

$$(N)_{16} = \sum_{i=-m}^{n-1} a_i \times 16^i$$

式中，a_i为系数，n为整数部分的位数，m为小数部分的位数。

　　例如：十六进制数$(1A.F)_{16}$按位权展开为

$$(1A.F)_{16} = 1 \times 16^1 + 10 \times 16^0 + 15 \times 16^{-1}$$

　　方便起见，有时二进制数用$(N)_B$表示，八进制数用$(N)_O$表示，十进制数用$(N)_D$表示，十六进

制数用$(N)_{\text{H}}$表示。各种进制数对应关系如表5-1所示。

表5-1 二进制数、八进制数、十进制数、十六进制数对应关系

十进制数	二进制数	八进制数	十六进制数
0	0	0	0
1	1	1	1
2	10	2	2
3	11	3	3
4	100	4	4
5	101	5	5
6	110	6	6
7	111	7	7
8	1000	10	8
9	1001	11	9
10	1010	12	A
11	1011	13	B
12	1100	14	C
13	1101	15	D
14	1110	16	E
15	1111	17	F

5.3 数制转换

5.3.1 将非十进制数转换成十进制数

可以将非十进制数按位权展开，再按十进制运算规则运算得出其相加的结果，就是与其对应的十进制数。

例5-1 将二进制数$(1101.01)_2$转换成十进制数。

解： $(1101.01)_2 = 1 \times 2^3 + 1 \times 2^2 + 0 \times 2^1 + 1 \times 2^0 + 0 \times 2^{-1} + 1 \times 2^{-2} = 8 + 4 + 1 + 0.25 = (13.25)_{10}$

例5-2 将十六进制数$(A3.E)_{16}$转换成十进制数。

解： $(A3.E)_{16} = 10 \times 16^1 + 3 \times 16^0 + 14 \times 16^{-1} = 160 + 3 + 0.875 = (163.875)_{10}$

5.3.2 将十进制数转换成二进制数

将十进制数转换成二进制数，需将十进制数的整数部分和小数部分分别进行转换，然后合并转换结果。

十进制数转换
成二进制数的
方法

1．整数部分转换

整数部分转换采用逐次除以2取余数倒读的方法，即将十进制数整数逐次除以2并依次记下余数，直至最后商为0，首次所得余数为最低位，最后所得余数为最高位。

例5-3 将$(53)_{10}$转换成二进制数。

解：
$$2\underline{|53}\cdots\cdots\quad1\cdots\cdots\cdots最低位$$
$$2\underline{|26}\cdots\cdots\quad0$$
$$2\underline{|13}\cdots\cdots\quad1$$
$$2\underline{|6}\cdots\cdots\quad0$$
$$2\underline{|3}\cdots\cdots\quad1$$
$$2\underline{|1}\cdots\cdots\quad1\cdots\cdots\cdots最高位$$
$$0$$

所以$(53)_{10}=(110101)_2$。

2．小数部分转换

小数部分的转换可采用连乘法，即将小数部分逐次乘以2，取乘积的整数部分作为系数，剩余的纯小数部分继续乘以2，直至最后乘积的小数部分为0或达到一定的精度，首次得到的整数为最高位，最后得到的整数为最低位。

例5-4 将$(0.78125)_{10}$转换成二进制数。

解：
$$0.78125\times2=1.56250\cdots\cdots1\cdots\cdots\cdots最高位$$
$$0.56250\times2=1.12500\cdots\cdots1$$
$$0.12500\times2=0.25000\cdots\cdots0$$
$$0.25000\times2=0.50000\cdots\cdots0$$
$$0.50000\times2=1.00000\cdots\cdots1\cdots\cdots\cdots最低位$$

所以$(0.78125)_{10}=(0.11001)_2$。

5.3.3　二进制数、八进制数及十六进制数的相互转换

1．将二进制数转换成八进制数和十六进制数

转换规则为：将二进制数从小数点起向左、右两边按3位（或4位）分组，不满3位（或4位）的加0补齐，每组以对应的八进制（或十六进制）数码代替，按顺序排列即可。

例5-5 将二进制数$(110101.011000111)_2$转换成八进制数和十六进制数。

解：$(110101.011000111)_2=(110\ 101.\ 011\ 000\ 111)_2=(65.307)_8$

$\quad\quad(110101.011000111)_2=(0011\ 0101.0110\ 0011\ 1000)_2=(35.638)_{16}$

2．将八进制数和十六进制数转换成二进制数

转换规则为：将八进制数和十六进制数的每一位用对应的3位（或4位）二进制数代替，再按顺序排列即可。

例5-6 分别将八进制数$(54.7)_8$和十六进制数$(F1.9)_{16}$转换成二进制数。

解：$(54.7)_8=(101100.111)_2$

$\quad\quad(F1.9)_{16}=(11110001.1001)_2$

3．八进制数和十六进制数的相互转换

转换规则为：利用八进制数和十六进制数与二进制数之间的转换规则，把二进制数作为中间

转换体即可。

例5-7 将十六进制数 $(BE.29)_{16}$ 转换成八进制数。

解: $(BE.29)_{16} = (10111110.00101001)_2 = (010\ 111\ 110.001\ 010\ 010)_2 = (276.122)_8$

5.4 带符号二进制数的代码表示及算术运算

5.4.1 二进制数的表示方法

1. 真值与机器数

前文讨论的数都没有考虑符号,一般认为是正数,但在算术运算中总会出现负数。不带符号的数是数的绝对值,在绝对值前加上表示正负的符号就成了带符号的数,即符号数。一个符号数由两部分组成,一部分表示数的符号,另一部分表示数的数值。对于一个 n 位二进制数,如果数的第一位为符号位,则剩下的 $(n-1)$ 位就表示数的数值。一般,直接用正号"+"和负号"-"来表示带符号的二进制数,称为符号数的真值。数的真值形式是一种原始形式,不能直接用于计算机的处理。但是使符号数值化以后,就可以在计算机中使用它。数的符号是一个具有正、负两种值的离散信息,它可以用一位二进制数来表示。通常以0表示正数,以1表示负数。计算机中使用的符号数称为机器数。

由二进制数的加、减、乘、除4种运算可知,乘法运算实质上是做移位加法运算,而除法运算则是做移位减法运算。因此,计算机只需要实现加、减两种运算。但做减法运算时,必须先比较两个数绝对值的大小,将绝对值大的数减绝对值小的数,最后在相减结果的前面加上正确的符号。虽然逻辑电路可以实现减法运算,但需要的电路复杂且运算时间长。为了能使减法运算变成加法运算,人们提出3种机器数的表示形式,即原码、反码和补码。

2. 原码

原码又称为"符号-数值表示"。在以原码形式表示的正数和负数中,第一位表示符号位,对于正数,符号位记作0,对于负数,符号位记作1,其余各位表示数值。

假如两个带符号的二进制数分别为 N_1 和 N_2,其真值形式为

$$N_1 = +10101 \qquad N_2 = -01011$$

则 N_1 和 N_2 的原码表示形式为

$$[N_1]_原 = 010101 \qquad [N_2]_原 = 101011$$

根据上述原码形成规则,一个 n 位的整数 N(包括一位符号位)的原码一般表示形式为

$$[N]_原 = \begin{cases} N & ,0 \leq N \leq 2^{n-1} \\ 2^{n-1} - N & ,-2^{n-1} < N \leq 0 \end{cases}$$

从原码的一般表示形式可得出如下几点。

(1)当 N 为正数时,$[N]_原$ 和 N 的区别只是增加一位用0表示的符号位。由于在数的最左边增加一位0对该数值并无影响,所以 $[N]_原$ 就是 N 本身。

(2)当 N 为负数时,$[N]_原$ 和 N 的区别是增加一位用1表示的符号位。

(3)在原码表示法中,有两种不同表示形式的0,即

$$[+0]_{原} = 0.00\cdots0$$
$$[-0]_{原} = 1.00\cdots0$$

3．反码

反码又称为"对1的补数"。用反码表示时左边第一位也为符号位，符号位为0代表正数，符号位为1代表负数。对于负数，反码的数值是将原码数值按位变反，即原码的某位为1，反码的相应位就为0；或者原码的某位为0，反码的相应位就为1。而对于正数，反码和原码相同。所以，反码数值的形式与它的符号位有关。

假如两个带符号的二进制数分别为N_1和N_2，其真值形式为

$$N_1 = +10101 \qquad N_2 = -01011$$

则N_1和N_2的反码表示形式为

$$[N_1]_{反} = 010101 \qquad [N_2]_{反} = 110100$$

根据上述反码形成规则，一个n位的整数N（包括一位符号位）的反码一般表示形式为

$$[N]_{反} = \begin{cases} N, & 0 \leqslant N \leqslant 2^{n-1} \\ (2^n - 1) + N, & -2^{n-1} < N \leqslant 0 \end{cases}$$

从反码的一般表示形式可得出如下几点。

（1）正数N的反码$[N]_{反}$与原码$[N]_{原}$相同。

（2）对于负数N，其反码$[N]_{反}$的符号位为1，数值部分是将原码数值按位变反。

（3）在反码表示法中，有两种不同表示形式的0，即

$$[+0]_{反} = 0.00\cdots0$$
$$[-0]_{反} = 1.00\cdots0$$

4．补码

补码又称为"对2的补数"。在补码表示法中，正数的表示与其原码和反码的表示是一样的，而负数的表示却不同。对于负数，其符号位为1，而数值部分是将原码数值按位变反加1，即按位变反，再在最低位加1。

假如两个带符号的二进制数分别为N_1和N_2，其真值形式为

$$N_1 = +10101 \qquad N_2 = -01011$$

则N_1和N_2的补码表示形式为

$$[N_1]_{补} = 010101 \qquad [N_2]_{补} = 110101$$

从补码的一般表示形式可得出如下几点。

（1）正数的补码与其原码和反码相同。

（2）对于负数，它的补码符号位为1，数值部分为反码数值加1。

（3）在补码表示法中，0的表示形式是唯一的，即

$$[+0]_{补} = 0.00\cdots0$$
$$[-0]_{补} = 0.00\cdots0$$

5.4.2 二进制数的算术运算

二进制数算术运算的特点是：加、减、乘、除运算全部可以用相加和移位这两种操作来实现。这样可以简化电路结构，因此在数字电路中采用二进制数进行运算。

1．原码运算

使用原码进行二进制数的算术运算时，原码中的符号位不参与运算。运算过程中，首先比较两个数的符号，若两个数的符号相同，则两个数相加就是将两个数的数值相加，结果的符号不变；若两个数的符号不同，就需要比较两个数的数值大小，两个数相加是将数值较大的数减去数值较小的数，结果的符号与数值较大的数的符号相同。

例5-8 已知 $N_1 = -0.0101$，$N_2 = 0.1001$，求 $[N_1 + N_2]_原$ 和 $[N_1 - N_2]_原$。

解：$[N_1 + N_2]_原 = [(-0.0101) + 0.1001]_原$

因为 N_1 和 N_2 的符号不同，所以比较两个数的数值大小，由于 N_2 的绝对值大于 N_1 的绝对值，因此进行 N_2 减 N_1 的运算，其结果的符号与 N_2 的符号相同。

$$\begin{array}{r} 0.1001 \\ -)\ 0.0101 \\ \hline 0.0100 \end{array}$$

运算结果为原码，即

$$[N_1 + N_2]_原 = 0.0100$$

其真值为

$$N_1 + N_2 = 0.0100$$

而

$$[N_1 - N_2]_原 = [(-0.0101) - 0.1001]_原$$

因为 $[N_1 - N_2]_原$ 相当于两个负数相加，符号相同，所以将 N_1 和 N_2 数值部分相加，结果为负。

$$\begin{array}{r} 0.1001 \\ +)\ 0.1001 \\ \hline 0.1110 \end{array}$$

运算结果为原码，即

$$[N_1 - N_2]_原 = 0.1110$$

其真值为

$$N_1 - N_2 = -0.1110$$

2．补码运算

使用补码进行二进制数的算术运算时，有如下规则。

$$[N_1 + N_2]_补 = [N_1]_补 + [N_2]_补 \qquad [N_1 - N_2]_补 = [N_1]_补 + [-N_2]_补$$

两个数之和的补码等于两个数的补码之和。两个数之差的补码也可以用加法运算来实现，运算时符号位和数值部分一起参与运算，如果符号位产生进位，则需将该进位"丢掉"。运算结果的符号位为0时，说明是正数的补码；运算结果的符号位为1时，说明是负数的补码。

例5-9 已知 $N_1 = -0.1100$，$N_2 = -0.0010$，求 $[N_1 + N_2]_补$ 和 $[N_1 - N_2]_补$。

解：$[N_1 + N_2]_补 = [N_1]_补 + [N_2]_补 = 1.0100 + 1.1110$

$$\begin{array}{r} 1.0101 \\ +)\ 1.1110 \\ \hline 丢掉\ \leftarrow\boxed{1}\quad 1.0010 \end{array}$$

因为符号位产生进位，所以将该进位丢掉，即

$$[N_1 + N_2]_补 = 1.0010$$

运算结果的符号位为1，是负数的补码，对其运算结果再求补码可得到原码，即

$$[N_1 + N_2]_原 = 1.1110$$

例5-9精讲

其真值为

$$N_1 + N_2 = -0.1110$$

而

$$[N_1 - N_2]_{\text{补}} = [N_1]_{\text{补}} + [-N_2]_{\text{补}} = 1.0100 + 0.0010$$

$$
\begin{array}{r}
1.0101 \\
+)\ 0.0010 \\
\hline
1.0110
\end{array}
$$

即

$$[N_1 - N_2]_{\text{补}} = 1.0110$$

运算结果的符号位为1，是负数的补码，对其运算结果再求补码可得到原码，即

$$[N_1 - N_2]_{\text{原}} = 1.1010$$

其真值为

$$N_1 - N_2 = -0.1010$$

3．反码运算

使用反码进行二进制数的算术运算时，两个数之和的反码等于两个数的反码之和，两个数之差的反码可以用两个数的反码的加法运算来实现。反码加、减法运算有如下规则。

$$[N_1 + N_2]_{\text{反}} = [N_1]_{\text{反}} + [N_2]_{\text{反}} \quad [N_1 - N_2]_{\text{反}} = [N_1]_{\text{反}} + [-N_2]_{\text{反}}$$

运算过程中，符号位和数值部分一起参与运算，如果符号位产生进位，则该进位应加到运算结果的最低位，称为循环进位。运算结果的符号位为0时，说明是正数的反码；运算结果的符号位为1时，说明是负数的反码。

例5-10 已知$N_1 = 0.1010$，$N_2 = 0.0010$，求$[N_1 + N_2]_{\text{反}}$和$[N_1 - N_2]_{\text{反}}$。

解：$[N_1 + N_2]_{\text{反}} = [N_1]_{\text{反}} + [N_2]_{\text{反}} = 0.1010 + 0.0010$

$$
\begin{array}{r}
0.1010 \\
+)\ 0.0010 \\
\hline
0.1100
\end{array}
$$

即

$$[N_1 + N_2]_{\text{反}} = 0.1100$$

其真值为

$$N_1 + N_2 = 0.1100$$

而

$$[N_1 - N_2]_{\text{反}} = [N_1]_{\text{反}} + [-N_2]_{\text{反}} = 0.1010 + 1.1101$$

该进位与运算结果的最低位求和
$$
\begin{array}{r}
0.1010 \\
+)\ 1.1101 \\
\hline
\leftarrow \boxed{1}\quad 0.0111
\end{array}
$$

即

$$[N_1 - N_2]_{\text{反}} = 0.1000$$

其真值为

$$N_1 - N_2 = 0.1000$$

通过上述3个例题可以得到如下结论：原码的减法运算必须做真正的减法运算，无法利用加法运算代替；利用反码和补码的表示法可以简化减法运算，用补码进行减法运算只需进行一次加

法运算，用反码进行减法运算，如果符号位产生进位则需进行两次加法运算。

5.5　码制

数字电路系统中的信息可分为两类：一类是数值，另一类是文字符号（包括控制符）。为了表示文字符号信息，往往采用一定位数的二进制码来表示，这个特定的二进制码称为代码。

码制是指用二进制码表示数字或符号的编码方法。

5.5.1　十进制数的二进制编码

十进制数码 0～9 是不能在数字电路中运行的，必须将其转换为二进制数。用 4 位的二进制码表示 1 位的十进制码的编码方法称为二进制编码的十进制（Binary Coded Decimal，BCD）。4 位二进制码有 16 种组合，从中任取 10 种组合代表十进制数码 0～9，因此 4 位二进制码可编出多种 BCD 码。

常用的 BCD 码如表 5-2 所示。

表 5-2　常用的 BCD 码

十进制码	8421码	2421码	余3码	格雷码
0	0000	0000	0011	0000
1	0001	0001	0100	0001
2	0010	0010	0101	0011
3	0011	0011	0110	0010
4	0100	0100	0111	0110
5	0101	1011	1000	0111
6	0110	1100	1001	0101
7	0111	1101	1010	0100
8	1000	1110	1011	1100
9	1001	1111	1100	1101

BCD 码分为有权码和无权码，其中常用的是 8421 码，它的特点是每个十进制数码 0～9 分别用 4 位二进制数的前 10 种状态（0000～1001）来表示，最后 6 种状态（1010～1111）是不允许出现的。

8421 码是有权码，各位的位权分别是（从高位到低位）8、4、2、1，每一组 4 位二进制码代表 1 位十进制数。一个 n 位的十进制数，需要用 n 个 4 位二进制码来表示。

2421 码是有权码，各位的位权分别是（从高位到低位）2、4、2、1。

余 3 码、格雷码为无权码。余 3 码是由 8421 码加 3（0011）得到的，不能用位权展开式来表示其转换关系。格雷码的特点将在 5.5.2 节中详细介绍。还有其他编码方法，如奇偶校验码、汉明码等。

例 5-11 求 $(1001)_{8421码}$ 所代表的十进制数。

解：$(1001)_{8421码}=1 \times 2^3+0 \times 2^2+0 \times 2^1+1 \times 2^0=(9)_{10}$

例5-12 将$(473)_{10}$转换成8421码。

解： 十进制数 　　　4　　　　7　　　　3

　　　8421码 　　　0100　　0111　　0011

　　　即$(473)_{10}=(010001110011)_{8421码}$

5.5.2 可靠性代码

代码在数字电路系统中形成及传输过程中，都可能发生错误。为使代码不易出错，或者出错之后容易发现，甚至能查出错误的位置，除提高系统本身的可靠性外，也可以采用可靠性代码。常见的可靠性代码有格雷码和奇偶校验码。

1. 格雷码

格雷码又称循环码，其最重要的特点是任意两个相邻的格雷码，仅有一位不同，其余各位均相同。因此，格雷码能在很大程度上避免代码形成、传输过程中出现的错误，即便出现错误也比较易于发现。表5-3所示为格雷码与二进制码的对应关系。

表5-3　格雷码与二进制码的对应关系

十进制数码	二进制码	格雷码
0	0000	0000
1	0001	0001
2	0010	0011
3	0011	0010
4	0100	0110
5	0101	0111
6	0110	0101
7	0111	0100
8	1000	1100
9	1001	1101
10	1010	1111
11	1011	1110
12	1100	1010
13	1101	1011
14	1110	1001
15	1111	1000

格雷码与二进制码的转换规则如下。

（1）二进制码转换为格雷码

格雷码的最高位与二进制码的最高位相同；然后从左至右，逐一将二进制码的两个相邻位相加，作为格雷码的下一位（舍去进位）。格雷码和对应的二进制码的位数始终相同。

（2）格雷码转换为二进制码

二进制码的最高位与格雷码的最高位相同；然后将产生的每个二进制码位加上下一个相邻位

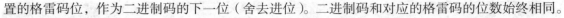

置的格雷码位，作为二进制码的下一位（舍去进位）。二进制码和对应的格雷码的位数始终相同。

2．奇偶校验码

奇偶校验码是一种能检验二进制信息在传输过程中是否出现错误的代码。这种代码由两部分组成，一部分是信息位，这就是需要传输的信息本身；另一部分是校验位，它使整个代码中1的个数按预先的规定成为奇数或者偶数。当信息位和校验位中1的总个数为奇数时，称为奇校验；当1的总个数为偶数时，称为偶校验。表5-4所示为8421奇偶校验码表示方式，由4位信息位及1位校验位构成5位奇偶校验码。

奇偶校验码的特点是，使每一个代码中含有1的个数总是奇数（偶数）。如果某个代码在传输过程中出现1的个数不是奇数（偶数），就会被检测到。

表5-4　8421奇偶校验码

十进制数码	带奇校验的8421码		带偶校验的8421码	
	信息位	校验位	信息位	校验位
0	0000	1	0000	0
1	0001	0	0001	1
2	0010	0	0010	1
3	0011	1	0011	0
4	0100	0	0100	1
5	0101	1	0101	0
6	0110	1	0110	0
7	0111	0	0111	1
8	1000	0	1000	1
9	1001	1	1001	0

5.5.3　字符代码

在计算机应用过程中，如操作系统命令、各种程序设计语言以及计算机运算和处理信息的输入输出，经常用到某些字母、数字或者各种符号，如大小写英文字母，+、−、*、/运算符，<、>、=关系运算符等。但是在计算机内部，任何信息都是用代码表示的，因此这些符号也需要拥有自己的代码。

利用表示数字、英文字符以及特殊符号的若干位二进制数叫作字符代码，常用的字符代码是美国信息交换标准码（ASCII）。它用7位二进制数表示128个不同的字符，其中有96个图形字符，它们分别是26个大写英文字符和26个小写英文字符、10个数字符号及34个专用符号，此外还有32个控制字符。使用时加第8位作为奇偶校验位。ASCII是目前大部分计算机与外部设备交换信息的字符代码。

本章小结

1. 数制就是记数的方法。在生产实践中，人们经常采用位置记数法，即将表示数字的数码从左至右排列起来。常用的数制有十进制、二进制、八进制、十六进制等。

2. 机器数有 3 种形式：原码、反码和补码。原码简单直观、易变换，但进行加、减运算时比较复杂，原码的减法运算必须做真正的减法运算，无法利用加法运算代替。反码和补码的表示法可以简化减法运算，用补码进行减法运算只需进行一次加法运算，用反码进行减法运算，如果符号位产生进位则需进行两次加法运算。

3. 数字电路系统中的信息可分数值类和文字符号（包括控制符）类。为了表示文字符号信息，往往采用一定位数的二进制码来表示，这个特定的二进制码称为代码。码制就是用二进制码表示数字或符号的编码方法。

习题

一、填空题

1. 1 位八进制数可以用（　　）位二进制数表示。

2. $(11011)_2$=（　　）$_{余3码}$=（　　）$_{格雷码}$。（**电子科技大学考研试题**）

3. $(127)_{10}$=（　　）$_2$=（　　）$_{8421码}$。

4. $(11011.10111)_2$=（　　）$_8$=（　　）$_{16}$。

5. $(63)_8$ 的二进制补码是（　　），格雷码是（　　）。

6. A 的原码是 011010，则 $2A$ 对应的 8 位原码形式为（　　），$-A$ 的 8 位补码形式为（　　）。

7. $(1000.1)_2+(28.8)_{16}$=（　　）$_{10}$。（**中国科学院考研试题**）

8. 二进制数 A、B 均为正数（1 位符号位，7 位数值位），若 $A-B$=10001001，则（　　）数大。

9. 若用格雷码 0101 表示十进制数 3，1100 表示十进制数 5，表示十进制数 4 的格雷码是（　　）。（**北京邮电大学考研试题**）

10. 真值为 $(-10001.00)_2$ 的原码为（　　），反码为（　　），补码为（　　）。（**华东师范大学考研试题**）

11. 余 3 码 10001000 对应的 2421 码为（　　）。

二、选择题

1. 两个二进制数进行算术运算，下面（　　）说法是不正确的。

A. 两个无符号数相加，如果最高位产生进位输出，则肯定会产生溢出

B. 两个最高位不同的补码进行加法运算，肯定不会产生溢出

C. 两个补码进行加法运算，如果最高位产生进位输出，肯定会产生溢出

D. 两个补码的加、减法运算可以用加法器来实现

2. 如果采用奇校验方式，下列接收端收到的校验码中，（　　）是不正确的。

A. 00010 　　B. 01011 　　C. 00110 　　D. 01000

3. 十进制数 5 对应的 8421 码为（　　）。

A. 0101 　　B. 0110 　　C. 0111 　　D. 0001

4. 下列代码中, 属于循环码的是 (　　　)。（**南京理工大学考研试题**）

A. 2421 码　　　　　B. 8421 码　　　　　C. 余 3 码　　　　　D. 格雷码

5. 以下代码中, 为无权码的是 (　　　)。

A. 8421 码　　　　　B. 2421 码　　　　　C. 格雷码　　　　　D. 5421 码

6. 在下列 4 个数中, 数值最大的是 (　　　)。（**南京理工大学考研试题**）

A. $(AF)_{16}$　　　B. $(10101011)_2$　　　C. $(000110000111)_{8421码}$　　　D. $(000111000110)_{格雷码}$

7. 十进制数 146 对应的二进制数和 8421 码分别是 (　　　)。

A. 10010010, 0001 0100 0110　　　　　B. 10010011, 0001 0100 0111

C. 10010100, 0001 0100 1000　　　　　D. 11000100, 0000 0100 0100

8. 已知 $N_1=0.1010$, $N_2=0.0011$, 则 $[N_1+N_2]_反$ 和 $[N_1-N_2]_反$ 的值分别为 (　　　)。

A. 0.1100, 0.1000　　　　　B. 0.1101, 0.0111

C. 0.1100, 0.0111　　　　　D. 0.1110, 0.1111

9. 某十六进制数的等值二进制数的原码、补码、反码（不一定是这个顺序）分别是 101011010、101011011、110100101, 该十六进制数为 (　　　)。（**电子科技大学考研试题**）

A. 5A　　　　　B. –DA　　　　　C. A5　　　　　D. –A5

10. 下列几种说法中与 BCD 码的性质不符的是 (　　　)。（**电子科技大学考研试题**）

A. 一组 4 位二进制数组成的代码能表示 1 位十进制数

B. BCD 码是一种人为选定的 0 ~ 9 这 10 个数字的代码

C. BCD 码是一组 4 位二进制数, 能表示 16 以内的十进制数

D. BCD 码有多种

三、综合题

1. 请分别用二进制数和十六进制数表示十进制数 107.65。（**清华大学考研试题**）

2. 请分别用八进制数和十六进制数表示十进制数 76.83。（**清华大学考研试题**）

3. 用二进制补码计算无符号减法 N_1-N_2, 其中 $N_1=(DC)_{16}$, $N_2=(B5)_{16}$, 写出完整的计算过程, 结果用无符号 BCD 码表示。（**浙江大学考研试题**）

4. 已知两个数的二进制码分别为 $A=+(1011)_2$, $B=-(1101)_2$, 试求 $[A+B]_补$、$[A-B]_补$。（**电子科技大学考研试题**）

第 **6** 章

逻辑代数基础

本章学习目标

掌握逻辑代数的基本定律、运算规则。

掌握逻辑函数的不同表示方法。

掌握运用公式法、卡诺图法化简逻辑函数。

了解最小项、最大项、无关项的概念。

本章讨论的问题

什么是代入规则、对偶规则、反演规则？

什么是逻辑函数的最大项和最小项？它们之间有何关系？

怎样得到逻辑函数的"最小项之和"表达式和"最大项之积"表达式？

怎样利用公式法和卡诺图法化简逻辑函数？

研究生不仅要在业务上精益求精，更重要的是以身作则，要有良好的科学道德。——夏培肃（中国计算机事业奠基人之一，主持研制中国第一台通用电子数字计算机）

夏培肃一生强调自主创新在科研工作中的重要性，坚持做中国自己的计算机。她负责设计和研制通用电子数字计算机107机，这是中国第一台自行研制的通用电子数字计算机，她用事实和行动证明了当时中国人有能力、有志气设计和研制自己的计算机。她提出使计算机大幅度提高运算速度的最大时间差流水线原理，大大缩短了流水线计算机的时钟周期。

夏培肃为人的主导思想是："己所不欲，勿施于人"和"不义而富且贵，于我如浮云"。作为中国计算机事业奠基人之一，她身上所体现的积极倡导和推动计算机事业、逆境励志、自强不息、孜孜不倦的探索精神，严谨治学、创新求实的思想，淡泊名利、甘为人梯的品质，树立了做人、做事、做学问的楷模，是取之不尽、用之不竭的精神财富。

6.1 逻辑代数基本概念

6.1.1 逻辑变量与逻辑函数

1．逻辑变量

物理世界中往往存在两种对立的状态，如开关的接通与断开、电压的高与低、信号的有和无等。逻辑代数为了描述事物的两种对立的逻辑状态，采用仅有两个取值的变量。这种变量就称为逻辑变量。

逻辑变量与普通代数变量一样，都用字母表示。但它和普通代数变量有本质的区别，逻辑变量的取值只有两种，即逻辑 0 和逻辑 1。这里的 0 和 1 不像普通代数那样具有数量的概念，它们用来表征矛盾的双方、两种对立的状态、判断事件的真伪和是非，它们是形式符号，并无大小和正负之分。

2．逻辑函数

如果以逻辑变量作为输入，以运算结果作为输出，那么当输入变量的值确定之后，输出变量的值便被唯一地确定下来。这种输出与输入之间的关系就称为逻辑函数关系，简称逻辑函数。

设输入变量为 $A_1, A_2, \cdots, A_n$，输出变量为 F，f 为某种对应的逻辑关系，则描述输出变量和输入变量的逻辑函数就可表示为

$$F = f(A_1, A_2, \cdots, A_n)$$

由于函数中变量与输出的取值只有 0 和 1 两种状态，所以讨论的都是二值逻辑函数。逻辑函数也存在相等的情况。例如，有如下两个逻辑函数

$$F_1 = f_1(A_1, A_2, \cdots, A_n)$$
$$F_2 = f_2(A_1, A_2, \cdots, A_n)$$

如果对于逻辑变量 $A_1, A_2, \cdots, A_n$ 的任何一组取值，F_1 和 F_2 的值都相同，则称函数 F_1 和 F_2 相等，记作 $F_1 = F_2$。

6.1.2 逻辑运算

描述一个数字电路系统，除了用逻辑变量的取值来反映系统中元器件的两种状态之外，还需要描述各个元器件之间的关系，这种关系反映到数学上就是逻辑关系。

虽然数字电路系统中逻辑电路种类很多，但它们的逻辑关系都是由"与""或""非"3 种基本运算组合而成的，这 3 种基本运算反映了逻辑电路中最基本的逻辑关系（"与""或""非"3 种逻辑关系在第 4 章已详细讲解，这里不赘述）。任何复杂的逻辑运算都可以由"与""或""非"3 种基本运算组合而成，在实际应用中，为减少逻辑门的数目，人们常用以下几种逻辑运算。

1．与非逻辑运算

与非逻辑运算是与逻辑运算和非逻辑运算的组合，它是将输入变量先进行与逻辑运算，再进行非逻辑运算。与非门逻辑符号如图 6-1 所示。与非逻辑函数的表达式为

$$F = \overline{A \cdot B}$$

与非逻辑函数的真值表如表 6-1 所示。

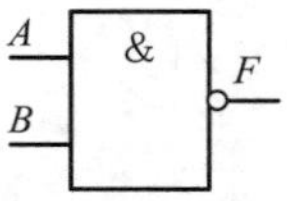

表 6-1　与非逻辑函数的真值表

A	B	F
0	0	1
0	1	1
1	0	1
1	1	0

图 6-1　与非门逻辑符号

从表 6-1 可看出，与非逻辑运算的逻辑规律是，当有一个输入变量的值是 0 时，输出函数值就为 1；当且仅当输入变量的值都是 1 时，输出变量的值才是 0。在电路中可以用与非门实现与非逻辑运算。

2．或非逻辑运算

或非逻辑运算是或逻辑运算和非逻辑运算的组合，它是将输入变量先进行或逻辑运算，再进行非逻辑运算。或非门逻辑符号如图 6-2 所示。或非逻辑函数的表达式为

$$F = \overline{A + B}$$

或非逻辑函数的真值表如表 6-2 所示。

表 6-2　或非逻辑函数的真值表

A	B	F
0	0	1
0	1	0
1	0	0
1	1	0

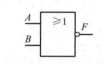

图 6-2　或非门逻辑符号

从表 6-2 可看出，或非逻辑运算的逻辑规律是，当有一个输入变量的值是 1 时，输出函数值就为 0；当且仅当输入变量的值都是 0 时，输出变量的值才是 1。在电路中可以用或非门实现或非逻辑运算。

3．异或逻辑运算

异或逻辑运算只有两个输入变量，只有当两个输入变量 A 和 B 的值相反时，输出变量 F 的值才为 1，否则 F 的值为 0。异或门逻辑符号如图 6-3 所示。异或逻辑函数的表达式为

$$F = A \oplus B = A\overline{B} + \overline{A}B$$

式中，"$\oplus$"符号是异或运算符。异或逻辑函数的真值表如表 6-3 所示。

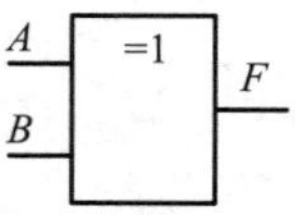

表 6-3　异或逻辑函数的真值表

A	B	F
0	0	0
0	1	1
1	0	1
1	1	0

图 6-3　异或门逻辑符号

在电路中可以用异或门实现异或逻辑运算。

4．同或逻辑运算

同或逻辑运算也只有两个输入变量，只有当两个输入变量 A 和 B 的值相同时，输出变量 F 的值才为1，否则 F 的值为0。同或门逻辑符号如图6-4所示。同或逻辑函数的表达式为

$$F = A \odot B = AB + \bar{A}\bar{B}$$

式中，"$\odot$"符号是同或运算符。同或逻辑函数的真值表如表6-4所示。

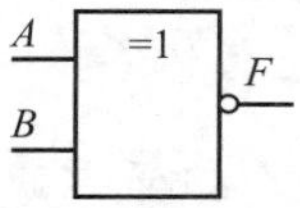

表 6-4　同或逻辑函数的真值表

A	B	F
0	0	1
0	1	0
1	0	0
1	1	1

图 6-4　同或门逻辑符号

从表6-4可以看出，当输入相同时，同或逻辑运算与异或逻辑运算的输出正好相反，所以同或也称"异或非"。同或门无独立结构，要构造同或门，只需要把异或门的输出端接一非门即可。

6.2　逻辑代数的基本定律、常用公式和运算规则

在逻辑代数中，根据与、或、非3种基本逻辑运算可以推导出逻辑运算的一些法则，这些法则是化简逻辑函数的基本依据。

6.2.1　逻辑代数的基本定律和常用公式

1．基本定律

（1）自等律：$A+0=A$；$A \cdot 1 = A$。

（2）0-1律：$A+1=1$；$A \cdot 0 = 0$。

（3）互补律：$A + \bar{A} = 1$；$A \cdot \bar{A} = 0$。

（4）交换律：$A + B = B + A$；$A \cdot B = B \cdot A$。

（5）结合律：$(A+B)+C = A+(B+C)$；$(A \cdot B) \cdot C = A \cdot (B \cdot C)$。

（6）分配律：$A \cdot (B+C) = A \cdot B + A \cdot C$；$A + B \cdot C = (A+B) \cdot (A+C)$。

（7）重叠律：$A + A = A$；$A \cdot A = A$。

（8）反演律：$\overline{A+B+C} = \bar{A} \cdot \bar{B} \cdot \bar{C}$；$\overline{A \cdot B \cdot C} = \bar{A} + \bar{B} + \bar{C}$。

（9）还原律：$\bar{\bar{A}} = A$。

2．常用公式

利用逻辑代数的基本定律，可以推导出一些常用公式，这些公式在化简逻辑函数时很有用处。

（1）$AB + A\bar{B} = A$

证明：

$$AB + A\bar{B} = A(B + \bar{B}) = A \cdot 1 = A$$

此公式称为吸收律。它的意义是，当两个乘积项相加时，两个乘积项只有一个因子不同，而不同的因子又互为反变量，那么这两个乘积项可以合并，消去不同的因子，保留相同的因子。这两个乘积项称为逻辑相邻项。这个公式是卡诺图化简逻辑函数的依据。

（2）$A + AB = A$

证明：

$$A + AB = A(1 + B) = A \cdot 1 = A$$

它的意义是，当两个乘积项相加时，若某一个乘积项恰好是其他某个一个乘积项的部分因子，则该乘积项是多余的。

（3）$A + \bar{A}B = A + B$

证明：

$$A + \bar{A}B = (A + \bar{A})(A + B) = 1 \cdot (A + B) = A + B$$

它的意义是，当两个乘积项相加时，一个乘积项的部分因子恰好是另一个乘积项的反变量，则该乘积项中的这部分因子是多余的。

（4）$AB + \bar{A}C + BC = AB + \bar{A}C$

证明：

$$\begin{aligned} AB + \bar{A}C + BC &= AB + \bar{A}C + (A + \bar{A})BC \\ &= AB + \bar{A}C + ABC + \bar{A}BC \\ &= (AB + ABC) + (\bar{A}C + \bar{A}BC) \\ &= AB(1 + C) + \bar{A}C(1 + B) \\ &= AB + \bar{A}C \end{aligned}$$

推论：

$$AB + \bar{A}C + BCDE = AB + \bar{A}C$$

此公式及其推论的意义是，如果两个乘积项的部分因子恰好互反，而这两个乘积项的其余因子都是第三乘积项的因子，则这个第三乘积项是多余的。

6.2.2 逻辑代数的运算规则

逻辑代数有3条重要的运算规则，即代入规则、反演规则和对偶规则。利用这些规则，可使基本定律的应用更加灵活、有效。

1. 代入规则

代入规则是指，对于任何一个逻辑等式，若将等式两边的同一个变量用同一个逻辑函数代替，则等式仍然成立。

代入规则可以扩大公式的应用范围，很多公式都可以由两变量或三变量推广为多变量形式。例如 $\overline{A \cdot B} = \bar{A} + \bar{B}$，利用代入规则，将 B 用 $B \cdot C$ 代替，有 $\overline{A \cdot (B \cdot C)} = \bar{A} + \overline{B \cdot C}$，即 $\overline{A \cdot B \cdot C} = \bar{A} + \bar{B} + \bar{C}$。由此可很容易得到多个变量的反演律。

2. 反演规则

逻辑函数的反函数是指将函数的输出值映射回其输入值的函数，反函数也称为反向函数或逆函数。

对任意一个逻辑函数 F，如果将其中的"·"换成"+"且"+"换成"·"，"0"换成"1"且"1"换成"0"，原变量换成反变量且反变量换成原变量，则得到的函数称为 F 的反函数，记

3条运算
规则解释

为 $\bar{F}$。

利用反演规则可以较方便地求出一个逻辑函数的反函数，使用时应注意如下几点。

（1）必须遵守"先括号，然后与，最后或"的运算顺序。

（2）不属于单个变量上的反号应保留不变。

例6-1 已知 $F = \bar{A}B + A\bar{B}C$，求 $\bar{F}$。

解：根据反演规则，将函数 $F = \bar{A}B + A\bar{B}C$ 里面的原变量换成反变量，反变量换成原变量；"·"换成"+"，"+"换成"·"。则得到其反函数：$\bar{F} = (A + \bar{B}) \cdot (\bar{A} + B + \bar{C})$。

3．对偶规则

对任意一个逻辑函数 F，如果将其中的"·"换成"+"且"+"换成"·"，"0"换成"1"且"1"换成"0"，则得到的函数就称为 F 的对偶函数，记为 F'。

例6-2 已知 $F = (A + \bar{B})(A + C)$，求 F'。

解：根据对偶规则，将函数 $F = (A + \bar{B})(A + C)$ 里面的"·"换成"+"，"+"换成"·"。则得到其对偶函数：$F' = A\bar{B} + AC$。

变换时也要保持原式中"先与后或"的顺序。对偶规则的意义在于：如果一个逻辑函数成立，那么它的对偶函数也一定成立。运用对偶规则可以简化公式的证明和记忆。

6.3 逻辑函数的表示方法及转换

6.3.1 逻辑函数表示方法

常用的逻辑函数表示方法有逻辑表达式、真值表和卡诺图等。

1．逻辑表达式

逻辑表达式是将逻辑变量用与、或、非等运算符按一定规则组合起来表示逻辑函数的一种方法。例如

$$F = \bar{A}B + AB$$

逻辑表达式的优点是简洁方便、容易记忆，可以直接用公式法化简逻辑函数；缺点是不能很直观地反映输出变量与输入变量之间的一一对应的逻辑关系。

2．真值表

真值表是用一个表格表示逻辑函数的一种方法，由两部分组成，表的左边部分列出所有变量的取值的组合，表的右边部分是在各种变量取值组合下对应的函数的取值。对于一个确定的逻辑函数，它的真值表是唯一的。由于一个逻辑变量取值只能是0或1，所以 n 个逻辑变量共有 2^n 种可能的取值。

列写真值表的具体方法是：将输入变量所有取值组合列在表的左边，分别求出对应的输出值，填在对应的位置上就可以得到该逻辑关系的真值表，如表6-5所示。

表6-5　函数 $F = \bar{A}\bar{B} + AB$ 的真值表

A	B	F	A	B	F
0	0	1	1	0	0
0	1	0	1	1	1

真值表的优点是能直观地反映出输出变量取值与输入变量取值之间的对应关系，对于实际逻辑问题，列写真值表比较容易；缺点是当输入变量较多时真值表会比较庞大。

3．卡诺图

卡诺图是由表示逻辑变量的所有可能组合的小方格所构成的平面图，它是一种用图形描述逻辑函数的方法。卡诺图化简法是一种有效的逻辑函数化简方法。有关卡诺图的详细知识请参考6.4.2节。

6.3.2　逻辑函数表达式的基本形式

逻辑函数表达式有两种基本形式，一种是"与-或"表达式，另一种是"或-与"表达式。

1．"与-或"表达式

所谓"与-或"表达式，是指一个逻辑函数表达式中包含若干个"与"项，每个"与"项里面可以包含一个或者多个以原变量或反变量形式出现的字母，所有这些"与"项之间为"或"的逻辑关系。例如

$$F = A + \bar{A}B + A\bar{B}C$$

A、$\bar{A}B$、$A\bar{B}C$均为"与"项，3个"与"项之间是"或"的逻辑关系，所以这是一个三变量的"与-或"表达式。有时也称"与"项为"积"项，"或"项为"和"项，所以"与-或"表达式又称为"积之和"表达式。

2．"或-与"表达式

所谓"或-与"表达式，是指一个逻辑函数表达式中包含若干个"或"项，每个"或"项里面可以包含任意个以原变量或反变量形式出现的字母，所有这些"或"项之间为"与"的逻辑关系。例如

$$F = (\bar{A} + \bar{B})(B + \bar{C})(A + \bar{B} + \bar{D})$$

$(\bar{A} + \bar{B})$、$(B + \bar{C})$、$(A + \bar{B} + \bar{D})$均为"或"项，3个"或"项之间是"与"的逻辑关系，所以这是一个三变量的"或-与"表达式，又称为"和之积"表达式。

最小项表达式
解释

6.3.3　逻辑函数表达式的标准形式

逻辑函数表达式有两种标准形式，一种是最小项表达式，另一种是最大项表达式。

1．最小项表达式

对于n变量逻辑函数，如果其"与-或"表达式的每个"与"项都包含n个变量，每个变量以原变量或反变量的形式在"与"项中出现且只出现一次，这样的"与"项称为逻辑函数的最小项。例如

$$F = ABC + AB\bar{C} + \bar{A}BC + \bar{A}B\bar{C}$$

对n个变量来说，最小项有2^n个。

为了叙述方便，最小项以代号形式写为m_i，m代表最小项，下标i为最小项的编号。i是最小项中的原变量取1、反变量取0时对应的十进制数。例如，$\bar{A}BC$记为m_3，$AB\bar{C}$记为m_6等。表6-6列出了三变量逻辑函数的最小项及其编号。

任何一个逻辑函数，都可以表示成唯一的一组最小项之和，称之为逻辑函数的标准"与-或"式，即最小项表达式。

表 6-6　三变量逻辑函数的最小项及其编号

A B C	对应的最小项（m_i）	A B C	对应的最小项（m_i）
0　0　0	$\bar{A}\bar{B}\bar{C}=m_0$	1　0　0	$A\bar{B}\bar{C}=m_4$
0　0　1	$\bar{A}\bar{B}C=m_1$	1　0　1	$A\bar{B}C=m_5$
0　1　0	$\bar{A}B\bar{C}=m_2$	1　1　0	$AB\bar{C}=m_6$
0　1　1	$\bar{A}BC=m_3$	1　1　1	$ABC=m_7$

逻辑函数 $F=ABC+AB\bar{C}+\bar{A}BC+\bar{A}B\bar{C}$ 可以写成 $F=m_2+m_3+m_6+m_7$。借用数学中常用的符号 "$\sum$" 表示累计的逻辑 "或" 运算，该逻辑函数又可简写为 $F=\sum m(2,3,6,7)$。符号 "$\sum$" 表示各项进行 "或" 运算，圆括号里面的数字表示逻辑函数包含的各最小项。

最小项具有如下重要性质。

（1）在输入变量的任意取值组合下，有且仅有一个最小项的值为1。

（2）全体最小项的 "或" 运算结果为1。以三变量逻辑函数为例，$\sum m(0,1,2,3,4,5,6,7)=1$。

（3）任意两个最小项的 "与" 运算为0，即 $m_im_j=0(i\neq j)$。

（4）具有相邻性的两个最小项进行 "或" 运算，结果可以合并成一个 "与" 项。合并可以消去一个取值互补的变量，留下取值不变的变量。

所谓相邻，是指如果两个最小项只有一个变量互为反变量，其余变量均相同，则称这两个最小项在逻辑上是相邻的，又称逻辑上的相邻性。

2.　最大项表达式

对于 n 变量逻辑函数，如果其 "或 - 与" 表达式的每个 "或" 项都包含 n 个变量，每个变量以原变量或反变量的形式在 "或" 项中出现且只出现一次，这样的 "或" 项称为函数的最大项。例如

$$F=(A+B+\bar{C})(A+\bar{B}+\bar{C})(\bar{A}+B+\bar{C})$$

对 n 个变量来说，最大项有 2^n 个。

最大项表达式
解释

为了叙述方便，最大项以代号形式写为 M_i，M 代表最大项，下标 i 为最大项的编号。i 是最大项中的原变量取 0、反变量取 1 时对应的十进制数。例如，$(A+B+\bar{C})$ 记为 M_1，$(\bar{A}+\bar{B}+C)$ 记为 M_6 等。表 6-7 列出了三变量逻辑函数的最大项及其编号。

表 6-7　三变量逻辑函数的最大项及其编号

A B C	对应的最大项（M_i）	A B C	对应的最大项（M_i）
0　0　0	$(A+B+C)=M_0$	1　0　0	$(\bar{A}+B+C)=M_4$
0　0　1	$(A+B+\bar{C})=M_1$	1　0　1	$(\bar{A}+B+\bar{C})=M_5$
0　1　0	$(A+\bar{B}+C)=M_2$	1　1　0	$(\bar{A}+\bar{B}+C)=M_6$
0　1　1	$(A+\bar{B}+\bar{C})=M_3$	1　1　1	$(\bar{A}+\bar{B}+\bar{C})=M_7$

任何一个逻辑函数，都可以表示成唯一的一组最大项之积，称为逻辑函数的标准 "或 - 与" 式，即最大项表达式。

逻辑函数 $F=(A+B+\bar{C})(A+\bar{B}+\bar{C})(\bar{A}+B+\bar{C})$ 可以写成 $F=M_1M_3M_5$。借用数学中常用的符号 "$\prod$" 表示累计的逻辑 "与" 运算，该逻辑函数又可简写为 $F=\prod M(1,3,5)$。符号 "$\prod$" 表示各项进行 "与" 运算，圆括号里面的数字表示逻辑函数包含的各最大项。

最大项有如下重要性质。

（1）在输入变量的任何取值组合下，有且仅有一个最大项的值为0。

（2）全体最大项的"与"运算结果0。以三变量逻辑函数为例，$\prod M(0,1,2,3,4,5,6,7)=0$。

（3）任意两个最大项的"或"运算为1，即$M_i+M_j=1(i\neq j)$。

（4）只有一个变量不同的两个最大项进行"与"运算的结果等于各相同变量之和。

6.3.4 逻辑函数表达式的转换

1．代数转换法

所谓代数转换法，是指利用逻辑代数的基本定律和运算规则对逻辑函数表达式进行逻辑变换。

（1）用代数转换法将逻辑函数表达式转换成标准"与-或"表达式（最小项之和的形式）

步骤1：将逻辑函数表达式转换成一般的"与-或"表达式。

步骤2：将逻辑函数表达式中非最小项的"与"项都扩展成最小项。

例6-3 将逻辑函数表达式$F=A\bar{B}+C$转换成标准"与-或"表达式（最小项之和的形式）。

解：该逻辑函数已经是一般的"与-或"表达式，因此可将其包含的每个"与"项扩展成最小项。

该逻辑函数有3个变量，检查每一个"与"项，看其是否包含这3个变量。经检查发现，第1个"与"项缺变量C，因此需"乘以"$(C+\bar{C})$；第2个"与"项缺变量A和变量B，因此需"乘以"$(A+\bar{A})$和$(B+\bar{B})$。这样使函数的每一个"与"项都包含所有的变量。

将逻辑函数表达式$F=A\bar{B}+C$中非最小项的"与"项扩展成最小项

$$F=A\bar{B}+C$$
$$=A\bar{B}(C+\bar{C})+(A+\bar{A})(B+\bar{B})C$$
$$=A\bar{B}C+A\bar{B}\bar{C}+ABC+A\bar{B}C+\bar{A}BC+\bar{A}\bar{B}C$$
$$=\bar{A}\bar{B}C+\bar{A}BC+A\bar{B}\bar{C}+A\bar{B}C+ABC$$

该逻辑函数的最小项表达式又可以简写为

$$F=m_1+m_3+m_4+m_5+m_7=\sum m(1,3,4,5,7)$$

（2）用代数转换法将逻辑函数表达式转换成标准"或-与"表达式（最大项之积的形式）

步骤1：将逻辑函数表达式转换成一般的"或-与"表达式。

步骤2：将逻辑函数表达式中非最大项的"或"项都扩展成最大项。

例6-4 将逻辑函数表达式$F=(A+B)(\bar{A}+\bar{B}+\bar{C})$转换成标准"或-与"表达式（最大项之积的形式）。

解：该逻辑函数已经是一般的"或-与"表达式，因此可将其包含的每个"或"项扩展成最大项。

该逻辑函数有3个变量，检查每一个"或"项，看其是否包含这3个变量。经检查发现，第1个"或"项缺变量C，因此需"加上"$C\bar{C}$；第2个"或"项已经是最大项，不需做任何操作。这样使逻辑函数的每一个"或"项都包含所有的变量。

将逻辑函数表达式$F=(A+B)(\bar{A}+\bar{B}+\bar{C})$中非最大项的"或"项扩展成最大项

$$F=(A+B)(\bar{A}+\bar{B}+\bar{C})$$
$$=(A+B+C\bar{C})(\bar{A}+\bar{B}+\bar{C})$$
$$=(A+B+C)(A+B+\bar{C})(\bar{A}+\bar{B}+\bar{C})$$

该逻辑函数的最大项表达式又可以简写为

$$F = M_0 M_1 M_7 = \prod M(0,1,7)$$

2．真值表转换法

（1）用真值表转换法将逻辑函数表达式转换成标准"与 - 或"表达式（最小项之和的形式）

一个逻辑函数的真值表与该函数的标准"与 - 或"表达式（最小项之和的形式）存在一一对应的关系。例如，一个逻辑函数 F 的真值表中有 n 组变量，其取值使逻辑函数 F 的值为 1，那么逻辑函数 F 的标准"与 - 或"表达式由这 n 组变量取值对应的 n 个最小项组成。

例6-5　利用真值表转换法将逻辑函数表达式 $F = A\bar{B} + C$ 转换成标准"与 - 或"表达式（最小项之和的形式）。

解：根据逻辑函数 F 列出其真值表，如表6-8所示。

表6-8　逻辑函数 $F = A\bar{B} + C$ 的真值表

A	B	C	F	A	B	C	F
0	0	0	0	1	0	0	1
0	0	1	1	1	0	1	1
0	1	0	0	1	1	0	0
0	1	1	1	1	1	1	1

根据表6-8，可直接写出逻辑函数 F 的标准"与 - 或"表达式

$$F = m_1 + m_3 + m_4 + m_5 + m_7 = \sum m(1,3,4,5,7)$$

该结果与例6-3所求结果保持一致。

（2）用真值表转换法将逻辑函数表达式转换成标准"或 - 与"表达式（最大项之积的形式）

一个逻辑函数的真值表与该函数的标准"或 - 与"表达式（最大项之积的形式）存在一一对应的关系。例如，一个逻辑函数 F 的真值表中有 n 组变量，其取值使逻辑函数 F 的值为 0，那么逻辑函数 F 的标准"或 - 与"表达式由这 n 组变量取值对应的 n 个最大项组成。

例6-6　利用真值表转换法将逻辑函数表达式 $F = (A + B)(\bar{A} + \bar{B} + \bar{C})$ 转换成标准"或 - 与"表达式（最大项之积的形式）。

解：根据逻辑函数 F 列出其真值表，如表6-9所示。

根据表6-9，可直接写出逻辑函数 F 的标准"或 - 与"表达式

$$F = M_0 M_1 M_7 = \prod M(0,1,7)$$

该结果与例6-4所求结果保持一致。

表6-9　逻辑函数 $F = (A + B)(\bar{A} + \bar{B} + \bar{C})$ 的真值表

A	B	C	F	A	B	C	F
0	0	0	0	1	0	0	1
0	0	1	0	1	0	1	1
0	1	0	1	1	1	0	1
0	1	1	1	1	1	1	0

3．逻辑函数的其他表示方法

除了比较常用的"与 - 或"表达式和"或 - 与"表达式，逻辑函数还可以表示成其他不同的形式，通常包括以下几种："与非 - 与非"表达式、"或非 - 或非"表达式、"与 - 或 - 非"表达式。

如下面的函数式，可以表示成5种不同形式。尽管表达式的形式不同，但是这些表达式的逻辑功能却是相同的。

$$F = AB + \bar{B}C \qquad \text{"与-或" 表达式}$$
$$= \overline{\overline{AB} \cdot \overline{\bar{B}C}} \qquad \text{"与非-与非" 表达式}$$
$$= (A + \bar{B})(B + C) \qquad \text{"或-与" 表达式}$$
$$= \overline{\overline{(A + \bar{B})} + \overline{(B + C)}} \qquad \text{"或非-或非" 表达式}$$
$$= \overline{\bar{A}B + B\bar{C}} \qquad \text{"与-或-非" 表达式}$$

6.4 逻辑函数化简

化简逻辑函数，通常是指将逻辑函数简化成最简"与-或"表达式。"与-或"表达式最简的原则有两条：一是函数表达式中所含的"与"项最少；二是每个"与"项中所含的变量最少。

常用的化简逻辑函数的方法有两种：一种是公式化简法，另一种是卡诺图化简法。

6.4.1 公式化简法

公式化简法就是反复使用逻辑代数的基本定律和常用公式，消去多余的"与"项和每个"与"项中多余的因子，来对逻辑函数进行化简。公式化简法没有固定的方法可循，能否达到最简形式，与化简者掌握公式的熟练程度和运用技巧有关。

1. 合并法

利用公式 $AB + A\bar{B} = A$，将两项合并为一项，消去一个变量。

例6-7 化简 $F = AB + CD + A\bar{B} + \bar{C}D$。

解：

$$F = \underline{AB} + CD + \underline{A\bar{B}} + \bar{C}D$$
$$= A(B + \bar{B}) + D(C + \bar{C})$$
$$= A + D$$

2. 吸收法

利用公式 $A + AB = A(A + \bar{A}B) = A + B$，将多余的"与"项吸收掉。

例6-8 化简 $F = AB + AB\bar{C}D$。

解：

$$F = AB + AB\bar{C}D$$
$$= AB(1 + \bar{C}D)$$
$$= AB$$

3. 消去法

利用公式 $A + \bar{A}B = A + B$，消去"与"项中多余的因子。

例6-9 化简 $F = AB + \bar{A} + ADE$。

解：

$$F = \underline{AB + \bar{A}} + ADE$$
$$= B + \underline{\bar{A} + ADE}$$
$$= \bar{A} + B + DE$$

例6-9精讲

4．配项法

利用$A + A = A$或者$A + \bar{A} = 1$，将某些项"一拆为多"。

例6-10　化简$F = \bar{A}BC + AB\bar{C} + ABC$。

解：

$$F = \bar{A}BC + AB\bar{C} + ABC$$
$$= \bar{A}BC + AB\bar{C} + ABC + ABC$$
$$= (\bar{A}BC + ABC) + (AB\bar{C} + ABC)$$
$$= (\bar{A} + A)BC + AB(\bar{C} + C)$$
$$= BC + AB$$

从上面介绍"与-或"表达式化简的几种常用的方法可以看到，公式化简法要求化简者全面掌握逻辑代数的基本定律和常用公式，并具有一定的灵活运用能力。

6.4.2　卡诺图化简法

1．卡诺图

卡诺图是逻辑函数的图形表示方法，以其发明者美国贝尔实验室的工程师卡诺（Karnaugh）命名。这种方法是将n变量逻辑函数的2^n个最小项各用一个小方格表示，并且使小方格按相邻原则排列起来。这样所得到的方格图叫作n变量的卡诺图。

所谓相邻原则就是几何上相邻的两个小方格所对应的最小项只有一个变量取值不同。要求上下、左右、相对边界、四角等相邻小方格只有一个变量取值不同（即相邻最小项只有一个变量取值不同）。

三变量和四变量卡诺图的一般形式分别如图6-5和图6-6所示。

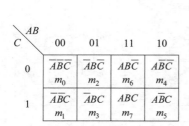

图 6-5　三变量卡诺图的一般形式

图 6-6　四变量卡诺图的一般形式

2．用卡诺图表示逻辑函数

由于任何一个n变量逻辑函数都可以变换成最小项表达式，而n变量卡诺图又包含n变量逻辑函数的所有最小项，所以n变量卡诺图可以表示n变量的任意一个逻辑函数。

利用最小项填充卡诺图：先把逻辑函数化成最小项表达式，然后在卡诺图上往各最小项所对应的小方格内填入1，其余的小方格内填入0即可。

例6-11　用卡诺图表示逻辑函数$F = AB\bar{C} + \bar{A}BD + AC$。

解：首先将函数F化成最小项表达式

$$F = AB\overline{C} + \overline{A}BD + AC$$
$$= ABCD + ABC\overline{D} + \overline{A}BCD + \overline{A}BC\overline{D} + ABCD +$$
$$ABC\overline{D} + A\overline{B}CD + A\overline{B}C\overline{D}$$
$$= \sum m(5,7,10,11,12,13,14,15)$$

然后画出四变量卡诺图，往各最小项对应的小方格内填入1，其余的小方格内填入0，就得到了图6-7所示的卡诺图。

CD\AB	00	01	11	10
00	0	0	1	0
01	0	1	1	0
11	0	1	1	1
10	0	0	1	1

图 6-7　函数 $F = AB\overline{C} + \overline{A}BD + AC$ 的卡诺图

3．用卡诺图化简逻辑函数

（1）合并最小项规律

卡诺图具有循环邻接的特性，即凡是在卡诺图中处于相邻位置的最小项均可以合并。2个相邻的小方格所表示的最小项能够合并为一项并消去1个变量，如图6-8（a）、图6-8（c）、图6-8（e）所示；4个相邻的小方格能够合并为一项并消去2个变量，如图6-8（b）、图6-8（d）、图6-8（f）和图6-9（d）、图6-9（e）、图6-9（f）所示；8个相邻的小方格能够合并为一项并消去3个变量，如图6-9（a）、图6-9（b）、图6-9（c）所示。

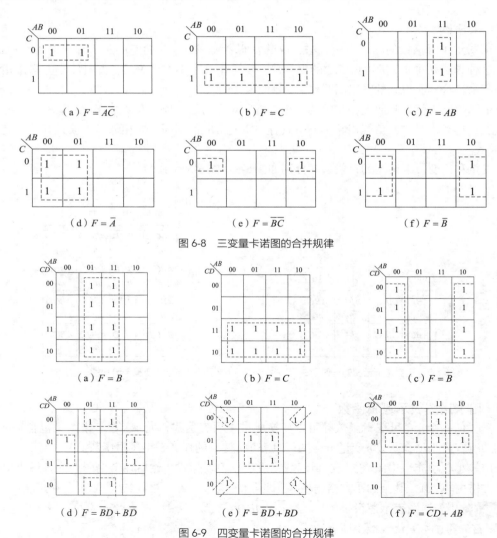

（a）$F = \overline{A}\overline{C}$　　　（b）$F = C$　　　（c）$F = AB$

（d）$F = \overline{A}$　　　（e）$F = \overline{B}\overline{C}$　　　（f）$F = \overline{B}$

图 6-8　三变量卡诺图的合并规律

（a）$F = B$　　　（b）$F = C$　　　（c）$F = \overline{B}$

（d）$F = \overline{B}\overline{D} + B\overline{D}$　　　（e）$F = \overline{B}\overline{D} + BD$　　　（f）$F = \overline{C}D + AB$

图 6-9　四变量卡诺图的合并规律

（2）卡诺图化简逻辑函数的步骤

化简过程一般分为3步：画图、圈图和读图。

步骤1：将逻辑函数用卡诺图表示。

步骤2：画出包围圈。按照上述合并最小项的规律，将相邻的2^m个1格（小方格内数值为1）圈为一组，画成若干个包围圈，直到圈完所有的1格为止。

步骤3：将每个包围圈内的最小项进行合并，把合并后的乘积项相加，就是化简后的最简"与-或"表达式。

为了保证化简后的表达式是最简"与-或"表达式，应遵循下列原则。

① 所谓相邻的2^m个1格圈为一组，是指将1个、2个、4个、8个、16个相邻的1格画成包围圈。这包括上下、左右、相对边界、四角等各种相邻的情况。

② 包围圈越大越好。包围圈越大，合并后的乘积项中变量因子越少，化简结果就越简单。

③ 包围圈越少越好。包围圈越少，化简后的乘积项就越少。

④ 同一个1格可以圈多次（因为$A + A = A$）。

⑤ 每一个包围圈至少有1个1格没有被别的包围圈圈过。

⑥ 必须圈完所有的1格。

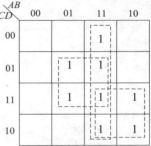

图 6-10　函数$F = AB\overline{C} + \overline{A}BD + AC$的卡诺图

例6-12 用卡诺图化简逻辑函数$F = AB\overline{C} + \overline{A}BD + AC$。

解： 首先把函数F化成最小项表达式

$$F = AB\overline{C} + \overline{A}BD + AC$$

$$= AB\overline{C}(D + \overline{D}) + \overline{A}BD(C + \overline{C}) + AC(B + \overline{B})(D + \overline{D})$$

$$= AB\overline{C}D + AB\overline{C}\overline{D} + \overline{A}BCD + \overline{A}B\overline{C}D + ABCD + A\overline{B}CD + ABC\overline{D} + A\overline{B}C\overline{D}$$

然后填入四变量卡诺图并画包围圈，就得到了图6-10所示的卡诺图。

最后提取每个包围圈中合并后构成的乘积项，然后将这些乘积项相加得到简化的"与-或"表达式：$F = AB + BD + AC$。

6.4.3　具有无关项的逻辑函数及其化简

1. 关于无关项的含义及其表示方法

无关项：在某些逻辑函数中，变量的取值组合有时是带有约束条件的，变量的某些取值组合不会出现，或者函数在变量的某些取值组合中输出不确定（可能为0，也可能为1），这样的变量取值组合（最小项）称为无关项，也称为任意项、约束项，一般用d来表示。具有无关项的逻辑函数称为有约束条件的逻辑函数。

例如，逻辑函数$F_{(A,B,C,D)} = \sum m(1,3,5,7,9) + \sum d(10,11,12,13)$。

式中，$\sum m$部分为最小项；$\sum d$部分是与函数无关的、不会出现的项，即无关项，它们的值可以取0，也可以取1。

2. 无关项在卡诺图化简中的应用

在化简时，无关项即的小方格画"×"，既可以视为1，也可以视为0。画包围圈时可以包含无关项"×"，具体情况依据化简过程而定。但每个包围圈内必须含有1格，不能全是无关项"×"，并且1格必须全部圈完，无关项"×"不一定全部利用。

例6-13 化简具有无关项的逻辑函数$F_{(A,B,C,D)} = \sum m(5,6,7,8,9) + \sum d(10,11,12,13,14,15)$。

解：卡诺图中用"×"表示无关项格，化简时，无关项的意义在于该格可以作为1格，也可以作为0格（小方格内数值为0）。具体是作为1格还是0格，以有利于得到最简式为前提。对应的卡诺图如图6-11所示。

图6-11（a）将无关项作为1格化简，则$F_{(A,B,C,D)} = A + BD + BC$。

图6-11（b）将无关项作为0格化简，则$F_{(A,B,C,D)} = \overline{A}BD + \overline{A}BC + A\overline{B}\overline{C}$。

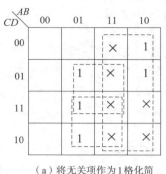
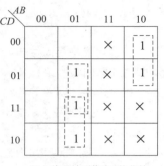

（a）将无关项作为1格化简　　　　　　（b）将无关项作为0格化简

图6-11　例6-13卡诺图

显然，该例中将无关项作为1格化简的结果更简单。

📝 本章小结

1．逻辑代数是数字电路系统的理论基础，逻辑代数的基本定律、常用公式和运算规则是进行运算的基础，读者要熟练掌握逻辑代数的基本定律、常用公式和运算规则。

2．逻辑函数有3种表示形式，即函数表达式、真值表、卡诺图。它们有各自的特点，相互之间可以转换，适用于不同的场合。

3．逻辑函数表达式有"与-或"表达式和"或-与"表达式两种基本形式。对应有两种标准形式：标准的"与-或"表达式和标准的"或-与"表达式。一个逻辑函数的基本形式可以不唯一，但是其标准形式具有唯一性。

4．真值表是以表格的形式将逻辑变量取值组合和逻辑函数输出值的对应关系表示出来；卡诺图是用几何图形表示逻辑函数，是逻辑函数真值表按最小项对应小方格的重新分布，用小方格的几何位置的相邻来形象地表示组成逻辑函数的各个最小项之间的逻辑相邻性，从而使其具有可合并性。

5．为简化电路、提高可靠性，常需要对逻辑函数进行化简。逻辑函数化简方法通常有两种，即公式化简法和卡诺图化简法。公式化简法不受逻辑变量的数目约束；卡诺图化简法直观、方便、易掌握，但逻辑变量数目不能过多。

📝 习题

一、填空题

1．当逻辑函数有n个变量时，共有（　　　）个变量取值组合。

2．逻辑函数通常有（　　　）、（　　　）、（　　　）等描述形式。

3．函数$F_{(A,B,C)}=AB+BC+AC$的最小项表达式为（　　　）。

4．4个逻辑变量的最小项最多有（　　　）个，任意两个最小项的"与"运算结果为（　　　）。

5. 逻辑函数 $F_1 = \sum_{ABCD}(2,3,5,8,11,13)$ 和 $F_2 = \prod_{ABCD}(2,4,7,10,12,13)$ 之间满足（　　　　）关系。

6. 函数 $Y = A + \bar{B}C$ 的最大项表达式 $Y=$（　　　　）。（天津工业大学考研试题）

7. 2005 个"1"异或的结果为（　　　　）；2004 个"1"异或的结果为（　　　　）。（北京科技大学考研试题）

8. 不会出现的变量取值组合所对应的（　　　　）叫作无关项。

二、选择题

1. 由于（　　　　），所以数字电路系统的精度较高。（北京邮电大学考研试题）

A. 可以提供较多位数的有效数字　　　　　　　B. 没有误差

C. 信号是离散的　　　　　　　　　　　　　　D. 可以使用模数转换器

2. 数字信号指的是（　　　　）。（西南交通大学考研试题）

A. 时间上离散的信号　　　　　　　　　　　　B. 数值上离散的信号

C. 时间和数值上都不离散的信号　　　　　　　D. 时间和数值上都离散的信号

3. 若 999 个"1"异或的结果为 F_1，999 个"0"同或的结果为 F_2，则 F_1 异或 F_2 的结果为（　　　　）。（电子科技大学考研试题）

A. 0　　　　　　　　B. 1　　　　　　　　C. 不唯一　　　　　　　D. 没意义

4. 下面各式中一定是逻辑运算的是（　　　　）。

A. $1+1=2$　　　　B. $1+0=1$　　　　C. $0+0=0$　　　　D. $1+1=1$

5. 下列逻辑表达式中，正确的是（　　　　）。（北京航空航天大学考研试题）

A. $A\bar{A} = 0$　　　　B. $A\bar{A} = 1$　　　　C. $A\bar{A} = \bar{A}$　　　　D. $A\bar{A} = A$

6. 将逻辑函数 $\bar{B}C\bar{D} + A\bar{B}C + \bar{C}D + B\bar{C}$ 化简为 $\bar{B}\bar{D} + (B \oplus C)$ 时使用了无关项（　　　　）。（电子科技大学考研试题）

A. $\bar{A}\bar{B}CD$　　　　B. $\bar{A}\bar{B}\bar{C}D$　　　　C. $\bar{A}B\bar{C}\bar{D}$　　　　D. $ABCD$

7. 已知 $F=ABC+CD$，选择下列中的（　　　　）可以使 $F=1$。（电子科技大学考研试题）

A. $A=0$，$BC=1$　　B. $B=1$，$C=1$　　C. $C=1$，$D=0$　　D. $BC=1$，$D=1$

8. 对于四变量逻辑函数（变量为 A、B、C、D），其中（　　　　）是其最小项。（西南交通大学考研试题）

A. $A\bar{B}D$　　　　B. $A+\bar{B}+C+\bar{D}$　　　　C. $A\bar{B}C\bar{D}$　　　　D. $A+\bar{B}+\bar{D}$

9. $Y = A\bar{B}\bar{C} + AC + \bar{A}BC + B\bar{C}D$ 的最简"与-或"表达式是（　　　　）。（北京邮电大学考研试题）

A. $Y = A\bar{B} + BC + BD$　　B. $Y = A + BC + BD$　　C. $Y = A\bar{B} + BC + \bar{A}D$　　D. $Y = A + \bar{B}C + CD$

三、综合题

1. 将逻辑函数 $F = A(A + B)(\bar{A} + C)(B + D)(\bar{A} + C + E + \bar{F})(\bar{B} + \bar{F})(D + E + F)$ 化简成最简"或非-或非"表达式。（电子科技大学考研试题）

2. 已知逻辑函数 $F_1 = \sum_{ABCD}(1,3,5,6,7,9,11,12,13,14,15)$，$F_2 = \prod_{ABCD}(2,3,8,9,10,14)$。试用卡诺图求解函数 $F=F_1 \cdot F_2$，并将逻辑函数 F 化简成最简"与非-与非"表达式。（电子科技大学考研试题）

3. 化简逻辑函数 $F = AC + D + \bar{D}(\bar{B} + \bar{C})(AD + B)$。（南开大学考研试题）

4. 化简逻辑函数 $F = \bar{A}C\bar{D} + C\bar{D} + BD + ACD + A\bar{B}C\bar{D}$。（哈尔滨工业大学考研试题）

5. 已知逻辑函数 $F_{(A,B,C)} = \sum m(0,1,3,4,5)$，求其对偶函数最简"与-或"表达式。（深圳大学考研试题）

6. 已知 $F_{1(A,B,C,D)} = \sum m(0,1,3,5,8,10,11,13,14)$，$F_{2(A,B,C,D)} = \sum m(0,1,2,3,4,9,12,13,14,15)$，求：（1）$F_1 + F_2$ 的最大项表达式；（2）$F_1 \oplus F_2$ 的最小项表达式。（南京航空航天大学考研试题）

第**7**章

组合逻辑电路

本章学习目标

掌握组合逻辑电路分析的方法和步骤。

掌握组合逻辑电路设计的方法和步骤。

掌握加法器的设计和应用。

掌握编码器、译码器、数据选择器、数据分配器的原理。

了解组合逻辑电路的竞争和冒险。

本章讨论的问题

分析组合逻辑电路的目的是什么？

组合逻辑电路的特点是什么？

如何实现加法器？

集成电路中的爱国情怀。——许居衍（中国工程院院士、微电子技术专家）

  许居衍主持摸索集成电路制造技术，研制成功中国第一代硅平面单片集成电路并转移工厂生产。许居衍提出并研制成功高速发射极分流限制饱和逻辑电路、集成注入肖特基逻辑电路等创新结构，用于中国早期计算机中。20世纪70年代，许居衍筹建大规模集成电路新工艺，成功主持研制由图形发生器、图形数字转换机、控制计算机等组成的自动化制版系统和用于图形编辑的集成电路计算机辅助设计系统，以及离子注入等新工艺，为成功研制动态随机存储器等多种大规模集成电路开辟了新的技术基础。

7.1 组合逻辑电路分析

组合逻辑电路在功能上的特点是：电路在任意时刻的输出状态只取决于该时刻的输入状态，而与该时刻前的电路状态无关。其电路结构的特点如下。

（1）电路中不含记忆单元，只由门电路构成。

（2）数字信号是单向传输的，信号只能从输入端向输出端传输，不能从输出端向输入端传输，即无反馈支路。

一个组合逻辑电路可以有一个或多个输入，也可以有一个或多个输出。组合逻辑电路的输出和输入关系可用逻辑函数来表示，即

$$Y_j(t) = F_j(X_0(t), X_1(t), \cdots, X_i(t), \cdots, X_{m-1}(t))$$

或写为

$$Y_j(t) = F_j(X_0, X_1, \cdots, X_i, \cdots, X_{m-1})$$

任何组合逻辑电路都可由逻辑函数表达式、真值表、逻辑电路图和卡诺图4种方法中的任意一种来表示其逻辑功能。

7.1.1 组合逻辑电路分析的步骤

所谓组合逻辑电路分析，是指根据给定的组合逻辑电路，写出逻辑函数表达式，并以此来描述它的逻辑功能，确定输出、输入关系，必要时，运用逻辑函数化简方法对逻辑电路设计是否合理进行评定。

组合逻辑电路分析一般分为4个步骤。

步骤1：根据已知的组合逻辑电路，写出逻辑函数表达式。方法是从输入到输出（或从输出到输入）逐级写出逻辑函数表达式。其中，组合逻辑电路中的"级"数是指从某一输入信号发生变化到引起输出也发生变化所经历的逻辑门的最大数目。

步骤2：如果写出的逻辑函数表达式不是最简形式，要进行逻辑化简，一般采用公式化简法或卡诺图化简法得到最简逻辑函数表达式。

步骤3：根据最简逻辑函数表达式列出真值表。

步骤4：根据真值表或最简逻辑函数表达式确定逻辑功能。

这4个步骤并不是一成不变的，要视具体情况具体分析。如果在步骤1中写出的表达式已经是最简表达式，就不需要进行步骤2；如果化简后的表达式已经可以很明确地确定逻辑功能，步骤3也可以省略。

7.1.2 组合逻辑电路分析举例

例7-1 对图 7-1 所示电路进行逻辑功能分析与测试。

解：（1）写出逻辑函数表达式

$$F = \overline{\overline{AB} \cdot \overline{AC}}$$

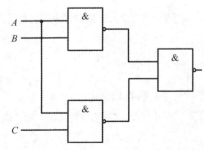

图 7-1　例 7-1 给定组合逻辑电路图

（2）列真值表

将 A、B、C 的所有不同取值代入表达式得到真值表，如表 7-1 所示。

例 7-1 精讲

表 7-1　例 7-1 真值表

输入			输出
A	B	C	F
0	0	0	0
0	0	1	0
0	1	0	0
0	1	1	0
1	0	0	0
1	0	1	1
1	1	0	1
1	1	1	1

（3）确定电路的逻辑功能

通过表 7-1 可以看出，只有两个或两个以上输入为"1"，并且其中 A 必须为"1"时，输出才为"1"；其余输入组合，输出为"0"。

此组合逻辑电路实际实现的是三人表决器的功能：A 表示主裁判，B、C 表示副裁判，当两个或两个以上裁判（其中必须有主裁判）判定成功时，结果判定为成功。

例7-2　对图 7-2 所示电路进行逻辑功能分析与测试。

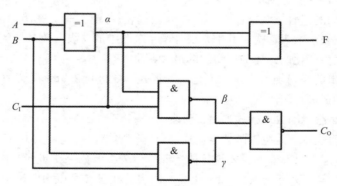

图 7-2　例 7-2 给定组合逻辑电路图

解：（1）写出逻辑函数表达式并化简

$$\alpha = A \oplus B; \quad \beta = \overline{\overline{\alpha \cdot C_I}} = \overline{(A \oplus B) \cdot C_I}; \quad \gamma = \overline{AB}$$

$$F = \alpha \oplus C_I = A \oplus B \oplus C_I$$

$$C_O = \overline{\beta\gamma} = \overline{\overline{(A \oplus B) \cdot C_I} \cdot \overline{AB}} = \overline{A}B \cdot C_I + A\overline{B} \cdot C_I + AB$$

（2）列真值表

将 A、B、C_I 的所有不同取值代入表达式得到真值表，如表 7-2 所示。

（3）确定电路的逻辑功能

从表 7-2 可以看出，两个一位二进制数 A 和 B 相加，并考虑来自低位的进位 C_I，得到 F，输入和输出之间的关系符合二进制数全加运算的功能。

表 7-2　例 7-2 真值表

输入			输出	
C_I	A	B	F	C_O
0	0	0	0	0
0	0	1	1	0
0	1	0	1	0
0	1	1	0	1
1	0	0	1	0
1	0	1	0	1
1	1	0	0	1
1	1	1	1	1

7.2　组合逻辑电路设计

所谓组合逻辑电路设计，是指根据给定逻辑要求的文字描述或者逻辑功能的逻辑函数的描述，用最少的逻辑门设计出相应的逻辑电路的过程。组合逻辑电路设计的过程与分析的过程是相反的。

7.2.1　组合逻辑电路设计的步骤

组合逻辑电路设计一般分为 4 个步骤。

步骤 1：根据给定逻辑要求列出真值表。

步骤 2：由真值表写出逻辑函数表达式。

步骤 3：对逻辑函数表达式进行化简，变换成给定逻辑要求的逻辑函数表达式。

步骤 4：画出逻辑电路图。

组合逻辑电路设计的任务是设计出能够满足给定逻辑要求的电路。列出的真值表是否正确地反映给定逻辑的要求，是设计电路是否正确的关键一步。只有对命题分析得清楚，才能准确地列出真值表。首先要确定有几个输入变量和输出变量，若有 n 个输入变量，就应有 2^n 个输出变量组合，其次要恰当地对输入变量和输出变量进行赋值。

为了使电路简单，要对逻辑函数表达式进行化简，以便用最少的元器件来组成逻辑电路；由于在设计中普遍采用中小规模集成电路，要根据具体情况，尽量减少所用元器件的数目和种类，使组装好的电路结构紧凑。所以要按照实际情况和要求选择合适的门电路和芯片去实现电路，以达到经济、可靠的目的。

7.2.2　组合逻辑电路设计举例

例7-3　有一火灾报警系统，设有烟感、温感和紫外线光感 3 种不同类型的火灾探测器。为了防止误报警，只有两种和两种类型以上的探测器发出火灾探测信号时，报警系统才能产生报警信号。试设计产生报警信号的电路。

解：（1）分析要求，列出真值表。

由于探测器发出的火灾探测信号有两种可能，即有火灾报警和无火灾报警（正常），我们可以用高电平表示有火灾报警，用低电平表示无火灾报警。

令A、B、C作为报警控制电路的输入，分别代表烟感、温感、紫外线光感3种探测器的探测信号，用"1"表示输入高电平，"0"表示输入低电平；令F为报警控制电路的输出，用"1"表示输出高电平，"0"表示输出低电平。

可得到如表7-3所示真值表。

表7-3　例7-3真值表

输入			输出
A	B	C	F
0	0	0	0
0	0	1	0
0	1	0	0
0	1	1	1
1	0	0	0
1	0	1	1
1	1	0	1
1	1	1	1

（2）写出逻辑函数表达式，并化简成最简"与-或"表达式。

由真值表可直接写出逻辑函数表达式：

$$F = \overline{A}BC + A\overline{B}C + AB\overline{C} + ABC$$

利用公式化简法或卡诺图化简法，得到最简"与-或"表达式：

$$F = AB + AC + BC$$

（3）画出逻辑电路图，如图7-3所示。

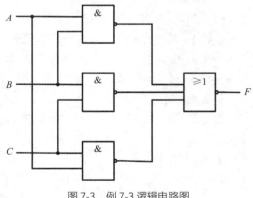

图7-3　例7-3逻辑电路图

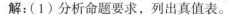 **例7-4**　火车站有高铁列车、特快列车和普通快速列车。它们进出站的优先次序为高铁列车、特快列车和普通快速列车。设计一个优先排队电路，要求同一时刻只能有一辆列车进出站。

解：（1）分析命题要求，列出真值表。

设A、B、C分别表示高铁列车、特快列车、普通快速列车的进站信号，取值为1表示对应列车进站，取值为0表示未进站。设F_A、F_B、F_C分别表示高铁列车、特快列车、普通快速列车的出站信号，取值为1表示对应列车出站，取值为0表示未开出站。

当$A=1$时，无论B和C为何值，$F_A=1$，$F_B=F_C=0$；当$B=1$且$A=0$时，无论C为何值，$F_B=1$，$F_A=F_C=0$；当$C=1$且$A=0$、$B=0$时，$F_C=1$，$F_A=F_B=0$。

可得到表7-4所示真值表（×为任意值）。

表 7-4　例 7-4 真值表

输入			输出		
A	B	C	F_A	F_B	F_C
0	0	0	0	0	0
1	×	×	1	0	0
0	1	×	0	1	0
0	0	1	0	0	1

（2）写出逻辑函数表达式，并化简成最简"与-或"表达式。

$$F_A = A;\ F_B = \bar{A}B;\ F_C = \bar{A}\bar{B}C$$

函数F_A、F_B、F_C已经是最简形式，且无公共项可利用，所以函数F_A、F_B、F_C的表达式就是多输出函数的最简形式。

（3）画出逻辑电路图，如图7-4所示。

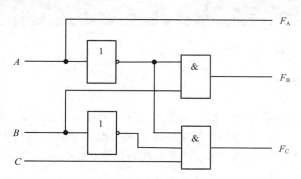

图 7-4　例 7-4 逻辑电路图

例7-5 设计一个半加器，该逻辑电路能对两个一位二进制数进行相加，并输出和数及进位数。

例7-5精讲

解：（1）分析命题要求，列出真值表。

半加器是具有两个输入和两个输出的逻辑电路。其输入是两个加数的1位，分别用A和B表示；而输出是"和"及"进位"，分别用S_H和C_H表示。由于该逻辑电路只将本位两数相加，不考虑进位输入，所以称之为半加器。

可得到表7-5所示真值表。

表 7-5　例 7-5 真值表

输入		输出	
A	B	S_H	C_H
0	0	0	0
0	1	1	0
1	0	1	0
1	1	0	1

（2）写出逻辑函数表达式，并化简成最简与非表达式。

$$S_H = \overline{A}B + A\overline{B} = \overline{\overline{\overline{A}B}\,\overline{A\overline{B}}}; \quad C_H = AB = \overline{\overline{AB}}$$

（3）画出利用与非门实现的逻辑电路图，如图7-5所示。

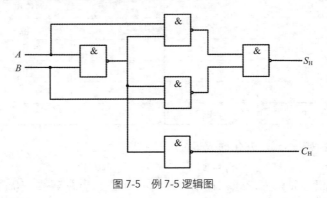

图 7-5 例 7-5 逻辑图

7.3 加法器

7.3.1 半加器

不考虑低位的进位，只将两个一位二进制数相加，输出一个和数及一个进位数的运算称为半加运算。实现半加运算的电路称为半加器。半加器的逻辑符号如图7-6所示。其中 A 为被加数，B 为加数，F 为相加的和数，C_O 为进位数。

图 7-6 半加器的逻辑符号

7.3.2 全加器

两个一位二进制数相加时考虑来自低位的进位的运算称为全加运算。实现全加运算的电路称为全加器。全加器的逻辑符号如图7-7所示。其中 A、B 为两个加数，C_I 为来自低位的进位数，C_O 为向高位的进位数，F 为相加的和数。

图 7-7 全加器的逻辑符号

7.3.3 逐位进位加法器

两个多位数相加时，每一位的运算都是带进位的加法运算，所以必须用全加器。这时，除了最低位 $C_I = 0$ 外，只需依次将低位的进位输出接到高位的进位输入，就可构成逐位进位加法器。

图7-8所示为按逐位进位加的思想接成的四位加法器电路。其中，A_3、A_2、A_1、A_0 和 B_3、B_2、B_1、B_0 为加数，F_3、F_2、F_1、F_0 为输出的和数，C_O、C_I 为输出的进位数；A_0、B_0 为最低位，最低位的 C_I 输入为0。

显然，这种加法器每位的相加结果都必须等低一位的进位产生后才能得出，因此这种加法器叫作逐位进位加法器，又称串行进位加法器。

逐位进位加法器最大的缺点是运算速度慢。若需要进行高速运算，可采用超前进位加法器。

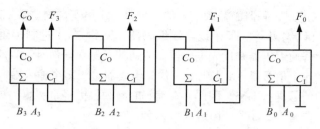

图 7-8　四位加法器电路

7.3.4　超前进位加法器

为了提高加法器运算速度，必须设法减少或消除逐位进位加法器中由于进位信号逐级传递所耗费的时间。超前进位加法器（又称并行进位加法器）的每位进位信号只由加数和被加数决定，而与低位的进位无关。

常用集成超前进位加法器有超前四位进位全加器 74LS283 和 CC4008 等。74LS283 引脚排列如图 7-9 所示，其中 A_4、A_3、A_2、A_1 和 B_4、B_3、B_2、B_1 为加数和被加数，Σ_1、Σ_2、Σ_3、Σ_4 为输出和数，C_0 为低位进位数，C_4 为输出进位数。显然，使用三片级联可以实现 12 位二进制数的加法运算。

集成超前进位加法器的型号还有很多，常见集成超前进位加法器的型号如表 7-6 所示。

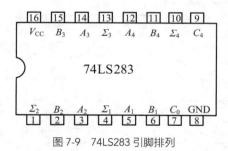

图 7-9　74LS283 引脚排列

表 7-6　常见集成超前进位加法器的型号

型号	功能说明
74LS183	一位双保留进位全加器
74LS82	二位二进制全加器（快速进位）
74LS83	四位二进制全加器（快速进位）
74LS283	四位二进制全加器

7.4　编码器

所谓编码就是将具有特定含义的输入信号（如文字、数字、符号等）转换成二进制码的过程。实现编码操作的数字电路称为编码器。

数字电路系统采用二进制码（0 和 1）进行编码，要表示的信息越多，二进制码的位数就越多，所以编码器一般有多个输入端、多个输出端，每一个输入端通常与开关连接，使得输入具有"0""1"两种状态，而输出的是与该输入相对应的二进制码。编码器的应用是非常广泛的。例如，常用的计算机键盘，其内部就是一个字符编码器。它将键盘上的大小写英文字母、数字、符号以及一些功能键（如 Enter 键、Space 键等）等变成一系列的 7 位二进制码，送到计算机的中央处理器（CPU），然后进行处理、存储并输出到显示器或打印机上。

按照输出代码种类的不同，编码器可分为二进制编码器和非二进制编码器。若输入信号的个数 N 与输出变量的位数 n 满足 $N=2^n$，此电路称为二进制编码器。常见的二进制编码器有 8 线 -3

线、16线-4线等。非二进制编码器的输入信号的个数 N 与输出变量的位数 n 满足 $2^n > N$。常见的非二进制编码器如8421码编码器，即10线-4线编码器，又称二-十进制编码器。按照编码方式的不同，编码器可分为普通编码器和优先编码器。普通编码器在任何时刻只能对其中一个输入信号进行编码，即输入的 N 个信号是互相排斥的；优先编码器是当多个输入端同时有信号时，电路只对其中优先级最高的信号进行编码。因此，在编码时必须根据轻重缓急，规定好输入信号的优先级。常用的优先编码器有8线-3线、10线-4线两种。

7.4.1　二进制编码器

1．普通二进制编码器

下面以3位二进制编码器为例进行说明。图7-10所示是由门电路组成的3位二进制编码器（或称为8线-3线编码器）的逻辑电路图，由图7-10不难写出 A、B、C 的函数表达式。

$$A = \overline{\overline{I_4}\,\overline{I_5}\,\overline{I_6}\,\overline{I_7}} = I_4 + I_5 + I_6 + I_7$$
$$B = I_2 + I_3 + I_6 + I_7$$
$$C = I_1 + I_3 + I_5 + I_7$$

其真值表如表7-7所示。

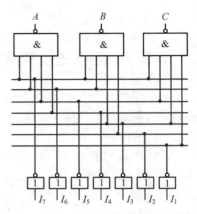

图7-10　3位二进制编码器的逻辑电路图

表7-7　3位二进制编码器的真值表

输入								输出		
I_7	I_6	I_5	I_4	I_3	I_2	I_1	I_0	A	B	C
0	0	0	0	0	0	0	1	0	0	0
0	0	0	0	0	0	1	0	0	0	1
0	0	0	0	0	1	0	0	0	1	0
0	0	0	0	1	0	0	0	0	1	1
0	0	0	1	0	0	0	0	1	0	0
0	0	1	0	0	0	0	0	1	0	1
0	1	0	0	0	0	0	0	1	1	0
1	0	0	0	0	0	0	0	1	1	1

任何时刻，编码器只允许一个信号输入，否则输出将发生混乱。由于该电路对高电平有效，所以要求在输入的 $I_0 \sim I_7$ 这8个变量中，任何一个为1时，其余7个均应为0。例如，对 I_5 编码，则 $I_5 = 1$，其他输入都是0，则 A、B、C 编码输出为101。

2．优先二进制编码器

优先二进制编码器的特点是：允许几个信号同时加到输入端，输入信号按优先顺序排队，几个输入信号同时出现时，只对其中优先级最高的输入信号进行编码并输出；加入了使能端，可以允许/禁止对输入信号进行编码，便于电路的级联。常见的优先二进制编码器有74LS148等。74LS148的外观及引脚排列如图7-11所示。在使能端 $\overline{ST}$ 输入有效电平0的时候，能将 $\overline{I_0} \sim \overline{I_7}$ 这8个输入中优先级最高的编成二进制码，在 $\overline{Y_2}\,\overline{Y_1}\,\overline{Y_0}$ 端输出。比如，当 $\overline{I_4} = 0$（低电平有效）、其余输入都为 1 时，$\overline{Y_2}\,\overline{Y_1}\,\overline{Y_0}$ 输出 011（反码输出）。

（a）外观　　　　　　　　　（b）引脚排列

图 7-11　74LS148 的外观及引脚排列

74LS148 具体功能见表 7-8 所示的真值表（× 为任意值）。

74LS148 的逻辑功能：有 8 个输入端 $\overline{I_0} \sim \overline{I_7}$ 和 3 个输出端 $\overline{Y_2}$、$\overline{Y_1}$、$\overline{Y_0}$；输入变量上方的 "−" 表示输入为低电平有效，输出变量上方的 "−" 表示输出为二进制数的反码，视为不分离的变量。

表 7-8　74LS148 的真值表

$\overline{ST}$	输入								输出			$\overline{Y_{EX}}$	Y_S
	$\overline{I_0}$	$\overline{I_1}$	$\overline{I_2}$	$\overline{I_3}$	$\overline{I_4}$	$\overline{I_5}$	$\overline{I_6}$	$\overline{I_7}$	$\overline{Y_2}$	$\overline{Y_1}$	$\overline{Y_0}$		
1	×	×	×	×	×	×	×	×	1	1	1	1	1
0	1	1	1	1	1	1	1	1	1	1	1	1	0
0	×	×	×	×	×	×	×	0	0	0	0	0	1
0	×	×	×	×	×	×	0	1	0	0	1	0	1
0	×	×	×	×	×	0	1	1	0	1	0	0	1
0	×	×	×	×	0	1	1	1	0	1	1	0	1
0	×	×	×	0	1	1	1	1	1	0	0	0	1
0	×	×	0	1	1	1	1	1	1	0	1	0	1
0	×	0	1	1	1	1	1	1	1	1	0	0	1
0	0	1	1	1	1	1	1	1	1	1	1	0	1

输入端低电平有效，即对 $\overline{I_0} \sim \overline{I_7}$ 中低电平者实现编码，输出为二进制数的反码。在逻辑关系上，以 $\overline{I_0}$ 输入为最低位，优先级最低；$\overline{I_7}$ 输入为最高位，优先级最高。按位权高低依次排队编码。

例如，当 $\overline{I_7}=0$ 时，不管其他编码输入为何值，只对 "7" 编码，即输出为 000（因为是反码，故代表 7）；当 $\overline{I_7}=1$，$\overline{I_6}=0$ 时，只对 "6" 编码，即输出 110 的反码 001（因为是反码，故代表 6）。

（1）$\overline{ST}$ 为选通输入端，当 $\overline{ST}=0$ 时电路正常工作，允许对输入信号编码，在输出端输出对应二进制数的反码。当 $\overline{ST}=1$ 时电路禁止编码，此时电路的输出 $\overline{Y_2}$、$\overline{Y_1}$、$\overline{Y_0}$ 以及 $\overline{Y_{EX}}$、Y_S 无效，均为 1，表示芯片未被选中。

（2）Y_S 为选通输出端。$Y_S=0$ 表示无输入信号，编码输出无效；$Y_S=1$ 表示有输入信号，编码输出有效。

（3）$\overline{Y_{EX}}$ 为扩展输出端。无输入信号和禁止编码时，$\overline{Y_{EX}}=1$；输入信号有效时，$\overline{Y_{EX}}=0$。

应用举例：可以用 74LS148 编码器监控一系列炉罐的温度，若其中任何一个炉罐的温度超过标准温度或低于标准温度，则检测传感器输出一个 0 电平到 74LS148 编码器的输入端，编码器编码后输出 3 位二进制码到微处理器进行控制。

7.4.2　二－十进制编码器

将十进制的 10 个数字 0～9 编成二进制码的电路叫作二-十进制编码器（BCD 编码器）。要对 10 个信号进行编码，输出至少需要 4 位二进制码。常用的是 8421 码。74LS147 是一种典型的 8421 码优先二进制编码器。

1．74LS147 的外观及引脚排列

74LS147 的外观及引脚排列如图 7-12 所示。

（a）外观　　　　　　　　　　　（b）引脚排列

图 7-12　74LS147 的外观及引脚排列

2．74LS147 的逻辑功能

如图 7-12 所示，$\overline{I_1}\sim\overline{I_9}$ 为低电平有效的输入端，$\overline{I_9}$ 的优先级最高，$\overline{I_1}$ 的优先级最低。$\overline{Y_3}\sim\overline{Y_0}$ 为低电平有效的输出端，$\overline{Y_3}$ 为 8421 码的高位。表 7-9 所示为 74LS147 的真值表，其中 × 为任意值（0 或 1）。

表 7-9　74LS147 的真值表

输入									输出			
$\overline{I_1}$	$\overline{I_2}$	$\overline{I_3}$	$\overline{I_4}$	$\overline{I_5}$	$\overline{I_6}$	$\overline{I_7}$	$\overline{I_8}$	$\overline{I_9}$	$\overline{Y_3}$	$\overline{Y_2}$	$\overline{Y_1}$	$\overline{Y_0}$
1	1	1	1	1	1	1	1	1	1	1	1	1
×	×	×	×	×	×	×	×	0	0	1	1	0
×	×	×	×	×	×	×	0	1	0	1	1	1
×	×	×	×	×	×	0	1	1	1	0	0	1
×	×	×	×	×	0	1	1	1	1	0	0	1
×	×	×	×	0	1	1	1	1	1	0	1	1
×	×	×	0	1	1	1	1	1	1	0	1	1
×	×	0	1	1	1	1	1	1	1	1	0	1
×	0	1	1	1	1	1	1	1	1	1	0	1
0	1	1	1	1	1	1	1	1	1	1	1	0

可以看出，输出同样是输入信号下标（0～9）的二进制表示，只不过是反码。例如：

（1）在输入全部为高电平时，输出 $\overline{Y_3}\,\overline{Y_2}\,\overline{Y_1}\,\overline{Y_0}$ 为 $(0000)_B$ 的反码，即 1111。

（2）在输入$\overline{I_1}$为低电平时，输出$\overline{Y_3Y_2Y_1Y_0}$为$(0001)_B$的反码，即1110。

（3）在输入$\overline{I_5}$为低电平时，输出$\overline{Y_3Y_2Y_1Y_0}$为$(0101)_B$的反码，即1010。

（4）在$\overline{I_5}$、$\overline{I_9}$同时为低电平时，由于$\overline{I_9}$的优先级更高，因此$\overline{Y_3Y_2Y_1Y_0}$为$(1001)_B$的反码，即0110。

其中$\overline{I_0}$是隐含的输入，$\overline{I_1}\sim\overline{I_9}$都是1时认为$\overline{I_0}$是有效输入电平。

7.5 译码器

译码是编码的逆过程，它是将输入的每组二进制码所赋予的含义"翻译"过来，给出相应的输出信号。完成这种功能的电路称为译码器。译码器是多输入、多输出的组合逻辑电路。常用的译码器有二进制译码器、二-十进制译码器（非二进制译码器）、显示译码器等。

7.5.1　二进制译码器

1．2线-4线译码器

因为二进制译码器有n个输入端，对应n位二进制数，有2^n个输出端，所以又称完全译码器。图7-13所示为常见的2线-4线译码器逻辑电路图和逻辑符号。

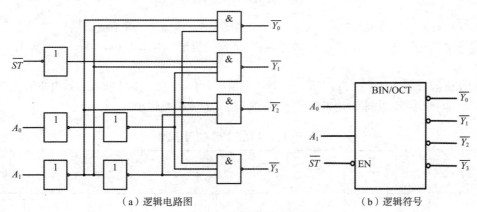

（a）逻辑电路图　　　　　　　　　　　（b）逻辑符号

图7-13　常见的2线-4线译码器逻辑电路图和逻辑符号

A_0、A_1为两个输入端，又称地址输入端，$\overline{ST}$为使能端，$\overline{Y_0}$、$\overline{Y_1}$、$\overline{Y_2}$、$\overline{Y_3}$为输出端。

由逻辑电路图可写出逻辑函数表达式：

$$\overline{Y_0}=\overline{\overline{A_1}\cdot\overline{A_0}\cdot ST};\ \overline{Y_1}=\overline{\overline{A_1}\cdot A_0\cdot ST};$$
$$\overline{Y_2}=\overline{A_1\cdot\overline{A_0}\cdot ST};\ \overline{Y_3}=\overline{A_1\cdot A_0\cdot ST}。$$

由逻辑函数表达式可以列出真值表，如表7-10所示（×为任意值）。

选通端$\overline{ST}$的作用之一是控制译码器的工作。由真值表可以看出，在选通端$\overline{ST}$（低电平有效）为0时，对应地址输入端的每一组代码输入，都能译成输出低电平0状态，并在对应输出端输出。选通端$\overline{ST}$的作用之二是扩大电路的逻辑功能。

2．3线-8线译码器74LS138

常见的二进制译码器还有3线-8线译码器74LS138。74LS138的外观及引脚排列如图7-14所示。

表 7-10　2 线 -4 线译码器的真值表

$\overline{\text{ST}}$	输入		输出			
	A_1	A_0	$\overline{Y_0}$	$\overline{Y_1}$	$\overline{Y_2}$	$\overline{Y_3}$
1	×	×	1	1	1	1
0	0	0	0	1	1	1
0	0	1	1	0	1	1
0	1	0	1	1	0	1
0	1	1	1	1	1	0

（a）外观

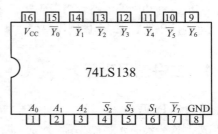

（b）引脚排列

图 7-14　74LS138 的外观及引脚排列

74LS138 有 3 个数码输入端 A_0、A_1、A_2，3 个选通端 S_1、$\overline{S_2}$、$\overline{S_3}$，8 个输出端 $\overline{Y_0} \sim \overline{Y_7}$。3 个输入端的数码是 3 位二进制码，输出端 $\overline{Y_0} \sim \overline{Y_7}$ 为低电平有效的输出。若 $A_2 A_1 A_0 = 000$，则 $\overline{Y_0} = 0$，而 $\overline{Y_1} \sim \overline{Y_7}$ 均为 1。

74LS138 的真值表如表 7-11 所示（ × 为任意值）。可见：当使能端输入有效电平时，74LS138 将输入的二进制码翻译出来，用低电平表示，在相应的输出端输出。

表 7-11　74LS138 的真值表

S_1	$\overline{S_2}+\overline{S_3}$	输入			输出							
		A_2	A_1	A_0	$\overline{Y_0}$	$\overline{Y_1}$	$\overline{Y_2}$	$\overline{Y_3}$	$\overline{Y_4}$	$\overline{Y_5}$	$\overline{Y_6}$	$\overline{Y_7}$
×	1	×	×	×	1	1	1	1	1	1	1	1
0	×	×	×	×	1	1	1	1	1	1	1	1
1	0	0	0	0	0	1	1	1	1	1	1	1
1	0	0	0	1	1	0	1	1	1	1	1	1
1	0	0	1	0	1	1	0	1	1	1	1	1
1	0	0	1	1	1	1	1	0	1	1	1	1
1	0	1	0	0	1	1	1	1	0	1	1	1
1	0	1	0	1	1	1	1	1	1	0	1	1
1	0	1	1	0	1	1	1	1	1	1	0	1
1	0	1	1	1	1	1	1	1	1	1	1	0

通过学习 2 线 -4 线译码器、3 线 -8 线译码器可知，当使能端输入有效电平时，对应每一组输入代码，只有一个输出端为有效电平，其余输出端则为无效电平；当使能端无效时，输出均为无效状态。

3．译码器的级联

（1）2 线 -4 线译码器的级联

图 7-15 所示是由两片 2 线 -4 线译码器构成的具有 3 条输入线和 8 条输出线的 3 线 -8 线译码器。当 $A_2 = 0$ 时，片 Ⅰ 的选通端为 0，片 Ⅱ 的选通端为 1，则片 Ⅰ 正常译码，片 Ⅱ 被封锁，Y_0、Y_1、Y_2、Y_3 有输出；当 $A_2 = 1$ 时，片 Ⅰ 的选通端为 1，片 Ⅱ 的选通端为 0，则片 Ⅱ 正常译码，片 Ⅰ 被封锁，Y_4、Y_5、Y_6、Y_7 有输出。

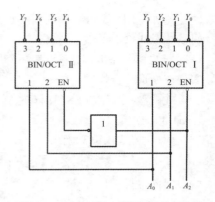

图 7-15　两片 2 线 -4 线译码器扩展构成 3 线 -8 线译码器

（2）3 线 -8 线译码器的级联

3 线 -8 线译码器 74LS138 附加的选通使能端 S_1、$\overline{S_2}$、$\overline{S_3}$ 使其在应用和扩展方面均具有很大的灵活性。合理地利用选通使能端将使译码器的功能得到较大的增强。譬如，利用选通使能端可以很方便地将多片 74LS138 连接起来，构成译码线数更多的译码器。

例如，两片 3 线 -8 线译码器 74LS138 可以扩展构成 4 线 -16 线译码器，将输入的 4 位二进制码 D_3、D_2、D_1、D_0 译成 16 个低电平有效的输出 $\overline{Z_0} \sim \overline{Z_{15}}$。

由于 74LS138 是 3 线 -8 线译码器，每一个芯片的译码输出线有 8 条，故构成 4 线 -16 线译码器需要两个芯片。以片 Ⅰ 的输出端 $\overline{Y_0} \sim \overline{Y_7}$ 作为译码输出的 $\overline{Z_0} \sim \overline{Z_7}$ 端，片 Ⅱ 的输出端 $\overline{Y_0} \sim \overline{Y_7}$ 作为译码输出的 $\overline{Z_8} \sim \overline{Z_{15}}$ 端。两片 74LS138 扩展构成的 4 线 -16 线译码器如图 7-16 所示。

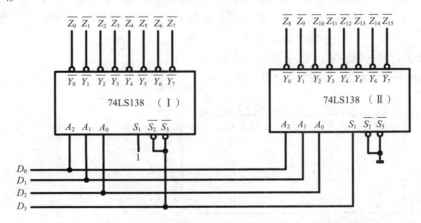

图 7-16　两片 3 线 -8 线译码器扩展构成的 4 线 -16 线译码器

当 $D_3 = 0$ 时，片 Ⅰ 工作、片 Ⅱ 禁止，$D_3 D_2 D_1 D_0 = 0000 \sim 0111$ 按照二进制译码规则在 $\overline{Z_0} \sim \overline{Z_7}$ 对应输出有效电平 0；当 $D_3 = 1$ 时，片 Ⅱ 工作、片 Ⅰ 禁止，$D_3 D_2 D_1 D_0 = 1000 \sim 1111$ 按照二进制译码规则在 $\overline{Z_8} \sim \overline{Z_{15}}$ 对应输出有效电平 0。这样就实现了将译码器扩展的功能。

4．用译码器实现组合逻辑函数

二进制译码器的输出为输入的全部最小项，即每一个输出都对应一个最小项。而任何一个逻辑函数都可变换为最小项之和的标准"与 - 或"表达式，因此，用二进制译码器和门电路可实现任何组合逻辑函数。

比如，用3线-8线译码器实现三变量组合逻辑函数的方法是：把3线-8线译码器74LS138地址输入端（A_2、A_1、A_0）作为逻辑函数的输入变量（A、B、C），译码器的每个输出端$\overline{Y}_i$都与某一个最小项m_i相对应，加上适当的门电路，就可以实现三变量组合逻辑函数。

例7-6精讲

例7-6 试用74LS138译码器实现组合逻辑函数$F(A,B,C) = \sum m(1,3,5,6,7)$。

解： 对于74LS138有

$$\overline{Y}_i = \overline{m_i}(i = 0,1,2,\cdots,7)$$

所以变换函数表达式如下

$$F(A,B,C) = \sum m(1,3,5,6,7)$$
$$= m_1 + m_3 + m_5 + m_6 + m_7$$
$$= \overline{\overline{m_1} \cdot \overline{m_3} \cdot \overline{m_5} \cdot \overline{m_6} \cdot \overline{m_7}}$$
$$= \overline{\overline{Y}_1 \cdot \overline{Y}_3 \cdot \overline{Y}_5 \cdot \overline{Y}_6 \cdot \overline{Y}_7}$$

因此，正确连接控制输入端使译码器处于工作状态，将$\overline{Y}_1$、$\overline{Y}_3$、$\overline{Y}_5$、$\overline{Y}_6$、$\overline{Y}_7$经一个与非门输出，A_2、A_1、A_0分别作为输入变量A、B、C，就可实现组合逻辑函数。连线图如图7-17所示。

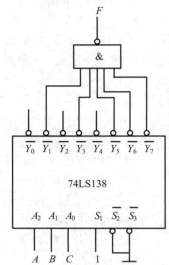

图7-17 函数
$F(A,B,C)=\sum m(1,3,5,6,7)$的连线图

7.5.2 二-十进制译码器

将十进制数0～9编成二进制代码的电路，叫做二-十进制译码器。对10个信号进行编码至少需要4位二进制代码，所以二-十进制译码器的输出信号为4位。常见的二-十进制译码器有74LS42等。

1．74LS42的引脚排列及逻辑符号

74LS42的引脚排列及逻辑符号如图7-18所示。

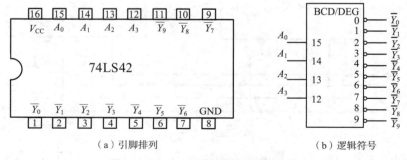

（a）引脚排列 （b）逻辑符号

图7-18 74LS42的引脚排列及逻辑符号

2．74LS42的逻辑功能

74LS42的真值表如表7-12所示。输入端A_3、A_2、A_1、A_0的输入信号为8421码。当输入信号为8421码中任意一组状态（0000～1001）时，对应的输出中只有一个输出为0，其余输出均为1。若输入不符合8421码（1010～1111），则为无效状态，所有输出为1。因为它只对8421码进行译码，所以称为二-十进制译码器，也称为4线-10线译码器。

表 7-12 74LS42 的真值表

十进制数	输入				输出									
	A_3	A_2	A_1	A_0	$\overline{Y_0}$	$\overline{Y_1}$	$\overline{Y_2}$	$\overline{Y_3}$	$\overline{Y_4}$	$\overline{Y_5}$	$\overline{Y_6}$	$\overline{Y_7}$	$\overline{Y_8}$	$\overline{Y_9}$
0	0	0	0	0	0	1	1	1	1	1	1	1	1	1
1	0	0	0	1	1	0	1	1	1	1	1	1	1	1
2	0	0	1	0	1	1	0	1	1	1	1	1	1	1
3	0	0	1	1	1	1	1	0	1	1	1	1	1	1
4	0	1	0	0	1	1	1	1	0	1	1	1	1	1
5	0	1	0	1	1	1	1	1	1	0	1	1	1	1
6	0	1	1	0	1	1	1	1	1	1	0	1	1	1
7	0	1	1	1	1	1	1	1	1	1	1	0	1	1
8	1	0	0	0	1	1	1	1	1	1	1	1	0	1
9	1	0	0	1	1	1	1	1	1	1	1	1	1	0
无效	1	0	1	0	1	1	1	1	1	1	1	1	1	1
	1	0	1	1	1	1	1	1	1	1	1	1	1	1
	1	1	0	0	1	1	1	1	1	1	1	1	1	1
	1	1	0	1	1	1	1	1	1	1	1	1	1	1
	1	1	1	0	1	1	1	1	1	1	1	1	1	1
	1	1	1	1	1	1	1	1	1	1	1	1	1	1

7.5.3 显示译码器

在数字电路系统中，常常把测量和运算的结果用十进制数直观地显示出来。这一任务是由数字显示电路来完成的。数字显示电路由数字显示器和译码器组成，简称显示译码器。它能把8421码译成能用显示元器件显示的十进制数。

目前常用的显示元器件有3类：半导体数码管、荧光数码管和液晶显示管。控制系统大多使用半导体数码管。

1．半导体数码管

（1）半导体数码管引脚排列及内部电路

半导体数码管一般分为共阳极和共阴极两种，其引脚排列及内部电路如图7-19所示。

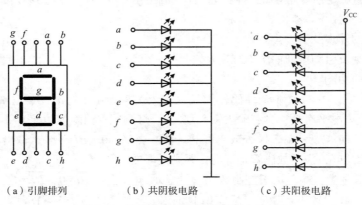

（a）引脚排列　　　　（b）共阴极电路　　　　（c）共阳极电路

图 7-19 半导体数码管引脚排列及内部电路

（2）半导体数码管的原理

半导体数码管是当前应用广泛的显示器件，它用发光二极管（LED）来显示字形，显示数字、文字和符号。它将十进制数码分为7个字段，外加一个小数点每段对应一个LED，通常以 a、b、c、d、e、f、g、h 表示，如图7-19（a）所示。它们分别连在8条外引出线上，当给某一引出线加一定的驱动电压或电流时，该字段发光显示，如 h 对应小数点，h 输入端有效时，小数点亮。因此，控制7个字段的驱动电压或电流，便可显示不同的数字。图7-19（a）中，上下引脚的中间脚为公共端COM，根据共阴极、共阳极的不同分别接GND（接地端）和 V_{CC}（电源端）。

共阴极是7个LED的阴极接在一起，接到低电平处，如图7-19（b）所示，哪个LED的阳极接高电平，哪个LED就亮，否则不亮。阳极一般与高电平有效的显示译码器连接，译码器的阴极与GND连接。共阳极是7个LED的阳极接在一起，公共的阳极要求接电源 V_{CC}，如图7-19（c）所示，输入要求为低电平驱动，各个阴极一般与低电平有效的显示译码器连接。这种数码管的特点是工作电压低（1.2～3V）、使用寿命长、响应时间短、可靠性高、亮度高、工作电流比较大（几毫安到十几毫安）。

2．七段显示译码器

七段显示译码器的任务是将输入的二-十进制码（8421码）译成7个字段的驱动信号，以点亮LED相应的字段。进行数码显示时，每一笔画接上相应的LED驱动器输出，还必须根据相应的数据进行选择驱动，如显示"2"时，应将 a、b、d、e、g 点亮，而将 c、f 熄灭。通过输出电平为1或0作用，完成数码显示功能。可见，与七段数码管配合的译码器应有4个8421码输入端；有7个输出端去驱动七段LED，分别与对应的 a～g 连接。小数点 h 显示与否主要由控制电路实现，与显示译码器无关。七段显示译码器外形如图7-20所示。

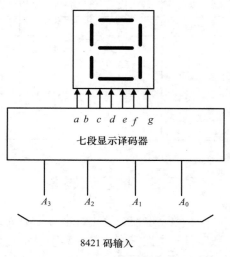

图 7-20　七段显示译码器外形

每段LED的驱动电流为5mA～10mA，因而需要使用能直接驱动LED的译码器，并通过串联电阻限制电流大小。

常见的七段显示译码器有CC4511、74LS48、74LS47、74LS247等。其中，CC4511可以驱动共阴极的LED数码管或荧光数码管，并含有灯测试及锁存功能；74LS48可以驱动共阴极的LED数码管，具有灯测试、清零等功能，内部具有限流电阻；74LS47、74LS247可以驱动共阳极的LED数码管，具体使用可以查阅相关资料。

（1）CC4511的外观及引脚排列

CC4511的外观及引脚排列如图7-21所示。

（2）CC4511的功能

CC4511有 D、C、B、A 这4个译码输入端，输入为8421码；有 a、b、c、d、e、f、g 这7个译码输出端，输出高电平有效，具有输入锁存/缓冲、灯测试、消隐等功能。

① $\overline{LT}$：灯测试使能端，用于检查数码管的好坏。当 $\overline{LT}=0$、$\overline{BI}=1$ 时，输出 a～g 均为1，共阴极数码管应显示"8"，表明数码管是好的，否则是坏的。

② $\overline{BI}$：熄灭信号输入端，用于控制数码管的显示/熄灭。当 $\overline{BI}=0$、$\overline{LT}=1$ 时，则不论 D、C、B、A 是什么状态，输出 a～g 均为0，7段LED全灭，数码管不显示。当 $\overline{BI}=1$、$\overline{LT}=1$ 时，为正

常显示状态。

（a）外观

（b）引脚排列

图7-21 CC4511的外观及引脚排列

③ LE：锁存使能端。当 $\overline{BI}$ =1、$\overline{LT}$ =1、LE=1时，为缓冲显示模式，输出 a ～ g状态取决于当前的 D、C、B、A状态。

CC4511一般工作在缓冲显示、允许显示方式下，即 $\overline{BI}$ =1、$\overline{LT}$ =1、LE=1为正常显示状态。

CC4511只对BCD码进行显示，当 DCBA=0000 ～ 1001时，a ～ g正常输出，显示对应0 ～ 9这10个数字。而对伪码 DCBA=1010 ～ 1111则拒绝译码，a ～ g输出均为0，7段LED全灭。CC4511的真值表如表7-13所示（× 为任意值）。

表 7-13 CC4511 的真值表

输入				输出	
LE	$\overline{BI}$	$\overline{LT}$	*DCBA*	*abcdefg*	显示
×	×	0	× × × ×	1111111	日
×	0	1	× × × ×	0000000	消隐
1	1	1	0000	1111110	口
1	1	1	0001	0110000	Ⅰ
1	1	1	0010	1101101	己
1	1	1	0011	1111001	彐
1	1	1	0100	0110011	斗
1	1	1	0101	1011011	５
1	1	1	0110	0011111	Ь
1	1	1	0111	1110000	7
1	1	1	1000	1111111	日
1	1	1	1001	1110011	9
1	1	1	1010～1111	0000000	消隐

7.6 数据选择器和数据分配器

7.6.1 数据选择器

数据选择器的框图如图7-22所示。它可依地址信号的指定从输入的多路数据信号中选定一路传递至输出端。通过地址信号的切换，就可将多路输入数据分时地传递至输出端，完成多路数据选择。因此，数据选择器也称为多路开关。

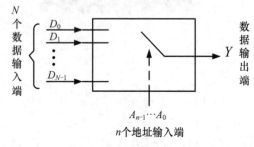

图 7-22　数据选择器的框图

1. 74LS151的外观及引脚排列

8选1数据选择器74LS151的外观及引脚排列如图7-23所示。A_0、A_1、A_2为地址输入端，$D_0 \sim D_7$为数据输入端，Y、$\overline{Y}$为两个互补输出端。当$\overline{ST}=0$时，可以由地址输入端A_2、A_1、A_0输入的地址码决定把$D_0 \sim D_7$中的一个输入信号传输到Y端。例如，当$A_2A_1A_0=101$时，可将输入端D_5输入的数据（0或1）传输到Y端。

（a）外观

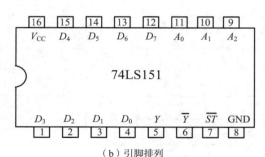

（b）引脚排列

图 7-23　74LS151的外观及引脚排列

2. 74LS151的功能

74LS151是8选1数据选择器，输出采用三态门，因此可以将多块组件并联起来，以达到扩大数据通道的作用。表7-14所示为74LS151的真值表（×为任意值）。

表7-14　74LS151的真值表

输入				输出
$\overline{ST}$	A_2	A_1	A_0	Y
1	×	×	×	0
0	0	0	0	D_0
0	0	0	1	D_1
0	0	1	0	D_2
0	0	1	1	D_3
0	1	0	0	D_4

续表

输入				输出
$\overline{ST}$	A_2	A_1	A_0	Y
0	1	0	1	D_5
0	1	1	0	D_6
0	1	1	1	D_7

74LS151 的输出逻辑表达式为

$$Y = \overline{A_2}\,\overline{A_1}\,\overline{A_0}D_0 + \overline{A_2}\,\overline{A_1}A_0D_1 + \overline{A_2}A_1\overline{A_0}D_2 + \overline{A_2}A_1A_0D_3 +$$
$$A_2\overline{A_1}\,\overline{A_0}D_4 + A_2\overline{A_1}A_0D_5 + A_2A_1\overline{A_0}D_6 + A_2A_1A_0D_7$$

可以看出，74LS151 的输出逻辑表达式实际上是一个包含 8 个"与"项的"与-或"表达式。

3．用数据选择器实现逻辑函数

当数据选择器处于工作状态即 $\overline{ST}=0$，且输入的全部数据为 1 时，Y 的逻辑表达式便是地址变量的全部最小项之和。而任何一个逻辑函数都可以写成最小项之和的形式，所以用数据选择器可很方便地实现逻辑函数，其方法为：若数据选择器的输出函数的逻辑表达式中包含逻辑函数中的最小项，则相应的输入数据取 1；若不包含逻辑函数中的最小项，则相应的输入数据取 0。当逻辑函数的变量个数与数据选择的地址输入变量的个数相同时，可直接用数据选择器来实现。

例7-7 试用 8 选 1 数据选择器实现逻辑函数 $Y = AB\overline{C} + A\overline{B}C + BC$。

例7-7精讲

解：（1）写出逻辑函数的标准"与-或"表达式。

$$Y = AB\overline{C} + A\overline{B}C + BC$$
$$= AB\overline{C} + A\overline{B}C + ABC + \overline{A}BC$$

令 $A = A_2$，$B = A_1$，$C = A_0$，则上式可写成

$$Y = A_2A_1\overline{A_0} + A_2\overline{A_1}A_0 + A_2A_1A_0 + \overline{A_2}A_1A_0$$

（2）写出 8 选 1 数据选择器的输出函数表达式 Y'。

$$Y' = \overline{A_2}\,\overline{A_1}\,\overline{A_0}D_0 + \overline{A_2}\,\overline{A_1}A_0D_1 + \overline{A_2}A_1\overline{A_0}D_2 + \overline{A_2}A_1A_0D_3 +$$
$$A_2\overline{A_1}\,\overline{A_0}D_4 + A_2\overline{A_1}A_0D_5 + A_2A_1\overline{A_0}D_6 + A_2A_1A_0D_7$$

（3）令 $Y' = Y$，比较变换后的两式中最小项的对应关系，可得

$$D_0 = D_1 = D_2 = D_4 = 0$$
$$D_3 = D_5 = D_6 = D_7 = 1$$

根据上述结论可画出连线图，如图 7-24 所示。输出 Y 即要实现的函数。

4．数据选择器的扩展

图 7-25 所示为用两片 74LS151 实现的 16 选 1 数据选择器。

当 $A_3 = 0$ 时，74LS151（Ⅰ）工作，根据地址控制信号 $A_3A_2A_1A_0$ 选择数据 $D_0 \sim D_7$ 输出，74LS151（Ⅱ）不工作。

当 $A_3 = 1$ 时，74LS151（Ⅱ）工作，根据地址控制信号 $A_3A_2A_1A_0$ 选择数据 $D_8 \sim D_{15}$ 输出，74LS151（Ⅰ）

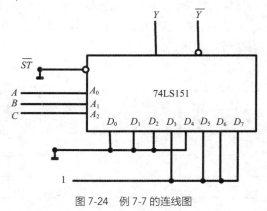

图 7-24　例 7-7 的连线图

不工作。

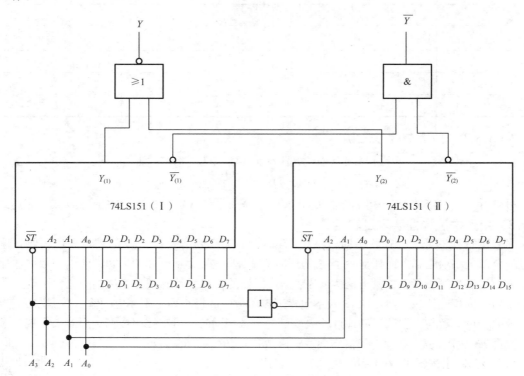

图 7-25　用两片 74LS151 实现的 16 选 1 数据选择器

7.6.2　数据分配器

数据分配器可以把公共数据按要求传输到不同的输出单元，有时也称为多路解调器。其电路采用单输入、多输出形式，功能如同多位开关一样，将输入数据传输到选择输入指定的通道上。图 7-26 所示是数据分配器的框图。图中虚线框内表示数据分配器，开关 S 受选择输入信号 A_2、A_1 控制，D 为被传输的数据，$Y_0 \sim Y_3$ 为数据输出端（称作数据通道）。

数据分配器的真值表如表 7-15 所示。根据真值表可以写出逻辑表达式。

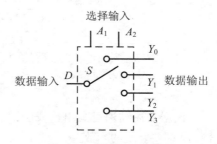

图 7-26　数据分配器的框图

表 7-15　数据分配器的真值表

输入			输出			
输入数据	A_2	A_1	Y_0	Y_1	Y_2	Y_3
D	0	0	D	1	1	1
D	0	1	1	D	1	1
D	1	0	1	1	D	1
D	1	1	1	1	1	D

$$Y_0 = D\overline{A_2}\,\overline{A_1}, \quad Y_1 = D\overline{A_2}A_1, \quad Y_2 = DA_2\overline{A_1}, \quad Y_3 = DA_2A_1$$

可见，输入数据 D 被送到了由 A_2、A_1 指定的输出通道上。

集成电路系列元器件中并没有专门的数据分配器。数据分配器可以用通用译码器来实现。比较数据分配器和 2 线 -4 线译码器的真值表，我们也可以看出，数据分配器实质上就是译码器。数据分配器实质上是地址译码器与数据 D 的组合，因此选择输入端有时也称地址选择输入端。

数据分配器的基本用途是有选择地把数据传输到多路输出中的一路。

数字电路系统中常用译码器来实现数据分配器。如 2 线 -4 线译码器，以使能端作为数据输入端，输入数据 D、A_1、A_0 作为分配地址端输入地址码，就构成了四输出数据分配器。当输入不同的地址码时，数据 D 就被分配到相应的输出端输出。

例如，当 $A_1A_0=10$ 时，$Y_2 = A_1\overline{A_0}D = D$，$Y_0 = Y_1 = Y_3 = 1$，可见信号 D 只被分配到 Y_2 输出，实现了数据分配器的功能。

数据分配器和数据选择器的不同之处说明如下。

（1）功能的不同

数据分配器和数据选择器在功能上是互逆的。数据选择器的功能是把多路数据信号中的任意一路挑选出来输出；数据分配器的功能是把一路信号按要求传输到不同的输出单元。

在多路数据通信中，用数据选择器把多路信号按时间顺序变成一路输出；用数据分配器把一路信号按时间顺序分解还原成多路信号。

（2）选通端的作用不同

在数据分配器中，数据从选通端输入；在数据选择器中，选通端用来控制电路的工作情况及扩展电路功能。

7.7 组合逻辑电路的竞争与冒险

7.7.1 竞争与冒险的概念及产生原因

实际的组合逻辑电路中，由于组成电路的逻辑门和导线的延迟时间影响，输入信号通过不同途径到达输出端的时间有先有后。因此，同一个门的一组输入信号，由于它们通过不同数目的门，经过不同长度的导线的传输，到达门输入端的时间会有先有后，这种现象称为竞争。竞争的结果是随机的，有时竞争不会影响电路的逻辑功能，有时竞争会导致电路发生逻辑错误，产生错误的输出结果。通常把不会使电路产生错误的逻辑输出的竞争称为非临界竞争，将产生错误的逻辑输出的竞争称为临界竞争。

逻辑门因输入端的竞争而导致输出产生不应有的尖峰脉冲（"毛刺"）的现象，称为冒险。组合逻辑电路的冒险是一种瞬态的现象，会暂时性地破坏电路的逻辑关系，当瞬态过程结束后，又能够恢复电路的逻辑关系。组合逻辑电路的冒险又分为静态冒险和动态冒险。如果在输入变化而输出不应发生变化的情况下产生了短暂的错误输出，称为静态冒险。如果在输入变化而输出应该发生变化的情况下产生了短暂的错误输出，称为动态冒险。

7.7.2 冒险现象判断方法

1．代数判别法

在函数表达式中，假如不同的"与"项彼此包含着互补变量，则在某种输入变量组合下，函数表达式可能形成互补"或"项，该函数表达式所对应的逻辑电路就有可能出现冒险。同样，对于函数表达式，假如不同的"或"项彼此包含着互补变量，则在某种输入变量组合下，函数表达式可能形成互补的"与"项，该函数表达式所对应的逻辑电路就有可能出现冒险。冒险是否会产生，还要结合电路的延迟，通过时序图仔细观察和分析。

代数判别法是根据函数表达式的结构来判别是否具有产生冒险的条件，若函数表达式中某个变量A同时以原变量和反变量形式存在，则将函数表达式中其他变量的各种取值依次代入，把它们从函数表达式中消去，仅保留被研究的变量A，看函数表达式是否能变换成$A+\overline{A}$或者$A \cdot \overline{A}$的形式，如果函数表达式出现以上形式，说明对应的逻辑电路可能产生冒险。

若函数表达式出现$F = A+\overline{A}$，则产生负的尖峰脉冲的冒险现象，称之为"0"型冒险；若函数表达式出现$F = A \cdot \overline{A}$，则产生正的尖峰脉冲的冒险现象，称之为"1"型冒险。

例7-8 ▶ 用代数判别法检查$Y = AB + \overline{A}C$的竞争冒险现象。

解： A同时以原变量和反变量形式出现在函数表达式中，是具有竞争条件的变量。则与该函数表达式对应的组合逻辑电路在A发生变化时，可能由于竞争而产生冒险。

将B和C的各种取值组合分别代入函数表达式中，则有：

① 当BC=00时，$Y = 0$。

② 当BC=01时，$Y = \overline{A}$。

③ 当BC=10时，$Y = A$。

④ 当BC=11时，$Y = A + \overline{A}$。

由此可见，当$B=C=1$时，$Y = A + \overline{A}$，存在"0"型冒险。

2．卡诺图判别法

组合逻辑电路是否存在冒险，以及哪些变量发生状态变化会产生冒险，都可以用卡诺图清楚地表示出来。

具体步骤是：将函数表达式用卡诺图表示，并画出与函数表达式中各"与"项对应的包围圈，如果发现两个包围圈"相切"，即两个包围圈之间存在被不同包围圈包含的相邻最小项，该逻辑电路就可能产生冒险。

函数$Y = AB + \overline{A}C$的卡诺图如图7-27所示，图中两个包围圈相切，当输入变量ABC由011变为111时，Y从一个包围圈进入另一个包围圈，若把圈外函数值视为0，则函数值可能按1-0-1变化，从而出现尖峰脉冲。

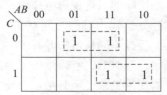

图7-27 函数$Y = AB + \overline{A}C$的卡诺图

7.7.3 消除冒险的方法

1．增加冗余项

一旦判别出所设计的组合逻辑电路存在冒险，就必须采取适当措施消除冒险。通常的办法是在逻辑函数最简"与-或"（"或-与"）表达式中增加冗余（乘积）项，该项应包含且只能包含彼此相邻但属于不同"与"（"或"）项的相邻最小项（最大项），使原函数不可能在某些条件下出现

$A+\overline{A}$ 或 $A\cdot\overline{A}$ 的形式，从而消除可能产生的冒险。

例 7-9 给定逻辑函数表达式 $F=AC+B\overline{C}$，利用增加冗余项的方法消除冒险。

解：当 $A=B=1$ 时

$$F=C+\overline{C}$$

因此增加冗余项 AB

$$F=AC+B\overline{C}+AB$$

当 $A=B=1$ 时，根据逻辑表达式有

$$F=C+\overline{C}+1$$

这样就消除冒险了。

2. 滤波法

如果组合逻辑电路在较慢速度下工作，为了消除冒险，可以在输出端并联一个电容器，使输出波形上升沿和下降沿变化比较缓慢，从而对很窄的负跳变脉冲起到平波的作用。图 7-28 为使用滤波法消除冒险的示意图。

3. 选通法

选通法就是在组合逻辑电路的输出门上加一个选通控制信号。由于冒险一般发生在输入信号发生变化的瞬间，若选通信号在这期间将输出门关闭，等输入信号稳定后再将输出门开启，就可以消除冒险。图 7-29 为使用选通法消除冒险的示意图。

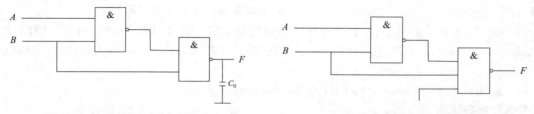

图 7-28　使用滤波法消除竞争冒险　　　　图 7-29　使用选通法消除冒险

在函数表达式中，加入冗余项并不影响原函数的逻辑功能，但所加的冗余项应尽可能简单。在设计组合逻辑电路过程中，不可能一开始就设计出没有竞争与冒险的最简电路。因此，设计组合逻辑电路的具体步骤是：在不考虑竞争与冒险条件下设计最简电路，然后判断该组合逻辑电路是否存在竞争与冒险，如果存在，则采用适当的方法消除竞争与冒险。

本章小结

1. 组合逻辑电路是由完成各种逻辑运算的逻辑门组成的，这类电路的特点是在任何时刻，输出信号仅取决于当时的输入信号，与原来电路所处的状态无关。

2. 分析组合逻辑电路时根据给定的电路，逐级写出逻辑函数表达式，然后进行函数化简得到最简表达式，确定其实现功能。设计组合逻辑电路时根据给定的逻辑功能，将其抽象成逻辑代数中变量和函数的关系，绘制出实现该功能的逻辑电路。

3. 加法器是算术运算电路的核心，加、减、乘、除四则运算在电路中经常被分解、转换成加法进行。半加器和全加器是构成多位加法器的基础。

4. 编码器的功能是将某一输入信息变换为某一特定的代码输出。译码器的功能与编码器的

恰恰相反，是将编码时赋予代码的含义翻译过来。

5．数据选择器又称多路开关，其逻辑功能是在地址信号的控制下，从多路数据中选择一路数据作为输出。数据分配器是将某一路数据分配到不同的数据通道上。

6．组合逻辑电路设计过程中会出现竞争现象，进而产生冒险，使电路工作可靠性下降。判断是否存在竞争与冒险可用代数判别法或卡诺图判别法，消除竞争与冒险可采用增加冗余项滤波法或选通法等。

习题

一、填空题

1．组合逻辑电路的逻辑特点是：任意时刻的（ ）状态仅取决于该时刻的（ ）状态，而与信号作用前电路的原状态无关。（**武汉大学考研试题**）

2．从电路结构上看，组合逻辑电路是由常用的门电路组合而成的，其中既无从输出到输入的（ ）连接，也不包含可以存储信号的（ ）元器件。（**武汉大学考研试题**）

3．有一8421码的奇偶判断电路，电路输入为A、B、C、D，其中A为高位，输出为F，要求输入为奇数时电路输出为1，输入为偶数时电路输出为0，则电路输出逻辑函数的最小项之和表达式为$F=\sum m(1,3,5,7,9)$，约束条件为（ ）。（**南京理工大学考研试题**）

4．欲实现6位码A、B、C、D、E、F的奇偶校验电路，要求当输入奇数个1时，输出$Y=1$，否则输出$Y=0$，则其逻辑表达式为$Y=$（ ）；若采用偶校验方式，信息码为1110101的偶校验位为（ ）。

5．输出低电平有效的二-十进制译码器的输入8421码为0101时，其输出$\overline{Y_0}\sim\overline{Y_9}=$（ ）。（**清华大学考研试题**）

6．n个输入端的二进制译码器共有（ ）个输出端，对于每一组输入代码，有（ ）个输出端具有有效电平。（**江苏大学考研试题**）

7．有一个4选1数据选择器，A、B为地址信号，$D_0=D_3=1$，$D_1=C$，$D_2=\overline{C}$，当$AB=10$时，输出$F=$（ ）。（**华中科技大学考研试题**）

8．计算机键盘上有101个键，若用二进制码进行编码，至少应有（ ）位二进制数。（**武汉大学考研试题**）

9．用两片3线-8线译码器74LS138构成4线-16线译码器，最少需要使用（ ）个外加逻辑门。（**北京邮电大学考研试题**）

10．如果组合逻辑电路在较慢速度下工作，为了消除竞争冒险，可以在输出端并联（ ）。（**华中科技大学考研试题**）

11．2线-4线译码器的输出中会出现"毛刺"，Y_0输出是在从（ ）变化到（ ）时发生的。（输入变化是00-01-10-11-00）（**北京邮电大学考研试题**）

12．或非门有两个输入信号：A由0变成1，同时B由1变成0。如果（ ）的变化领先，则将在输出产生冒险。

二、选择题

1．两个2位二进制数A和B进行数值比较，用来表示$A>B$的逻辑函数中包括的最小项个数

是（　　）。（**南京理工大学考研试题**）

　　A. 5　　　　　　　　B. 6　　　　　　　　C. 7　　　　　　　　D. 8

2. 组合逻辑电路是由（　　）构成的。（**西南交通大学考研试题**）

　　A. 触发器　　　　　　B. 门电路　　　　　　C. 计数器　　　　　　D. 寄存器

3. 在下列电路中，不是组合逻辑电路的是（　　）。（**西南交通大学考研试题**）

　　A. 编码器　　　　　　B. 全加器　　　　　　C. 比较器　　　　　　D. 寄存器

4. 在数字电路中为实现数据分配功能，常使用的中规模逻辑元器件为（　　）。（**南京理工大学考研试题**）

　　A. 带使能端的数据选择器　　　　　　　　　B. 二进制计数器

　　C. 数值比较器　　　　　　　　　　　　　　D. 带使能端的二进制译码器

5. 8 路数据分配器，其地址输入端有（　　）个。（**电子科技大学考研试题**）

　　A. 2　　　　　　　　B. 3　　　　　　　　C. 4　　　　　　　　D. 8

6.（　　）电路在任何时刻只能有一个输出端有效。（**电子科技大学考研试题**）

　　A. 二进制译码器　　　B. 二进制编码器　　　C. 七段显示译码器　　D. 十进制计数器

7. 要把 8421 码转换成余 3 码，最简单的方法是使用（　　）。（**西南交通大学考研试题**）

　　A. 8 线 -3 线编码器　　　　　　　　　　　B. 4 位二进制加法器

　　C. 4 位二进制数值比较器　　　　　　　　　D. 4 选 1 数据选择器

三、综合题

1. 有 3 台数控机床，每台功率为 5kW，分别由 2 台发电机供电，一台发电机功率为 5kW，另一台发电机功率为 10kW，3 台数控机床可以 2 台或 3 台同时工作，但至少有 1 台工作。按照节约用电的原则，试设计控制两台发电机工作的逻辑电路，要求用与非门实现。（**华中科技大学考研试题**）

2. 只用 1 片 4 选 1 数据选择器实现逻辑函数 $F = AB + CD + \overline{(B \oplus C)}$（不允许用逻辑门电路辅助，输入只提供原变量）。写出设计过程。（**电子科技大学考研试题**）

3. 试用 4 线 -16 线译码器及门电路设计一个水位报警电路。输入为水位高度，用 4 位二进制数 $ABCD$ 表示，单位为 m。当水位高度大于或等于 7m 时，白指示灯 W 点亮，否则，白指示灯熄灭；当水位高度大于或等于 9m 时，黄指示灯 Y 点亮，否则，黄指示灯熄灭；当水位高度大于或等于 11m 时，红指示灯 R 点亮，否则，红指示灯熄灭。另外，水位不可能上升至 14m。指示灯亮用 1 表示，指示灯灭用 0 表示。要求列出指示灯的真值表，写出设计过程，画出逻辑电路图。（**浙江大学考研试题**）

4. 某医院有 4 层病房，依次为重症病房层、重点病房层、普通病房层和康复病房层（病房的具体层数可自行设置，1 ～ 4 即可），药房有药品管道输送系统，可依次为不同楼层输送药品。重症病房层优先级最高，康复病房层优先级最低。要求：为药品管道输送系统设计一个优先请求电路，并实现 7 段数码管显示逻辑电路，显示该病房层数。（**南开大学考研试题**）

5. 请设计一个两位二进制全加器，分别满足以下要求：（1）用与非门实现，要求不能有反变量输入；（2）要求设计的全加器具有最小延时；（3）要求设计的全加器具有最少的门电路。（**复旦大学考研试题**）

6. 设计一个电路，它有 4 个输入 A、B、C、D，要求能判断哪个有输入。输入 A、B、C、D 的规则是：A 最先，B 次之，D 最后。即当 $ABCD$ 同时为 1 时，认为 A 有输入；若 $A=0$，$B=1$，$C=1$，$D=1$，则 B 有输入，其余类推。要求电路尽可能简单。（**东南大学考研试题**）

7. 有74LS138和与非门电路若干，要求产生多输出逻辑函数：$Y_1 = ACD$，$Y_2 = \overline{A}\,\overline{B}\,\overline{C} + BC\overline{D}$，$Y_3 = AB\overline{C} + AC\overline{D}$。要求：（1）写出分析过程；（2）画出逻辑电路图。（**重庆大学考研试题**）

8. 用与非门和反相器设计一个多功能组合逻辑电路，它有两个控制输入M_1、M_0和两个逻辑输入变量a、b，F为电路的输出。给定M_1、M_0的一组取值，可实现a、b的一种逻辑运算，如表7-16所示。（**哈尔滨工业大学考研试题**）

表 7-16　电路实现的逻辑功能

M_1	M_0	F
0	0	a
0	1	$a \oplus b$
1	0	ab
1	1	$a+b$

第**8**章

触发器

 本章学习目标

掌握RS触发器的电路结构、工作原理、逻辑功能。

掌握JK触发器、D触发器、T触发器的逻辑功能。

了解触发器的转换。

 本章讨论的问题

什么是触发器？

RS触发器、JK触发器、D触发器、T触发器都有哪些逻辑功能？

不同功能的触发器之间怎样进行转换？

要想做好一件事，不抓紧时间、不全身投入，是很难真正成功的。
——李三立（中国工程院院士、计算机专家）

　　李三立于1956年起从事计算机研究，曾负责研制中国电子管、晶体管、LSI和VLSI四代计算机。其中的724机是20世纪70年代我国各大学用于国家尖端科技开发的规模最大的计算机；用于加工重要部件的光栅数控计算机102机，使精密加工效率提高几十倍，并使我国在该领域进入当时国际先进行列。20世纪80年代以来，李三立在微机体系结构、局部网络、RISC和指令级并行处理研究领域做了很多工作。

　　李三立是我国最早参与发展计算机事业的先行者之一，他致力于为国家培养高水平科技人才，将个人理想融入国家发展大业，为建设科技强国做出了贡献。

8.1 基本 RS 触发器

第7章介绍了各种逻辑门以及它们组成的各种组合逻辑电路。这些电路有一个共同的特点，就是某一时刻的输出完全取决于当时的输入信号，没有记忆功能。在数字电路系统中，常常需要存储各种数字信号，为此，需要使用具有记忆功能的逻辑电路，这种逻辑电路称为时序逻辑电路。触发器具有记忆功能，是存储一位二进制码的常用单元电路，也是构成时序逻辑电路的基本单元电路，是构成时序逻辑电路的基础。

通常把具有两个不同稳定状态的二进制存储单元统称触发器，触发器的基本特点是具有两个稳定状态，即0和1。在一定外加信号的作用下，可以从一个稳定状态转变为另一个稳定状态，而输入信号或触发脉冲消失后，已转换的稳定状态可以长期保存下来，这就使触发器能够记忆二进制信息。

8.1.1 基本 RS 触发器的结构

基本RS触发器

基本RS触发器也称为RS锁存器，是各种触发器中最简单、最基本的组成部分。与非门组成的基本RS触发器的电路构成和逻辑符号如图8-1所示。

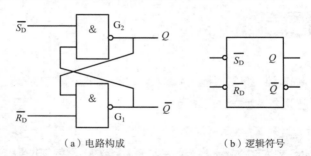

（a）电路构成　　　　　　（b）逻辑符号

图 8-1　与非门组成的基本 RS 触发器的电路构成和逻辑符号

图8-1（a）所示为两个与非门交叉耦合组成的基本RS触发器，它有两个输入端（又称为触发端）$\overline{R_D}$和$\overline{S_D}$，有两个输出端Q和$\overline{Q}$，Q端称为原码输出端，$\overline{Q}$端称为反码输出端。一般把原码输出端Q的状态定义为触发器的输出状态。

图8-1（b）所示为与非门组成的基本RS触发器的逻辑符号。输入端带小圆圈表示低电平触发，或称低电平有效，这与$\overline{S_D}$、$\overline{R_D}$符号上的"非"号意义相同。输出端不加小圆圈表示Q端，加小圆圈表示$\overline{Q}$端。

8.1.2 基本 RS 触发器的工作原理

根据触发器不同的输入，分4种情况分别讨论。与非门组成的基本RS触发器的真值表如表8-1所示。

（1）$\overline{R_D}$=0，$\overline{S_D}$=1

当$\overline{R_D}$=0，$\overline{S_D}$=1时，Q=0，$\overline{Q}$=1，此时触发器置0。

$\overline{R_D}$ = 0，使G_1的输出$\overline{Q}$=1，而G_2的输入端都是1，必然使G_2的输出被置为0状态，也就是

$Q=0$，此时触发器置0。

表8-1 与非门组成的基本RS触发器的真值表

$\overline{R_D}$	$\overline{S_D}$	Q	功能说明	$\overline{R_D}$	$\overline{S_D}$	Q	功能说明
0	0	×	不确定	1	0	1	置1
0	1	0	置0	1	1	Q^n	保持

（2）$\overline{R_D}=1$，$\overline{S_D}=0$

当$\overline{R_D}=1$，$\overline{S_D}=0$时，$Q=1$，$\overline{Q}=0$，此时触发器置1。

$\overline{S_D}=0$，使G_2的输出$Q=1$，而G_1的输入端是1，必然使G_1的输出被置为0状态，也即$\overline{Q}=0$，这时$Q=1$，此时触发器置1。

（3）$\overline{R_D}=\overline{S_D}=1$

当$\overline{R_D}=\overline{S_D}=1$时，触发器保持原来状态不变，触发器具有保持功能。

假设触发器原来处于$Q=0$、$\overline{Q}=1$的0状态，则$Q=0$反馈到G_1的输入端，G_1因输入有低电平，G_1输出被置成1即$\overline{Q}=1$；$\overline{Q}=1$又被反馈到G_2的输入端，G_2的输入端都是高电平，输出$Q=0$。即触发器输出保持不变。

如果触发器原来处于$Q=1$、$\overline{Q}=0$的1状态，同理可得，触发器保持1状态不变。即原来$Q=0$则维持0状态，原来$Q=1$则维持1状态。

（4）$\overline{R_D}=\overline{S_D}=0$

当$\overline{R_D}=\overline{S_D}=0$时，触发器输出状态不确定。

显然在此条件作用期间，$Q=1$，$\overline{Q}=1$，这既不是1状态，也不是0状态，破坏了Q和$\overline{Q}$的互补关系，即破坏了触发器的逻辑关系（称为不稳定状态）。在实际应用中，这种情况是不允许出现的。在外加信号消失后，输出是0状态还是1状态由G_1和G_2的延迟时间快慢来决定。为了保证触发器正常工作，要求$\overline{R_D}$和$\overline{S_D}$两个信号不能同时为0，即至少有一个为高电平，为此需要保证$\overline{R_D}+\overline{S_D}=1$。

由此可见，由两个与非门交叉耦合而成的基本RS触发器具有置0、置1及保持功能。

8.1.3 基本RS触发器功能的描述方法

描述触发器的逻辑功能有多种方法，通常采用状态转移表、特征方程、时序图、状态转换图等方法。

1. 状态转移表

为了表明在输入信号作用下，触发器的下一个稳定状态（次态）Q^{n+1}与触发器的原稳定状态（现态）Q^n及输入信号$\overline{R_D}$和$\overline{S_D}$之间的关系，可将上述对触发器分析的结论用表格的形式来描述，该表格实际上是输入信号（$\overline{R_D}$、$\overline{S_D}$）与触发器状态（Q^n、Q^{n+1}）之间关系的真值表，称为触发器的状态转移表（也称作特性表）。

与非门组成的基本RS触发器的状态转移表如表8-2所示。

当$\overline{R_D}=0$，$\overline{S_D}=1$时，触发器为0状态，所以把$\overline{R_D}$端称为置0端，或称复位端。当$\overline{S_D}=0$，$\overline{R_D}=1$时，触发器为1状态，所以把$\overline{S_D}$端称为置1端，或称置位端。触发器在外加信号的作用下，状态发生了转换，称为翻转，外加信号称为触发脉冲。触发脉冲可以是正脉冲（高电平），也可以是负脉冲（低电平）。S_D、R_D 上加有"非"号的，表示负脉冲触发，即低电平有效；不加"非"号的，表示正脉冲触发，即高电平有效。

表 8-2　与非门组成的基本 RS 触发器的状态转移表

$\overline{R_D}$	$\overline{S_D}$	Q^n	Q^{n+1}	功能说明	$\overline{R_D}$	$\overline{S_D}$	Q^n	Q^{n+1}	功能说明
0	0	0	×	不确定	1	0	0	1	置1
0	0	1	×		1	0	1	1	
0	1	0	0	置0	1	1	0	0	保持
0	1	1	0		1	1	1	1	

上述 RS 触发器的电路虽然简单，但是它是其他多功能触发器的基本组成部分，所以称为基本 RS 触发器。

2．特征方程

触发器的逻辑功能还可以用逻辑函数来描述。描述触发器逻辑功能的逻辑函数表达式称为特征方程或状态转移方程。基本 RS 触发器的特征方程为

$$\begin{cases} Q^{n+1} = \overline{S_D} + \overline{R_D}Q^n \\ \overline{S_D} + \overline{R_D} = 1 \end{cases} \tag{8-1}$$

其中，$\overline{S_D} + \overline{R_D} = 1$ 为约束条件。因为 $\overline{R_D}$ 和 $\overline{S_D}$ 同时为 0 又同时恢复为 1 时，触发器的状态是不确定的。为了获得确定的输出状态，输入信号 $\overline{R_D}$ 和 $\overline{S_D}$ 必须满足 $\overline{S_D} + \overline{R_D} = 1$，即 $\overline{R_D}$ 和 $\overline{S_D}$ 不能同时为 0。

3．时序图

一般先假设初始状态 Q 为 0，然后根据给定输入信号波形，画出相应输出端的波形、这样形成的图形称为时序图，也称作波形图。时序图以输出信号随时间变化的波形来描述触发器的功能，可以直观地显示触发器的工作情况。

与非门组成的基本 RS 触发器的时序图如图 8-2 所示，从图中可以看到加到 $\overline{R_D}$ 和 $\overline{S_D}$ 上的信号波形及对应 Q 和 $\overline{Q}$ 的波形。

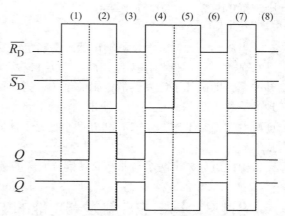

图 8-2　与非门组成的基本 RS 触发器的时序图

在输入信号开始作用的一段时间内，由于 $\overline{R_D} = 0$，$\overline{S_D} = 1$，所以触发器置 0。

为了便于说明，将之后的波形分成 8 段。

（1）$\overline{S_D} = \overline{R_D} = 1$，触发器保持原状态，即 $Q = 0$，$\overline{Q} = 1$。

（2）$\overline{S_D} = 0$，$\overline{R_D} = 1$，触发器置 1，即 $Q = 1$，$\overline{Q} = 0$。

（3）$\overline{S_D} = 1$，$\overline{R_D} = 0$，触发器置 0，即 $Q = 0$，$\overline{Q} = 1$。

（4）$\overline{S_D} = 0$，$\overline{R_D} = 1$，触发器置 1，即 $Q = 1$，$\overline{Q} = 0$。

（5）$\overline{S_D} = \overline{R_D} = 1$，触发器保持原状态，即 $Q = 1$，$\overline{Q} = 0$。

（6）$\overline{S_D} = 1$，$\overline{R_D} = 0$，触发器置 0，即 $Q = 0$，$\overline{Q} = 1$。

（7）$\overline{S_D} = 0$，$\overline{R_D} = 1$，触发器置 1，即 $Q = 1$，$\overline{Q} = 0$。

（8）$\overline{S_D} = 1$，$\overline{R_D} = 0$，触发器置 0，即 $Q = 0$，$\overline{Q} = 1$。

4．状态转换图

每个触发器只能寄存一位二进制码，所以其输出有 0 和 1 两种状态。状态转换图是以图形的方式来描述触发器状态转换规律的。与非门组成的基本 RS 触发器的状态转换图如图 8-3 所示。

图 8-3 中的两个大圆圈分别表示触发器的两种状态，箭头表示触发器状态转换的方向，箭头旁边的标注表示状态转换的输入条件，"×"表示任意值。

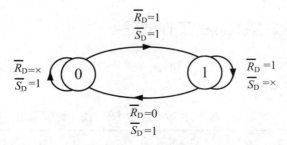

图 8-3　与非门组成的基本 RS 触发器的状态转换图

基本 RS 触发器的优点是电路简单，可以存储一位二进制码，是构成各种性能完善的触发器的基础；缺点是直接控制，即输入信号存在期间直接控制输出端的状态，使用的局限性很大，输入信号之间有约束。

8.2　同步 RS 触发器

在数字电路系统中，常常要求多个触发器在同一时刻动作，为此需要增加一个时钟脉冲（Clock Pulse，CP）使能端。只有在 CP 端出现时钟脉冲时，触发器的状态才能根据输入信号发生变化，在没有时钟脉冲输入时，触发器保持原状态不变。具有 CP 端的触发器称为时钟触发器，又称为同步触发器或钟控触发器。同步 RS 触发器是同步触发器的一种。

8.2.1　同步 RS 触发器的结构

同步 RS 触发器是在基本 RS 触发器的基础上增加两个由时钟脉冲控制的与非门形成的。同步 RS 触发器的电路构成和逻辑符号如图 8-4 所示。

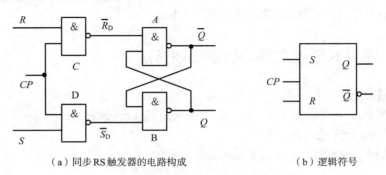

（a）同步 RS 触发器的电路构成　　　　　　　（b）逻辑符号

图 8-4　同步 RS 触发器的电路构成和逻辑符号

图 8-4（a）中，门 A 和 B 构成基本触发器，门 C 和 D 构成控制电路，CP 为时钟脉冲，R 为置

0 端，S 为置 1 端。

图 8-4（b）中，R、S、CP 输入靠近方框处均无小圆圈，表示高电平触发，或称高电平有效，R、S、CP 上也不加"非"号。

有的同步 RS 触发器还具有 $\overline{S_D}$ 和 $\overline{R_D}$ 端。$\overline{S_D}$、$\overline{R_D}$ 直接置 1 或置 0，不受 CP 的控制，故称为异步置 1、置 0，只要在 $\overline{S_D}$、$\overline{R_D}$ 端分别施加负脉冲（或置低电平），就可以将触发器直接置 1 或置 0。

8.2.2 同步 RS 触发器的工作原理

同步 RS 触发器的工作原理要根据不同的输入，分情况讨论。以与非门组成的同步 RS 触发器为例，其真值表如表 8-3 所示。

表 8-3 与非门组成的同步 RS 触发器的真值表

R	S	Q	功能说明	R	S	Q	功能说明
0	0	Q^n	保持	1	0	0	置0
0	1	1	置1	1	1	*	不确定

1. $CP=0$ 时

如图 8-4 所示，当 $CP=0$ 时，与非门 C、D 被封锁，此时不论输入端 R、S 的状态如何变化，门 C、D 的输出均为 1，所以由与非门 A、B 组成的基本 RS 触发器的状态保持不变，即同步 RS 触发器的状态不变。

2. $CP=1$ 时

如图 8-4 所示，当 $CP=1$ 时，与非门 C、D 被打开，于是触发器的状态随 R、S 端加入的触发信号不同而不同。

（1）当 $R=0$，$S=1$ 时，触发器为 1 状态。由于 $S=1$，当 $CP=1$ 时，D 门输出为 0；由于 $R=0$，当 $CP=1$ 时，C 门输出为 1。所以不管触发器原来状态如何，触发器置 1。

（2）当 $R=1$，$S=0$ 时，触发器为 0 状态。由于 $R=1$，当 $CP=1$ 时 C 门输出为 0；由于 $S=0$，当 $CP=1$ 时，D 门输出为 1。所以不管触发器原来状态如何，触发器置 0。

（3）当 $R=0$，$S=0$ 时，触发器保持原来状态。当 $S=0$，$R=0$ 时，不管 CP 为何值，C、D 门输出都为 1，所以触发器保持原来状态。

（4）当 $R=1$，$S=1$ 时，触发器状态不确定。由于 $S=1$，$R=1$，当 $CP=1$ 时，C 门输出为 0，D 门输出为 0，导致 $Q=\overline{Q}=1$，所以触发器既不是 0，又不是 1。

8.2.3 同步 RS 触发器功能的描述方法

1. 状态转移表

将 8.2.2 小节的分析列成表。$CP=1$ 时与非门组成的同步 RS 触发器的状态转移表如表 8-4 所示。

2. 特征方程（状态转移方程）

$CP=1$ 时与非门组成的同步 RS 触发器的特征方程如下。

$$\begin{cases} Q^{n+1} = S + \overline{R}Q^n \\ RS = 0 \end{cases} \tag{8-2}$$

其中，$RS=0$ 是约束条件。

表 8-4　$CP=1$ 时与非门组成的同步 RS 触发器的状态转移表

R	S	Q^n	Q^{n+1}	功能说明	R	S	Q^n	Q^{n+1}	功能说明
0	0	0	0	保持	1	0	0	0	置 0
0	0	1	1		1	0	1	0	
0	1	0	1	置 1	1	1	0	1	不确定
0	1	1	1		1	1	1	1	

3．时序图

与非门组成的同步 RS 触发器的时序图如图 8-5 所示，假定触发器的初始状态为 $Q=0$。图 8-5 表示加到由与非门组成的同步 RS 触发器的 R、S 以及 CP 上的信号波形以及对应的 Q 端和 $\overline{Q}$ 的波形。

在第一个时钟脉冲 CP_1 到来之前，即 $CP=0$ 时，尽管 $R=0$，$S=1$，但触发器仍保持初始状态，即 0 状态。$CP_1=1$ 时，$R=0$，$S=1$，触发器置 1；$CP_1=0$ 时，无论 R、S 如何变化，触发器保持 1 状态不变。当第二个时钟脉冲 CP_2 到来，即 $CP_2=1$ 时，$R=1$，$S=0$，触发器置 0；$CP_2=0$ 时，触发器保持 0 状态。当第三个时钟脉冲 CP_3 到来，即 $CP_3=1$ 时，$R=0$，$S=0$，触发器保持 0 状态；$CP_3=0$ 时，触发器保持 0 状态。

4．状态转换图

同步 RS 触发器的状态转换图如图 8-6 所示。

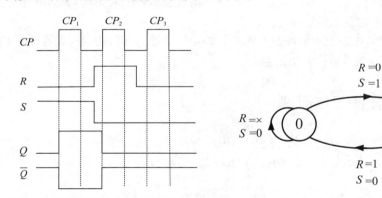

图 8-5　与非门组成的同步 RS 触发器的时序图　　　　图 8-6　同步 RS 触发器的状态转换图

同步 RS 触发器的基本优点是选通控制，时钟脉冲到来即 $CP=1$ 时，触发器接收输入信号，$CP=0$ 时，触发器不受输入信号的影响，触发器保持原来状态。但同步 RS 触发器也存在缺点，$CP=1$ 期间，输入信号仍然直接控制着触发器输出端的状态，R、S 之间仍有约束条件。同步 RS 触发器在 $CP=1$ 期间都能接收输入信号，如果在 $CP=1$ 期间，输入信号多次发生变化，触发器也会相应地发生多次翻转。通常将一个时钟脉冲作用后出现两次或两次以上翻转的现象称为空翻。触发器的空翻现象对于某些应用场合是不允许的。

8.3　JK 触发器

触发器电平触发方式可能存在空翻现象，这在某些应用场合是不允许的。如果能想办法在

CP=1期间使输入信号对触发器的状态不产生影响，那么这个问题就解决了。基于这种设想得到了边沿触发器。

8.3.1　JK 触发器的结构

JK触发器是一种边沿触发器，它的特点是：只有当CP处于某个边沿（上升沿或下降沿）的瞬间，触发器的状态才取决于此时刻的输入信号的状态，而其他时刻触发器均保持原状态。这就避免了其他时刻干扰信号对触发器的影响，因此触发器的抗干扰能力强。JK触发器的逻辑符号如图8-7所示。

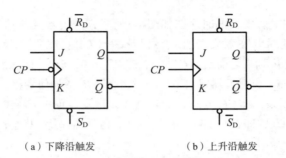

（a）下降沿触发　　　　（b）上升沿触发

图 8-7　JK 触发器的逻辑符号

图8-7（a）所示逻辑符号中的小圆圈和折线表示触发器改变状态的时刻在CP的下降沿（由1变0），称"下降沿触发"或"负边沿触发"。

图8-7（b）所示逻辑符号中没有小圆圈只有折线，表示触发器改变状态的时刻在CP的上升沿（由0变1），称"上升沿触发"或"正边沿触发"。

8.3.2　JK 触发器的工作原理

JK触发器是功能全面的触发器，也是生活中常用的触发器，具有保持、置1、置0和翻转（计数）功能。JK触发器的真值表如表8-5所示。

表 8-5　JK 触发器的真值表

J	K	Q^{n+1}	功能说明	J	K	Q^{n+1}	功能说明
0	0	Q	保持	1	0	1	置1
0	1	0	置0	1	1	$\bar{Q}$	翻转

JK触发器的J端为置1端，高电平有效；K端为置0端，高电平有效。

（1）当J=0，K=0时，J、K均无效，触发器保持原来的状态，即$Q^{n+1}=Q$，为保持状态。

（2）当J=0，K=1时，J无效，K有效，无论触发器原来的状态是1还是0，触发器都被置0。

（3）当J=1，K=0时，K无效，J有效，无论触发器原来的状态是1还是0，触发器都被置1。

（4）当J=1，K=1时，J、K均有效，每有一个脉冲，触发器的状态都要改变一次，称为翻转状态。

8.3.3　JK 触发器功能的描述方法

1．状态转移表
JK 触发器的状态转移表如表 8-6 所示。

表 8-6　JK 触发器的状态转移表

J	K	Q^n	Q^{n+1}	功能说明	J	K	Q^n	Q^{n+1}	功能说明
0	0	0	0	保持	1	0	0	1	置1
0	0	1	1		1	0	1	1	
0	1	0	0	置0	1	1	0	1	翻转
0	1	1	0		1	1	1	0	

2．特征方程（状态转移方程）
JK 触发器的特征方程为

$$Q^{n+1} = J\overline{Q^n} + \overline{K}\,Q^n \qquad (8\text{-}3)$$

3．时序图
JK 触发器的时序图如图 8-8 所示，假定触发器的初始状态为 $Q=0$。从图中可以看到加到 JK 触发器（下降沿触发）J、K 以及 CP 上的信号波形以及对应的输出端 Q 的波形。

说明如下。

① CP_1 下降沿到来时，$J=1$，$K=0$，触发器置1，即 $Q=1$。

② CP_2 下降沿到来时，$J=0$，$K=0$，触发器保持原来状态，即 $Q=1$。

③ CP_3 下降沿到来时，$J=0$，$K=1$，触发器置0，即 $Q=0$。

④ CP_4 下降沿到来时，$J=1$，$K=1$，触发器翻转，即 $Q=1$。

⑤ CP_5 下降沿到来时，$J=1$，$K=1$，触发器翻转，即 $Q=0$。

⑥ CP_6 下降沿到来时，$J=0$，$K=0$，触发器保持原来状态，即 $Q=0$。

4．状态转换图
JK 触发器的状态转换图如图 8-9 所示。

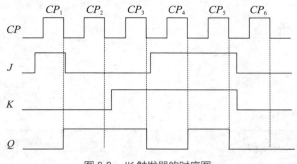

图 8-8　JK 触发器的时序图

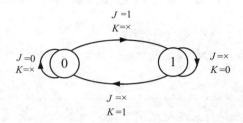

图 8-9　JK 触发器的状态转换图

8.4　D 触发器

D 触发器的应用很广泛，可用于数字信号的寄存、移位寄存、分频、波形发生等。D 触发器有很多型号可供选择。

8.4.1 D 触发器的结构

D 触发器是一种单输入的触发器，又称为数据触发器。它是将数据存入和取出的基本单元电路，所以也称为 D 锁存器。D 触发器的逻辑符号如图 8-10 所示。

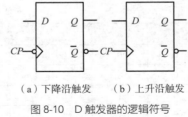

（a）下降沿触发　（b）上升沿触发

图 8-10　D 触发器的逻辑符号

图 8-10（a）所示逻辑符号中的小圆圈和折线表示触发器改变状态的时间在 CP 的下降沿（由 1 变 0），称"下降沿触发"或"负边沿触发"。

图 8-10（b）所示逻辑符号中没有小圆圈而只有折线，表示触发器改变状态的时间在 CP 的上升沿（由 0 变 1），称"上升沿触发"或"正边沿触发"。

8.4.2 D 触发器的工作原理

D 触发器的真值表如表 8-7 所示。

表 8-7　D 触发器的真值表

D	Q^{n+1}	功能说明
0	0	置0
1	1	置1

D 触发器具有置 0 和置 1 逻辑功能。$D=0$ 时，当 CP 到来后，触发器置 0，即 $Q^{n+1}=0$；$D=1$ 时，当 CP 到来后，触发器置 1，即 $Q^{n+1}=1$。

综上所述，在 CP 到来后，D 触发器的状态与其输入端的状态相同。而且其输出状态的翻转发生在 CP 的上升沿，故又称为上升沿触发的边沿触发器。D 触发器的状态只取决于 CP 到来前 D 端的状态。

8.4.3 D 触发器功能的描述方法

1．状态转移表

D 触发器的状态转移表如表 8-8 所示。

表 8-8　D 触发器的状态转移表

D	Q^{n}	Q^{n+1}	功能说明	D	Q^{n}	Q^{n+1}	功能说明
0	0	0	置0	1	0	1	置1
0	1	0		1	1	1	

2．特征方程（状态转移方程）

D 触发器的特征方程为

$$Q^{n+1} = D^{n}$$

（8-4）

3．时序图

D 触发器的时序图如图 8-11 所示，假定触发器的初始状态为 $Q=0$。从图中可以看到加到 D 触发器（下降沿触发）D 以及 CP 上的信号波形以及对应的 Q 端的波形。

对于下降沿触发的 D 触发器，其次态只取决于 CP 下降沿到达时 D 的状态，而与该时刻前、后 D 的状态无关。

4．状态转换图

D 触发器的状态转换图如图 8-12 所示。

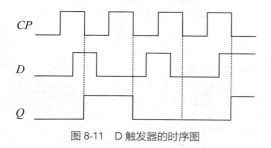

图 8-11　D 触发器的时序图

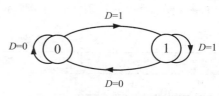

图 8-12　D 触发器的状态转换图

8.5　T 触发器和 T′ 触发器

8.5.1　T 触发器和 T′ 触发器的结构

T 触发器是一种可控制的计数触发器，当输入信号（控制信号）$T=1$ 时，每出现一个时钟脉冲，触发器的状态就翻转一次，即工作在计数状态；而当输入信号（控制信号）$T=0$ 时，时钟脉冲到达时，触发器的状态保持不变。T 触发器的逻辑符号如图 8-13 所示。

图 8-13（a）所示逻辑符号中的小圆圈和折线表示触发器改变状态的时间在 CP 的下降沿（由 1 变 0），称"下降沿触发"或"负边沿触发"。

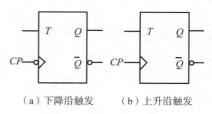

（a）下降沿触发　　（b）上升沿触发

图 8-13　T 触发器的逻辑符号

图 8-13（b）所示逻辑符号中没有小圆圈而只有折线，表示触发器改变状态的时间在 CP 的上升沿（由 0 变 1），称"上升沿触发"或"正边沿触发"。

T′ 触发器是指每出现一个时钟脉冲，触发器的状态就翻转一次，即 T′ 触发器是只具有翻转功能的 T 触发器。将 T 触发器的输入信号（控制信号）T 始终置为 1 即可得到 T′ 触发器。

8.5.2　T 触发器的工作原理

T 触发器的真值表如表 8-9 所示。

由表 8-9 可以看出，T 触发器具有保持、翻转两种功能，受 T 端输入信号控制，$T=0$，触发器状态不变；$T=1$，触发器状态翻转。

表 8-9　T 触发器的真值表

T	Q^{n+1}	功能说明
0	Q	保持
1	$\overline{Q}$	翻转

8.5.3　T 触发器功能的描述方法

1．状态转移表

T 触发器的状态转移表如表 8-10 所示。

表 8-10　T 触发器的状态转移表

T	Q^n	Q^{n+1}	功能说明	T	Q^n	Q^{n+1}	功能说明
0	0	0	保持	1	0	1	翻转
0	1	1		1	1	0	

2．特征方程（状态转移方程）

T 触发器的特征方程为

$$Q^{n+1} = T\overline{Q}^n + \overline{T}Q^n = T \oplus Q^n \tag{8-5}$$

3．时序图

T 触发器的时序图如图 8-14 所示，假定触发器的初始状态为 $Q=0$。从图中可以看到加到 T 触发器（下降沿触发）输入端 T 以及 CP 上的信号波形以及对应的输出端 Q 的波形。

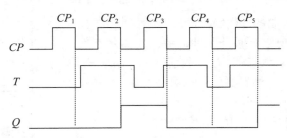

图 8-14　T 触发器的时序图

由于 T 触发器是下降沿触发的，所以触发器的次态只取决于 CP 下降沿到达时 T 的状态，而与该时刻前、后 T 端的状态无关。

① CP_1 下降沿到来时，$T=0$，触发器保持原来状态，即 $Q=0$。

② CP_2 下降沿到来时，$T=1$，触发器翻转，即 $Q=1$。

③ CP_3 下降沿到来时，$T=1$，触发器翻转，即 $Q=0$。

④ CP_4 下降沿到来时，$T=0$，触发器保持原来状态，即 $Q=0$。

⑤ CP_5 下降沿到来时，$T=1$，触发器翻转，即 $Q=1$。

令 $T=1$，则可得到 T′ 触发器的特征方程为

$$Q^{n+1} = \overline{Q^n} \tag{8-6}$$

4．状态转换图

T 触发器的状态转换图如图 8-15 所示。

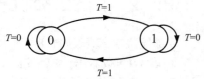

图 8-15　T 触发器的状态转换图

8.6 触发器的转换

触发器按照逻辑功能不同可分为 RS 触发器、JK 触发器、D 触发器、T 触发器和 T' 触发器五大类，它们有着各自的特征方程。但在实际应用中，T 触发器和 T' 触发器没有现成的集成电路产品，一般用 JK 触发器或 D 触发器构成，因此，这就要求我们必须掌握不同触发器之间的转换方法。

转换触发器时一般先比较已有触发器和待求触发器的特征方程，然后利用逻辑代数的公式和定理实现两个特征方程之间的变换，进而画出转换后的触发器。

8.6.1　JK 触发器转换成 D 触发器、T 触发器和 T' 触发器

1．JK 触发器转换成 D 触发器

JK 触发器的特征方程为

$$Q^{n+1} = J\overline{Q^n} + \overline{K}\,Q^n$$

D 触发器的特征方程为

$$Q^{n+1} = D^n$$

比较 JK 触发器的特征方程，变换得

$$Q^{n+1} = D\overline{Q^n} + DQ^n \tag{8-7}$$

比较公式，只要 $J=D$，$K=\overline{D}$，就可以把 JK 触发器转换成 D 触发器。由 JK 触发器转换成的 D 触发器及其逻辑符号如图 8-16 所示，转换后 D 触发器的触发 CP 与转换前 JK 触发器的触发 CP 相同。

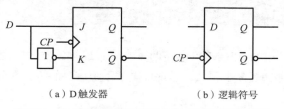

（a）D 触发器　　　　　　（b）逻辑符号

图 8-16　由 JK 触发器转化成的 D 触发器及其逻辑符号

2．JK 触发器转换成 T 触发器和 T' 触发器

T 触发器的特征方程为

$$Q^{n+1} = T\overline{Q^n} + \overline{T}Q^n = T \oplus Q^n$$

比较公式，只要 $J=K=T$，就可以把 JK 触发器转换成 T 触发器。图 8-17（a）所示是转换后的 T 触发器。

将 JK 触发器的 J 和 K 相连作为 T' 触发器的输入端并接高电平，就构成了 T' 触发器。图 8-17（b）所示是转换后的 T' 触发器。显然，T' 触发器只有翻转功能。

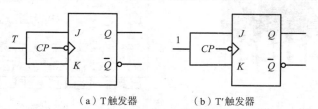

（a）T 触发器　　　　　　（b）T' 触发器

图 8-17　由 JK 触发器转换成的 T 触发器和 T' 触发器

8.6.2　D触发器转换成JK触发器、T触发器和T′触发器

由于D触发器只有一个信号输入端，且$Q^{n+1} = D$，因此只要将其他类型的触发器的输入信号经过转换后变为D信号，即可实现转换。

1．D触发器转换成JK触发器

令$D = J\bar{Q}^n + \bar{K}Q^n$，就可以将D触发器转换成JK触发器，如图8-18（a）所示。

2．D触发器转换成T触发器

令$D = T\bar{Q}^n + \bar{T}Q^n$，就可以将D触发器转换成T触发器，如图8-18（b）所示。

3．D触发器转换成T′触发器

令$D = T\bar{Q}^n + \bar{T}Q^n = 1$，就可以将D触发器转换成T′触发器，如图8-18（c）所示。

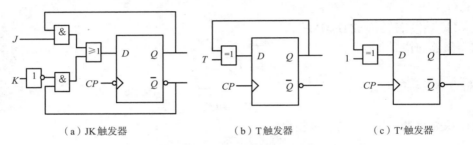

（a）JK触发器　　　　　　　（b）T触发器　　　　　　　（c）T′触发器

图8-18　由D触发器转换成的JK触发器、T触发器和T′触发器

8.7　集成触发器

集成触发器主要分为TTL和CMOS电路两大类，集成触发器的应用非常广泛，应用于数字滤波、误差校正、数据存储等多个领域，是现代电子系统重要的组成部分。

8.7.1　常用集成触发器

1．边沿JK触发器74LS112

边沿JK触发器74LS112是带置数和清零端的下降沿触发的触发器。其外观和引脚排列如图8-19所示。

（a）外观

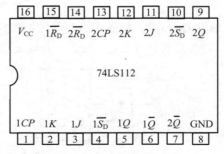

（b）引脚排列

图8-19　74LS112的外观和引脚排列

其中，J、K是数据输入端，是触发器状态翻转的依据，两个或两个以上的J、K数据输入端，组成"与"的关系。Q与$\bar{Q}$为互补输出端。通常把$Q=0$、$\bar{Q}=1$的状态定义为触发器的0状态；把$Q=1$、$\bar{Q}=0$的状态定义为触发器的1状态。

74LS112的真值表如表8-11所示。

表8-11 74LS112的真值表

输入					输出	功能说明
CP	$\bar{R}_D$	$\bar{S}_D$	J	K	Q^{n+1}	
×	0	1	×	×	0	直接置0
×	1	0	×	×	1	直接置1
×	0	0	×	×	×	不允许
↓	1	1	0	0	Q^n	保持
↓	1	1	0	1	0	置0
↓	1	1	1	0	1	置1
↓	1	1	1	1	$\bar{Q}_n$	翻转

2. 双上升沿D触发器74LS74

常用的集成边沿D触发器有CMOS系列的双上升沿D触发器CC4013，以及TTL系列的双上升沿D触发器74LS74、四上升沿D触发器74LS175等。其中74LS74采用双列直插式封装，是带置数和清零端的上升沿触发的触发器。74LS74的外观和引脚排列如图8-20所示。

（a）外观　　　　　　　　　（b）引脚排列

图8-20 74LS74的外观和引脚排列

74LS74的真值表如表8-12所示。

表8-12 74LS74的真值表

输　入				输出	功能说明
CP	$\bar{R}_D$	$\bar{S}_D$	D	Q^{n+1}	
×	0	1	×	0	直接置0
×	1	0	×	1	直接置1
×	0	0	×	×	不允许
↑	1	1	0	0	置0
↑	1	1	1	1	置1

8.7.2 集成触发器应用举例

抢答器可用于各类知识智力竞赛、文娱综艺节目。抢答器除了可以把各抢答组号、违例组号、抢答规定时限、答题时间倒计时/正计时等显示在仪器面板上外，还可外接大屏幕显示给观众，活跃节目气氛，便于监督。有些抢答器的功能还被用在计算机游戏的抢占上，谁快谁就有奖励；有些小型抢答器可用来训练儿童的反应能力。下面介绍的是一种简单的四路抢答电路。

1．四路智力竞赛抢答器的电路机构

四路智力竞赛抢答器电路结构如图8-21所示。该电路能够判断出谁是最先抢答者，并在对应的数码管上显示"1"。当有选手抢答成功时，即使其他选手再按下抢答器，抢答器也不会有反应。而且该电路有裁判控制系统，可以恢复初始状态，准备下一次抢答。

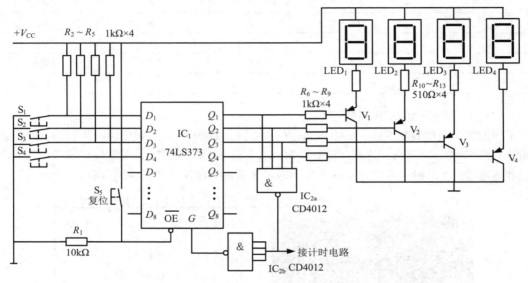

图 8-21　四路智力竞赛抢答器电路结构

2．四路智力竞赛抢答器电路的元器件

（1）集成D触发器74LS373

74LS373是一款集成D触发器，三态同相，其中8个D触发器彼此独立，$\overline{OE}$为选通端（输出控制），低电平有效；G为使能端（输出允许），G为高电平时，D信号传送到Q端，G为低电平时，电路保持原状态不变，禁止数据传输。74LS373的外观和引脚排列如图8-22所示。

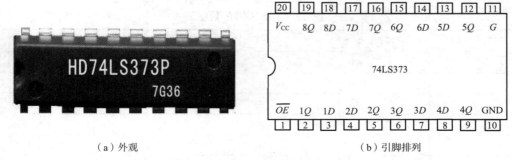

（a）外观　　　　　　　　　（b）引脚排列

图 8-22　74LS373的外观和引脚排列

74LS373 的真值表如表 8-13 所示。"L"表示低电平,"H"表示高电平。

表 8-13　74LS373 的真值表

$\overline{OE}$（输出控制）	G（输出允许）	D	Q（输出）
L	H	H	H
L	H	L	L
L	L	×	Q^n
H	×	×	Z（高阻态）

（2）双四输入与非门 CD4012

双四输入与非门 CD4012 具有两个相互独立的四输入与非门。CD4012 的引脚排列和逻辑符号如图 8-23 所示,其逻辑功能就是"有 0 出 1,全 1 出 0"。

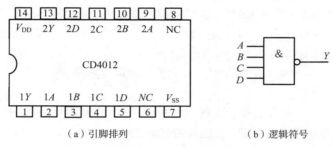

（a）引脚排列　　　　　　　（b）逻辑符号

图 8-23　CD4012 的引脚排列和逻辑符号

（3）其他元器件

抢答器电路元器件参数及功能如表 8-14 所示。

表 8-14　抢答器电路元器件参数及功能

序号	元器件代号	名称	型号或参数	功能
1	IC_1	集成 D 触发器	74LS373	锁存抢答信号
2	IC_2	双四输入与非门	CD4012	反馈抢答信号
3	R_1	碳膜电阻器	10kΩ	限流保护,避免电源短路
4	$R_2 \sim R_5$	碳膜电阻器	1kΩ	限流保护,避免电源短路
5	$R_6 \sim R_9$	碳膜电阻器	1kΩ	限流保护晶体管
6	$R_{10} \sim R_{13}$	碳膜电阻器	510Ω	限流保护数码管
7	S_5	按钮开关	—	主持人复位开关
8	$S_1 \sim S_4$	按钮开关	—	抢答开关
9	$LED_1 \sim LED_4$	数码管	ULS-5101AS	显示抢答者号码
10	$V_1 \sim V_4$	晶体管	9012	驱动数码管

3．四路智力竞赛抢答器电路逻辑功能分析

当 74LS373 的 $D_1 \sim D_4$ 为高电平,$Q_1 \sim Q_4$ 也为高电平时,各数码管不亮。当某选手按下按钮（例如按下 S_1 时,$D_1 = 0$,$Q_1 = 0$,晶体管 V_1 导通,数码管 LED_1 显示"1",表示第一路抢答成

功。同时，当$Q_1 = 0$时，与非门IC_{2a}的输出为1，IC_{2b}的输入均为1，故输出低电平到74LS373的G端，使电路进入保持状态，其他各路的抢答不再生效。

因此，该电路不会出现两人同时获得抢答优先权的情况。当裁判确认抢答者后，按下复位按钮（S_5），IC_{2b}输出高电平，因为$S_1 \sim S_4$未被按下，所以$D_1 \sim D_4$均为高电平，$Q_1 \sim Q_4$也都为高电平，电路恢复初始状态，数码管熄灭，准备下一次抢答。此外，IC_{2a}的输出端还可接计时电路。

本章小结

1．基本RS触发器是由两个与非门交叉耦合组成的，它有两个输入端（又称为触发端）$\bar{R}_D$和$\bar{S}_D$，有两个输出端Q和$\bar{Q}$，Q端称为原码输出端，$\bar{Q}$称为反码输出端。一般把原码输出端Q的状态定义为触发器的输出状态。

2．同步RS触发器是在基本RS触发器的基础上增加两个由时钟脉冲控制的与非门形成的。

3．JK触发器是一种边沿触发器，它的特点是：只有当CP处于某个边沿（上升沿或下降沿）的瞬间，触发器的状态才取决于此时刻的输入信号的状态，而其他时刻触发器均保持原状态。

4．D触发器是一种单输入的触发器，又称为数据触发器。它是将数据存入和取出的基本单元电路，也称为D锁存器。

5．T触发器是一种受控计数型触发器，当输入信号（控制信号）$T=1$时，每出现一个时钟脉冲，触发器的状态就翻转一次，即工作在计数状态；而当输入信号（控制信号）$T=0$时，时钟脉冲到达时，触发器的状态保持不变。T′触发器是指每出现一个时钟脉冲CP，触发器的状态就翻转一次，即只具有翻转功能的T触发器。

6．不同功能的触发器的转换方法是：分别将转换前触发器的特征方程和转换后触发器的特征方程进行适当变换，对变换后的两个方程进行比较，写出用转换后触发器的输入信号表示的转换前触发器的输入激励方程（第9章详细说明）。由该激励方程画出电路图。

习题

一、填空题

1．在一个时钟脉冲作用下，引起触发器两次或多次翻转的现象称为触发器的（　　　）。触发器方式为（　　　）式或（　　　）式的触发器不会出现这种情况。（**浙江理工大学考研试题**）

2．JK触发器在时钟脉冲作用下的次态与现态相反，J、K端取值应为（　　　）。（**东北大学考研试题**）

3．由与非门构成的基本RS触发器的约束条件是（　　　）。（**清华大学考研试题**）

4．一个触发器可记录一位二进制代码，它有（　　　）个稳态。

5．对于T触发器，若现态为0，欲使次态为1，输入$T=$（　　　）。（**武汉大学考研试题**）

6．JK触发器的逻辑功能比较强，包含RS触发器和T触发器的功能，作为RS触发器时连接方式为（　　　），作为T触发器时连接方式为（　　　）。（**中国科学院电子学研究所考研试题**）

7．n个D触发器可以产生最大长度为（　　　）。（**电子科技大学考研试题**）

8. 对于 D 触发器，当 D 端接（   ）时，在时钟脉冲作用下，触发器处于翻转状态。

二、选择题

1. 下列触发器中，没有约束条件的是（   ）。（电子科技大学考研试题）

A. 基本 RS 触发器   B. 同步 RS 触发器

C. 钟控 JK 触发器（D 触发器）   D. 边沿 RS 触发器（T 触发器）

2. 触发器是一种（   ）电路。（电子科技大学考研试题）

A. 单稳态   B. 双稳态   C. 无稳态   D. 以上答案均不对

3. 用或非门组成的基本 RS 触发器的所谓"状态不确定"是发生在 R 端和同时加入信号（   ）。（电子科技大学考研试题）

A. $R=0$，$S=0$ B. $R=0$，$S=1$ C. $R=1$，$S=0$ D. $R=1$，$S=1$

4. 对于 JK 触发器，若 J=K，则可完成（   ）的逻辑功能。

A. T 触发器   B. D 触发器   C. RS 触发器   D. 同步 RS 触发器

5. 触发器符号中 CP 输入端的小圆圈和折线表示（   ）。

A. 高电平有效   B. 低电平有效   C. 上升沿触发   D. 下降沿触发

第9章

时序逻辑电路

本章学习目标

掌握同步时序逻辑电路的分析方法和步骤。

掌握同步时序逻辑电路的设计方法和步骤。

掌握异步时序逻辑电路的分析方法和步骤。

掌握异步时序逻辑电路的设计方法和步骤。

本章讨论的问题

同步时序逻辑电路与异步时序逻辑电路的区别是什么？

同步时序逻辑电路的记忆功能靠什么实现？

异步时序逻辑电路的记忆功能靠什么实现？

计数器和寄存器的基本原理是什么？

只有自力更生、自主创新才是强国之本。——沈绪榜（中国科学院院士、计算机专家、国产CPU之父）

沈绪榜早期设计基于中小规模集成电路的两种箭载数字计算机，提出多重积分误差校正新方法、箭载计算机新体系结构与箭载系统测试新方案。1977年他研制基于大规模集成电路的16位嵌入式微计算机，推动NMOS技术的发展；20世纪80年代初他研制4种数字信号处理芯片；1995年他研制定点32位RISC微处理器。他还研究MPP（大规模并行处理）嵌入式计算机与系统测试新方法，并研制3.2亿次MPP微处理器芯片与浮点32位RISC微处理器芯片及其计算机等。

沈绪榜是我国芯片计算机的开拓者和倡导者，为我国计算机事业的发展做出了卓越的贡献。

9.1 时序逻辑电路概述

数字逻辑电路按照工作特点可以分成两大类：组合逻辑电路和时序逻辑电路。从功能角度看，组合逻辑电路在任何时刻所产生的输出都取决于当前时刻的输入信号；时序逻辑电路输出不仅取决于当前时刻的输入信号，而且与先前的输出状态有关。从结构角度看，组合逻辑电路由若干逻辑门电路组成，没有存储电路，不具备记忆功能；时序逻辑电路不仅包含组合逻辑电路，还包含存储电路，具有记忆功能。

9.1.1 时序逻辑电路的结构及特点

由于时序逻辑电路的输出不仅取决于当时的输入，还与电路先前的状态有关，因此电路必须具有记忆功能。一般来说，时序逻辑电路由组合逻辑电路和存储电路两部分组成，并形成反馈回路。由触发器作存储电路的时序逻辑电路的基本结构如图9-1所示。

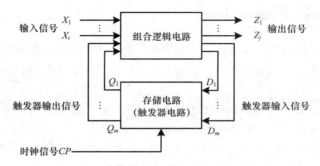

图 9-1 时序逻辑电路的基本结构

组合逻辑电路的输出包括外部输出和内部输出，外部输出$Z_1,\cdots,Z_j$是整个时序逻辑电路的输出，内部输出$D_1,\cdots,D_m$则作为存储电路（触发器）的输入。组合逻辑电路的输入也包括外部输入和内部输入，外部输入$X_1,\cdots,X_i$是整个时序逻辑电路的输入，内部输入$Q_1,\cdots,Q_m$则作为存储电路的输出。

组合逻辑电路经内部输出到存储电路，再从存储电路经内部输入回到组合逻辑电路，从而形成反馈回路。时序逻辑电路的状态$Q_1,\cdots,Q_m$是存储电路对先前输入信号记忆的结果，它随着外部信号的变化而变化。

时序逻辑电路的外部输出Z和内部输出D称为外部输入X和内部输入Q的函数。通常可以写成如下表达式。

$$Z_n = f_n(X_1,\cdots,X_i,Q_1,\cdots,Q_m),\ n=1,\cdots,j \tag{9-1}$$
$$D_r = g_r(X_1,\cdots,X_i,Q_1,\cdots,Q_m),\ r=1,\cdots,m \tag{9-2}$$

将式（9-1）称为输出函数，将式（9-2）称为激励函数（控制函数）。

根据输出函数可知，输出Z_n不仅与时序逻辑电路的输入$X_1,\cdots,X_i$有关，还与存储电路的输出$Q_1,\cdots,Q_m$有关。将上述函数所描述的时序逻辑电路模型称为Mealy（米利）型电路。

当时序电路的输出Z_n只与存储电路的输出$Q_1,\cdots,Q_m$有关，而与时序电路的输入$X_1,\cdots,X_i$无关，即输出函数不包含输入变量时，输出函数可改写为如下表达式。

$$Z_n = f_n(Q_1, \cdots, Q_m), \quad n = 1, \cdots, j \tag{9-3}$$

将上述与输入无关的时序逻辑电路模型称为Moore（摩尔）型电路。Moore型电路的激励函数与Mealy型电路的相同。

9.1.2 时序逻辑电路的分类

根据系统时钟脉冲的连接方式，时序逻辑电路可分为同步时序电路和异步时序电路。同步时序电路的触发器使用相同的时钟脉冲，触发器输出状态在时钟脉冲控制下同时发生变化，即电路中有统一的时钟脉冲，每出现一个时钟脉冲，电路的状态只改变一次。异步时序电路中触发器的触发时钟脉冲至少有一个不同，输出状态的变化时刻不同，即电路中没有统一的时钟脉冲来控制电路状态的变化，电路状态改变时，电路中要更新状态的触发器的翻转有先有后，是异步进行的。通常同步时序电路的速度、抗干扰等各项性能比异步时序电路更好，但同步时序电路一般比异步时序电路更复杂。

9.1.3 时序逻辑电路的描述

时序电路的逻辑功能可用逻辑表达式、真值表、状态图、时序图和逻辑图等表示，这些表示方法在本质上是相同的，可以互相转换。下面简单介绍真值表和状态图2种表示方法。

1．真值表

将时序逻辑电路的输入、输出和状态转移关系用表格进行描述，这种表格就称为状态转移表（简称真值表）。真值表由现态、次态和输出组成。

Mealy型电路的真值表格式如表9-1所示。表格的上方从左至右列出电路的全部组合，表格左侧自上而下列出电路的全部现态，表格右侧列出的是对应的不同输入组合和现态下的次态和输出。

表9-1 Mealy型电路的真值表格式

现态	次态/输出
	输入X
Q^n	Q^{n+1}/Z

Moore型电路的真值表格式如表9-2所示。由于其输出只与现态有关，不论输入如何变化，对应现态总有相同的输出。因此，Moore型电路的真值表将输出单独放置一列。

表9-2 Moore型电路的真值表格式

现态	次态	输出
	输入X	
Q^n	Q^{n+1}	Z

2．状态图

在时序逻辑电路中，用有向图来表示输入、输出和状态的转移关系，这种有向图就称为状态图。在状态图中，每一个状态用一个圆圈来表示，圆圈内的字母或数字分别表示状态的名称。圆圈之间用带箭头的直线或弧线联系起来，表示状态的转移方向。状态转移的输入条件标记在有向线段之上，输出则是根据不同情况标记在有向线段旁边或者圆圈之内。有向线段的起点表示现态，终点表示次态。如果有向线段起止于同一个状态，说明在一定输入条件下，其状态保持不变。

Mealy 型电路的状态图形式如图 9-2 所示。电路处于状态Q^n，当输入为 X 时，电路的输出为 Z，电路的状态由Q^n转移到Q^{n+1}。

Moore 型电路的状态图形式如图 9-3 所示。由于电路的输出仅与现态有关，因此电路的输出标记在圆圈内部。电路处于状态Q^n时，电路的输出为 Z_1。当输入为 X 时，电路的状态由Q^n转移到Q^{n+1}，输出为 Z_2。

图 9-2　Mealy 型电路的状态图形式　　　　　　图 9-3　Moore 型电路的状态图形式

9.2　时序逻辑电路的分析

时序逻辑电路的分析就是根据给定的时序逻辑电路图，分析求出该电路在输入信号和时钟信号作用下存储电路状态变化的规律和输出信号变化的规律，说明该电路的功能和工作特性。通过分析时序逻辑电路，可以了解各种给定时序逻辑电路的特点，有助于改进电路的设计。

时序逻辑电路一般分析步骤如下。

1．分析电路结构

分析电路结构以实现以下目的：判断电路是否为时序逻辑电路，是同步时序电路还是异步时序电路；将组合逻辑电路与触发器分开；确定触发器个数与类型。

2．列出电路的逻辑函数

（1）列出每个触发器的时钟函数，同步时序电路的可以不写。

（2）列出每个触发器的激励函数，例如 J_1、K_1，J_2、K_2 的函数。

（3）写出输出函数。

（4）写出触发器的特征函数，代入相应的激励函数，得到每个触发器的状态函数。

3．依据输入变量、触发器的状态函数，列出真值表

真值表的输入部分包括输入变量、触发器的现态Q^n，按照二进制排列得到输入部分行数；输出部分为触发器的次态Q^{n+1}、电路的输出变量。

4．画出状态图与时序图

依据触发器个数 n，确定状态数2^n，根据要求绘制出状态图。通常通过状态图可以确定电路的逻辑功能。绘制时序图可以确定各个变量在不同时刻的具体值，许多情况下可以不画出时序图。

5．判断电路逻辑功能

依据状态图与时序图等判断电路逻辑功能。尽管时序逻辑电路的分析步骤较为复杂，但只要按照步骤分析，总可以得到电路的逻辑功能。

9.2.1 同步时序电路分析举例

例9-1 分析图9-4所示电路的逻辑功能。

例9-1精讲

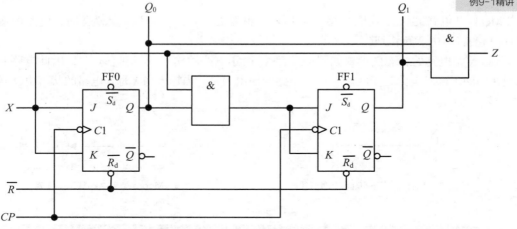

图 9-4　例 9-1 给定同步时序电路

解：

（1）该电路属于同步时序电路，输出 $Z = f(X, Q)$ 与输入、触发器均有关。利用异步置零 $\overline{R_d}$ 可以使所有触发器清零。$\overline{S_d}$ 不连接，默认连接高电平1。

（2）写出逻辑函数。

激励函数：

$$J_0 = K_0 = X; \; J_1 = K_1 = XQ_0^n$$

输出函数：

$$Z = XQ_0^n Q_1^n$$

JK触发器的特征函数：

$$Q^{n+1} = J\overline{Q^n} + \overline{K}Q^n$$

JK触发器的状态函数：

$$Q_0^{n+1} = J_0\overline{Q_0^n} + \overline{K_0}Q_0^n = X \oplus Q_0^n$$
$$Q_1^{n+1} = J_1\overline{Q_1^n} + \overline{K_1}Q_1^n = (XQ_0^n) \oplus Q_1^n$$

（3）填写真值表，如表9-3所示。

① 将输入变量按照二进制规律列出。

② 依据FF0的输出表达式填写 Q_0^{n+1}；依据FF1的输出表达式填写 Q_1^{n+1}。

③ 列出 Z 的值。仅在 X、Q_0^n、Q_1^n 全部为1时 Z 为1，其他为0。

表 9-3　例 9-1 给定同步时序电路的真值表

输入部分			输出部分		
X	Q_1^n	Q_0^n	Q_1^{n+1}	Q_0^{n+1}	Z
0	0	0	0	0	0
0	0	1	0	1	0
0	1	0	1	0	0

输入部分			输出部分		
X	Q_1^n	Q_0^n	Q_1^{n+1}	Q_0^{n+1}	Z
0	1	1	1	1	0
1	0	0	0	1	0
1	0	1	1	0	0
1	1	0	1	1	0
1	1	1	0	0	1

（4）绘制状态图。

电路有 2 个触发器，具有 2^2=4 个状态。状态图如图 9-5 所示。由状态图可以看出，T=1 时，触发器状态按照 00—01—10—11—00 的规律变化，在原始状态为 11 时，产生输出 Z=1；T=0 时，触发器状态不变，Z=0。该电路为可控、带进位的两位二进制（4 进制）同步加计数器。

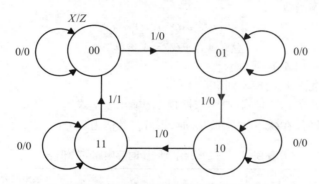

图 9-5　例 9-1 给定同步时序电路的状态图

Q_0 输出频率是 $f_{CP}/2$，脉冲宽度与 CP 周期相同；Q_1 输出频率是 $f_{CP}/4$，脉冲宽度为 CP 周期的 2 倍。Z 输出频率是 $f_{CP}/4$，脉冲宽度与 CP 周期相同。所以该电路可以作为可控的 2/4 分频器电路使用。

一般而言，在电路计数过程中，有效的循环状态个数称为计数器的模数（记作 M，也称为 M 进制计数器，模数为 M 的计数器可以作为 M 分频器使用。

例 9-2 分析图 9-6 所示电路的逻辑功能。

解：

（1）该电路属于同步时序电路，输出 $Z = f(X, Q)$ 与输入、触发器均有关。利用异步置零 $\overline{R_{\rm d}}$ 可以使所有触发器清零。$\overline{S_{\rm d}}$、T 连接高电平 1。

（2）写出逻辑函数。

激励函数：

$$T_0 = 1;\ T_1 = X \oplus Q_0^n$$

输出函数：

$$Z = Q_0^n Q_1^n$$

将激励函数代入 T 触发器的特征函数：

$$Q^{n+1} = T\overline{Q^n} + \overline{T}Q^n$$

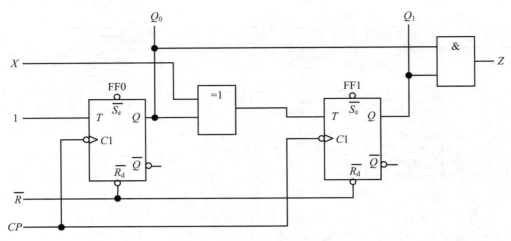

图 9-6　例 9-2 给定同步时序电路

得到触发器的状态函数：

$$Q_0^{n+1} = 1\overline{Q_0^n} + \overline{1}\,Q_0^n = \overline{Q_0^n}$$
$$Q_1^{n+1} = T_1 \oplus Q_1^n = X \oplus Q_0^n \oplus Q_1^n$$

（3）填写真值表，如表 9-4 所示。

① 将输入变量按照二进制规律列出。

② 依据 FF0 的输出表达式填写 Q_0^{n+1}；依据 FF1 的输出表达式填写 Q_1^{n+1}。

③ 列出 Z 的值。即仅在 Q_0^n、Q_1^n 全部为 1 时 Z 为 1，其他为 0。

表 9-4　例 9-2 给定同步时序电路的真值表

输入部分			输出部分		
X	Q_1^n	Q_0^n	Q_1^{n+1}	Q_0^{n+1}	Z
0	0	0	0	1	0
0	0	1	1	0	0
0	1	0	1	1	0
0	1	1	0	0	1
1	0	0	1	1	0
1	0	1	0	0	0
1	1	0	0	1	0
1	1	1	1	0	1

（4）绘制状态图。

电路中有 2 个触发器，具有 $2^2=4$ 个状态。状态图如图 9-7 所示。

可以看出，X=0 时，状态变化规律为 00—01—10—11—00，在 $Q_1^n Q_0^n =11$ 时，产生进位输出 Z=1。即实现的是二进制加计数器。

X=1 时，状态变化规律为 00—11—10—01—00，在 $Q_1^n Q_0^n =11$ 时，产生借位输出 Z=1。即实现的是二进制减计

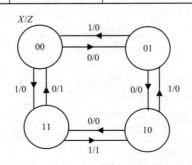

图 9-7　例 9-2 给定同步时序电路的状态图

数器。所以该电路为同步的有进位/借位的二进制加/减计数器。

9.2.2 异步时序电路分析举例

同步时序电路的基本特点是电路有统一的时钟信号，只有当时钟信号到来时，电路的状态才可能改变，变化后的状态一直保持到下一个时钟信号到来之时。同步时序电路在数字电路系统中已经广泛应用，但某些场合不合适采用同步时序逻辑电路，例如，电路的输入是随机变化的，没有统一的时钟信号。在这种情况下，采用异步时序电路较为合适。

异步时序电路的基本特征是电路没有统一的时钟信号，电路状态的变化由外部输入信号的变化直接引起。多数异步时序电路的分析比同步时序电路的要复杂一些，需要写出时钟函数；在填写真值表时，必须按行填写，原因是前一个状态的输出可能是后一个触发器的时钟脉冲。

例9-3 分析图9-8所示电路的逻辑功能。

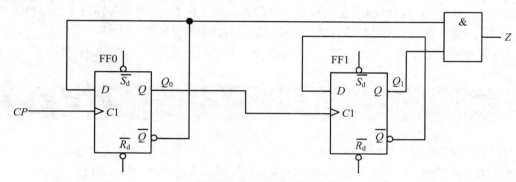

图 9-8 例 9-3 给定异步时序电路

解：

（1）由于 $CP_0 = CP$，$CP_1 = Q_0$，因此该电路属于异步、上升沿触发的计数器电路。2个D触发器具有4个可能的状态。

（2）列出逻辑函数。

时钟函数：

$$CP_0 = CP\uparrow; \ CP_1 = Q_0\uparrow$$

激励函数：

$$D_0 = \overline{Q_0^n}; \ D_1 = \overline{Q_1^n}$$

输出函数：

$$Z = \overline{Q_0^n}Q_1^n$$

触发器的特征函数：

$$Q^{n+1} = D$$

触发器的状态函数：

$$Q_0^{n+1} = \overline{Q_0^n}(CP\uparrow); \ Q_1^{n+1} = \overline{Q_1^n}(Q_0\uparrow)$$

（3）填写真值表，如表9-5所示。

Q_0 在每个 $CP\uparrow$ 翻转，而 Q_1 则是在 Q_0 由 0 变为 1 时才翻转。

（4）绘制状态图，如图9-9所示。

表 9-5　例 9-3 给定异步时序电路的真值表

	输入部分		输出部分		
CP	Q_1^n	Q_0^n	Q_1^{n+1}	Q_0^{n+1}	Z
$CP_1\uparrow$	0	0	1	1	0
$CP_2\uparrow$	0	1	0	0	0
$CP_3\uparrow$	1	0	0	1	0
$CP_4\uparrow$	1	1	1	0	1

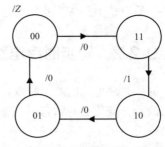

图 9-9　例 9-3 给定异步时序电路的状态图

可以看出，该电路为异步、有借位的两位二进制减计数器，状态为 11 时产生借位输出 Z。

对于简单的异步时序电路，可以使用观察法，根据主时钟序列，一步一步地分析，使电路分析简单化。分析时一般设各个触发器的初始状态 $Q=0$。

异步时序电路虽然结构简单，但速度比同步时序电路低。对于 3 个异步工作的触发器，Q 稳定时间 $T=3\tau$；如果 16 个触发器构成 16 位异步计数器，则需要 $T=16\tau$ 的时间输出才能够稳定。因此异步时序电路在构成多位计数器时速度要比同步计数器的低得多。

为了提高时序电路的速度，高速、多位的时序电路一般使用同步计数器结构。

9.3　时序逻辑电路的设计

时序逻辑电路的设计是指根据给定时序电路的逻辑功能要求，选择相应的逻辑元器件，设计符合要求的电路结构。时序逻辑电路的设计与时序逻辑电路的分析是相反的过程。

9.3.1　同步时序电路的设计

同步时序电路设计又称同步时序电路的综合，一般分为 5 个步骤：第 1 步，根据要求，设定状态，绘制原始状态图和真值表；第 2 步，化简原始真值表，以便消去多余的状态；第 3 步，对化简后的真值表进行状态赋值，即状态编码；第 4 步，选择触发器的类型，列出激励函数表，确定激励函数和输出函数；第 5 步，绘制逻辑电路图；第 6 步，检查自启动。

1．绘制原始状态图和真值表

状态图和真值表能够反映出同步时序电路的逻辑特性，它们是设计同步时序电路的依据，其他各个设计步骤均是在状态图和真值表的基础上进行的。如果状态图和真值表不能够正确地反映设计要求，则设计出来的同步时序电路很可能是错误的。

直接从设计命题的要求得到的状态图和真值表为原始状态图和真值表，在原始状态图和真值表中，状态个数不能少，状态转移的关系不能有误。建立原始状态图和真值表的过程是对命题进行分析的过程，只有清楚了解同步时序电路的逻辑功能，才能绘制正确的原始状态图和真值表。

绘制原始状态图和真值表的一般过程是：假定一个初始状态，从这个初始状态出发，每加入一个输入信号，就记忆其次态，并标出其相应的输出值。该次态可能是现态的本身，也可能是原始状态图和真值表中已有的另一个状态，或者是新增加的一个状态。继续这个过程，直到没有新的状态出现。整个过程需要分别从每一个状态出发，各种输入可能取值所引起的状态转移都要被考虑到。

绘制原始状态图和真值表时，如果不能确定最少的状态数目和状态顺序，则可以用任意字母或者数字表示状态。

例9-4 一个模8计数器，当输入x为1时，实现加1计数；当输入x为0时，实现减1计数。试建立该同步时序电路的Moore型原始状态图和真值表。

解： 通常，建立原始状态图和真值表时，用字母和数字表示各种状态。由于模8计数器所包含的状态数目非常明确，共8个状态，因此，也可以用二进制码表示状态。

当输入x为1时，计数器进行加法计数，从000状态开始，其计数状态分别为000、001、010、011、100、101、110、111，电路的状态转移顺序如下。

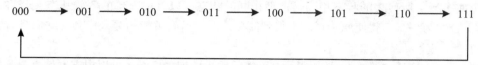

当输入x为0时，计数器进行减法计数，电路的状态转移顺序如下。

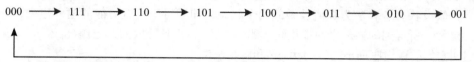

另外，计数器的输出即电路状态本身。根据以上分析，可绘制电路的原始状态图，如图9-10所示。

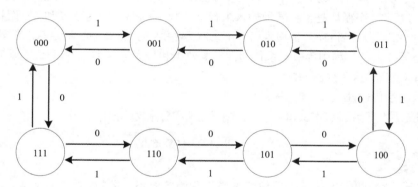

图9-10　例9-4的Moore型原始状态图

根据图9-10可得出原始真值表，如表9-6所示。

表9-6　例9-4的Moore型原始真值表

现态 $Q_3Q_2Q_1$	次态$Q_3^{(n+1)}Q_2^{(n+1)}Q_1^{(n+1)}$		现态 $Q_3Q_2Q_1$	次态$Q_3^{(n+1)}Q_2^{(n+1)}Q_1^{(n+1)}$	
	$x=0$	$x=1$		$x=0$	$x=1$
0 0 0	1 1 1	0 0 1	1 0 0	0 1 1	1 0 1
0 0 1	0 0 0	0 1 0	1 0 1	1 0 0	1 1 0
0 1 0	0 0 1	0 1 1	1 1 0	1 0 1	1 1 1
0 1 1	0 1 0	1 0 0	1 1 1	1 1 0	0 0 0

2．状态化简

在设计逻辑电路时，应考虑所设计电路的成本，降低成本最直接的办法是减少电路使用的触发器和逻辑门的数目。状态化简就是从原始真值表中消去多余的状态，得到最小化真值表，它包含的状态数目最少，但能满足逻辑命题的全部要求。最小化真值表与原始真值表相比，状态数目不等，对应的电路结构也不同，但是它们具有相同的逻辑特性。

本部分以完全确定真值表为例进行化简。完全确定真值表的化简是基于等效状态，即利用状态与状态之间的等效关系来进行状态化简。

真值表的每一行指明某个状态的次态和输出，真值表中两行（或多行）内容完全一样，说明这两行（或多行）所代表的状态相同。这种相同的状态可以看成简单的等效状态，若将这两行（或多行）合并为一行，就使原始真值表得到简化。对于所有可能的输入序列，它们具有相同的输出序列。

欲判断两个状态是否等效，必须用所有可能的输入序列来检验。可以根据原始真值表的各种输入组合下的次态和输出来判断某两个（或多个）状态是否等效。

通常，假设状态S_1和S_2为真值表中的两个状态，如果对于所有可能的输入序列，分别从状态S_1和S_2出发，所得到的输出序列都相同，那么状态S_1和S_2是等效的，记作(S_1,S_2)。如果有一个输入序列使它们的输出序列不同，则状态S_1和S_2不等效。

在所有可能的输入组合下，两个（或多个）状态相应的输出相同、次态相同、交错、循环或等效，那么这些次态是等效的。其中，次态交错是指在某种输入组合下，状态S_i的次态为S_j，而状态S_j的次态为S_i；次态循环是指在某种输入组合下，状态S_i和S_j的次态为S_k和S_e，而状态S_k和S_e的次态为S_i和S_j；次态等效是指在某种输入组合下，状态S_i和S_j的次态S_k和S_e满足状态等效条件。

根据状态等效条件，利用等效关系传递性、等效类和最大等效类，可以找出真值表中的全部等效状态，并对状态进行分类合并。

（1）等效关系传递性

如果状态S_1和S_2等效，状态S_2和S_3等效，则状态S_1和S_3等效，记作

$$(S_1,S_2),(S_2,S_3)\rightarrow(S_1,S_3)$$

（2）等效类

若干相互等效的状态组成一个等效状态类，称为等效类。若有$(S_1,S_2),(S_1,S_3)$，则必有(S_1,S_2,S_3)，记作

$$(S_1,S_2),(S_1,S_3)\rightarrow(S_1,S_2,S_3)$$

（3）最大等效类

如果一个等效类不是其他任何等效类的子集，该等效类就为最大等效类。上述所说的"最大"并不是指包含的状态最多，而是指它的独立性。即使是一个状态，只要它不包含在其他等效类中，它就是最大等效类。

利用前面所述的判断状态等效的条件及状态等效的性质，就可以进行状态化简。原始真值表的化简过程就是寻找最大等效类，将各个最大等效类的所有状态合并为一个状态，从而得到最小化真值表。

例9-5 化简表9-7所示的原始真值表。

表9-7　例9-5的原始真值表

现态	次态/输出		现态	次态/输出	
	$x=0$	$x=1$		$x=0$	$x=1$
A	$A/0$	$C/0$	D	$B/0$	$D/1$
B	$A/0$	$C/0$	E	$D/1$	$F/0$
C	$B/0$	$D/0$	F	$D/1$	$E/0$

解：观察表9-7，在各种输入组合下，对应的输出都相同的现态有 A、B、E 和 F。

① 比较状态 A 和 B，当输入 $x=0$ 时，它们的次态都是 A；当输入 $x=1$ 时，它们的次态都是 C。在相同的输入条件下，状态 A 和 B 的次态相同，输出也相同，因此，状态 A 和 B 是等效的。

② 比较状态 E 和 F，当输入 $x=0$ 时，它们对应的次态相同；而当输入 $x=1$ 时，它们对应的次态交错。在相同的输入条件下，状态 E 和 F 的输出相同，次态相同或交错，因此，状态 E 和 F 是等效的。

③ 比较状态 B 和 C，当输入 $x=0$ 时，它们对应的次态分别为 A 和 B；当输入 $x=1$ 时，它们对应的次态分别为 C 和 D。因此，状态 B 和 C 是否等效，要看状态 C 和 D 是否等效。比较状态 C 和 D，当输入 $x=1$ 时，其对应的输出不相同，因此状态 C 和 D 不等效，进而状态 B 和 C 也不等效。

通过以上分析，得到了有效状态对 (A,B) 和 (E,F)，由于它们都不包含在任何其他的等效类中，所以 (A,B) 和 (E,F) 就是最大等效类。因此，将等效状态 A 和 B 合成一个状态，用 A 表示；将等效状态 E 和 F 也合成一个状态，用 E 表示。因此，得到化简后的真值表，如表9-8所示。

表9-8　例9-5化简后的真值表

现态	次态/输出	
	$x=0$	$x=1$
A	$A/0$	$C/0$
C	$B/0$	$D/0$
D	$B/0$	$D/1$
E	$D/1$	$F/0$

3．状态编码

把真值表中用字母和数字表示的状态用一组二进制码来代替，称为状态编码。通常，采用不同的状态编码方案，设计出来的电路的复杂程度不同，因此，状态编码的任务是：确定状态编码的长度，即二进制码的位数，也就是要设计电路中触发器位数；确定状态分配方案，研究状态编码就是要寻求最佳的状态分配方案，降低设计的电路成本。

同步时序电路的各个状态是通过触发器的状态组合来实现的，每个触发器代表一位二进制数。例如，一个触发器可以表示两种状态，用二进制码表示为0或1，两个触发器可以代表两位二进制数，它们形成00、01、10、11这4种不同组合。因此，n 个触发器就能代表 n 位二进制数，并组成 2^n 个二进制码。

状态分配编码以下基本原则。

（1）如果真值表中某些状态在同一输入条件下次态相同，或者在不同输入条件下次态组合相同，应尽可能给上述状态分配相邻的代码。

（2）真值表中同一现态在不同输入条件下的次态应尽可能分配相邻的代码。

（3）如果真值表中某些状态有相同的输出，应尽可能给这些状态分配相邻的代码。

（4）真值表中出现次数最多的状态应分配逻辑0。

通常，原则（1）最重要，应优先考虑。其次，根据前3条原则得到应分配相邻代码的状态并对出现的频度安排优先顺序。

例9-6 ▶ 对表9-9所示状态进行状态编码。

表9-9　例9-6的待编码真值表

现态	次态/输出	
	$x=0$	$x=1$
A	$C/0$	$D/0$
B	$C/0$	$A/0$
C	$B/0$	$D/1$
D	$A/1$	$B/0$

解：对4个状态进行状态编码时，其二进制码的位数为2，列出3种状态编码方案，利用卡诺图进行比较，如图9-11所示。

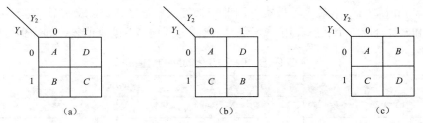

图9-11　3种状态编码方案

根据图9-11所示的3种状态编码方案，发现图9-11（a）所示方案满足的状态编码原则最多，因此该方案最好。根据图9-11（a）所示方案，确定 A 状态编码为00，B 状态编码为10，C 状态编码为01，D 状态编码为11。将该编码方案代入表9-9，得到表9-10所示的二进制真值表。

表9-10　例9-6的二进制真值表

现态		次态 $Y_2^{(n+1)}Y_1^{(n+1)}$/输出	
Y_2	Y_1	$x=0$	$x=1$
0	0	01/0	11/0
0	1	10/0	11/0
1	1	00/1	10/1
1	0	01/0	00/0

4．确定激励函数和输出函数

通过状态编码得到二进制真值表，下一步就是根据二进制真值表和选定触发器的激励表求得激励函数和输出函数表达式，经过化简之后，用适当的逻辑门和所选定的触发器实现给定逻辑功能。

触发器的次态真值表和状态函数都能够描述触发器的逻辑功能，在用触发器作为存储电路设计同步时序电路时，还需要了解触发器从现态转移到次态所需要的输入条件，满足这种需要的描述方法就称为激励表。各种触发器的激励表可以从触发器的真值表直接推出（第 8 章详细讲解了各触发器的真值表，这里不赘述）。在激励表中，将触发器的现态和次态作为自变量，将触发器的输入（或激励）作为因变量。

当选定触发器之后，可以根据触发器的状态函数求出激励函数，并根据二进制真值表求出输出函数。

例9-7 选用 D 触发器，根据表9-11所示的二进制真值表求出激励函数和输出函数。

表 9-11　例 9-7 的二进制真值表

现态 Y_2　Y_1	次态 $Y_2^{(n+1)}Y_1^{(n+1)}$/输出 Z	
	$x=0$	$x=1$
0　0	10/0	01/0
0　1	00/0	00/1
1　1	01/1	10/1
1　0	00/1	11/1

解： 由于 D 触发器的次态只取决于它的输入（或激励），而与现态无关，因此，可直接由二进制真值表画出激励函数卡诺图和输出函数卡诺图，如图9-12所示。

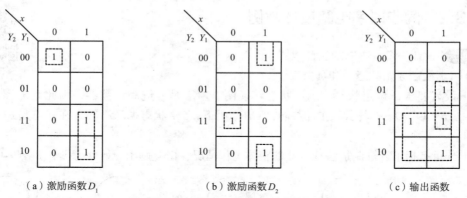

（a）激励函数 D_1　　　　（b）激励函数 D_2　　　　（c）输出函数

图 9-12　激励函数卡诺图和输出函数卡诺图

经过卡诺图的化简，得到激励函数表达式和输出函数表达式。

$$D_2 = xY_2 + \overline{x}\,\overline{Y_2Y_1}$$
$$D_1 = x\overline{Y_1} + \overline{x}Y_2Y_1$$
$$Z = Y_2 + xY_1$$

5. 绘制逻辑电路图

根据激励函数表达式和输出函数表达式，可绘制时序逻辑电路图。通常，先绘制触发器，然后绘制组合逻辑电路。

例9-8 根据给定激励函数表达式 $D_2 = xQ_2 + \overline{x}\,\overline{Q_2}\,\overline{Q_1}$，$D_1 = Q_1$，以及输出函数表达式 $Z = Q_2 + xQ_1$，绘制对应时序逻辑电路图。

解： 对应时序逻辑电路图如图9-13所示。

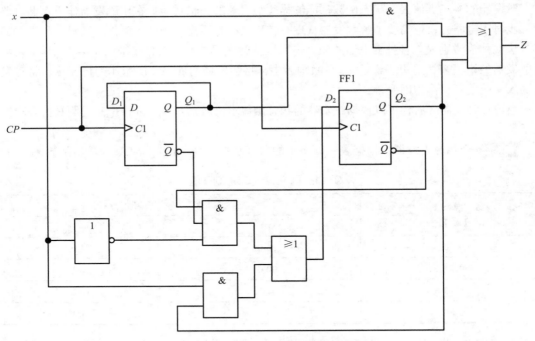

图 9-13　例 9-8 对应时序逻辑电路图

9.3.2　同步时序电路设计举例

例9-9精讲

例 9-9 设计一个五进制加法计数器。

解：（1）绘制原始状态图和真值表

根据设计要求，设定状态，画出状态转换图。由于是五进制计数器，因此有 5 个不同的状态，用 A、B、C、D、E 表示。在计数脉冲 CP 作用下，5 个状态循环翻转，在状态是 E 时，进位输出 $Z=1$。

以上分析概括了五进制加法计数器的整体工作情况，由此画出原始状态图，如图 9-14 所示。

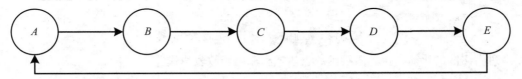

图 9-14　例 9-9 的原始状态图

根据原始状态图，可列出原始真值表，如表 9-12 所示。

表 9-12　例 9-9 的原始真值表

现态	次态	输出 Z	现态	次态	输出 Z
A	B	0	D	E	0
B	C	0	E	A	1
C	D	0			

（2）状态化简

五进制加法计数器应有5个状态，原始状态已经是最简状态，无须化简。

（3）状态编码

由$2^{n-1} \leq N \leq 2^n$可知，应采用3位二进制码。该计数器选用3位自然二进制数编码，即$A=000$，$B=001$，$C=010$，$D=011$，$E=100$。由此列出二进制真值表，如表9-13所示。

表9-13 例9-9的二进制真值表

现态	次态	输出	现态	次态	输出
$y_2 \; y_1 \; y_0$	$y_2^{(n+1)} y_1^{(n+1)} y_0^{(n+1)}$	Z	$y_2 \; y_1 \; y_0$	$y_2^{(n+1)} y_1^{(n+1)} y_0^{(n+1)}$	Z
000	001	0	011	100	0
001	010	0	100	000	1
010	011	0			

（4）确定激励函数和输出函数

若选用JK触发器组成存储电路，根据二进制真值表和JK触发器激励表，画出电路的次态卡诺图，如图9-15所示。对3个无效的状态（101、110、111）进行无关项处理。根据次态卡诺图，画出激励函数卡诺图，如图9-16所示。输出函数卡诺图如图9-17所示。

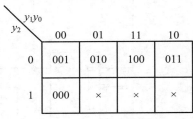

图9-15 电路的次态卡诺图

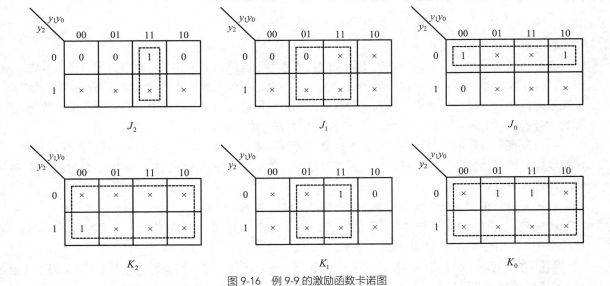

图9-16 例9-9的激励函数卡诺图

经过卡诺图化简，可写出激励函数和输出函数表达式：

$$J_0 = \overline{y_2}, \quad K_0 = 1,$$
$$J_1 = y_0, \quad K_1 = y_0,$$
$$J_2 = y_1 y_0, \quad K_2 = 1,$$
$$Z = y_2$$

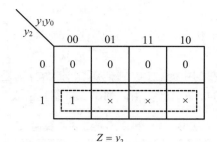

$$Z = y_2$$

图 9-17 例 9-9 的输出函数卡诺图

（5）绘制逻辑电路图

根据确定的激励函数和输出函数，绘制图9-18所示的逻辑电路图。

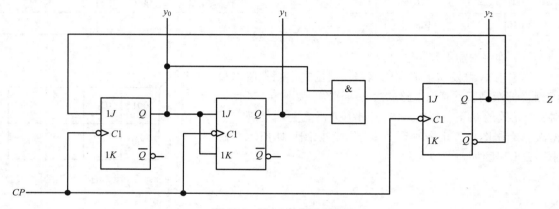

图 9-18 例 9-9 的逻辑电路图

（6）检查能否自恢复

通常，当所设计电路中触发器所能代表的状态数大于电路所需工作状态数时，需对所设计电路的实际工作状态进行讨论。这一步的目的在于，当电路因为偶然因素进入无效状态时，检查能否在输入信号和时钟信号作用下进入有效状态，如果可以进入，则称电路具有自恢复功能，否则称为"挂起"。如果电路进入无效状态，应检查是否会产生错误输出信号。

一旦发现所设计的电路存在"挂起"现象或者错误输出现象，就需要对该电路进行修改，否则不能保证所设计电路工作的可靠性。对所设计的电路实际工作状态的讨论，实际上是对所设计的电路进行分析。

利用逻辑分析的方法绘制逻辑电路的完整状态图，如图9-19所示。

由完整状态图可知，当电路处于无效状态101、110、111时，在CP作用下，可分别进入有效状态010、010、000。因此电路能自恢复。

例9-10 设计一个序列检测器，用来检测串行二进制序列，每当连续输入3个（或3个以上）1时，序列检测器的输出为1，其他情况下输出为0。

解：（1）绘制原始状态图和真值表

根据题意，需设计的序列检测器有1个输入x和1个输出Z，输出和输入的逻辑关系为：当输入x为0时，输出Z总为0，当输入x为1个1或者连续2个1时，输出Z也为0；当输入x为连续3个1时，第三个1出现，输出Z才为1；此后，如果输入x继续为1，输出Z仍为1，直到输入x变为0，输出Z才由1变为0。

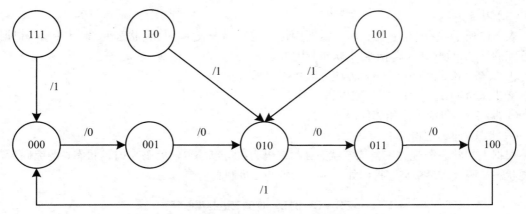

图 9-19 例 9-9 的逻辑电路的完整状态图

判别序列检测器是否连续输入 3 个 1，必须用不同的真值表示各种输入情况。假设电路初始状态为 A，输入第一个 1 后，检测器的状态为 B。连续输入 2 个 1 后，检测器的状态为 C。连续输入 3 个或 3 个以上 1 时，检测器的状态为 D。这样，用状态 B、C、D 分别表示检测器连续输入 1 个、2 个、3 个（或 3 个以上）1。不论检测器处于何种状态，一旦输入为 0，它就返回初始状态 A。

由此，绘制图 9-20 所示的原始状态图。

根据原始状态图，列出原始真值表，如表 9-14 所示。

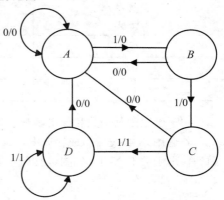

图 9-20 例 9-10 的原始状态图

表 9-14 例 9-10 的原始真值表

现态	次态/输出Z		现态	次态/输出Z	
	$x=0$	$x=1$		$x=0$	$x=1$
A	$A/0$	$B/0$	C	$A/0$	$D/1$
B	$A/0$	$C/0$	D	$A/0$	$D/1$

（2）状态化简

表 9-14 所示是完全确定真值表。根据状态等效条件，通过对原始真值表中各个状态所对应的输出和状态转移情况的分析，可以找出最大等效类 (A)、(B)、(C, D)。并以 A 代替最大等效类 (A)，以 B 代替最大等效类 (B)，以 C 代替最大等效类 (C,D)。状态合并后得到最小化真值表，如表 9-15 所示。

表 9-15 例 9-10 的最小化真值表

现态	次态/输出Z	
	$x=0$	$x=1$
A	$A/0$	$B/0$
B	$A/0$	$C/0$
C	$A/0$	$C/1$

（3）状态编码

表9-15所示共有3个状态，所以需要两位二进制码来表示，假设状态变量为y_2和y_1。根据状态分配的基本原则，可以确定以下状态分配方案。

① 状态B和C、A和B、A和C应分配相邻代码。

② 状态A和B、A和C应分配相邻代码。

③ 状态A和B应分配相邻代码。

④ 状态A应为逻辑0。

根据上述状态分配方案，确定状态A的编码为00，状态B的编码为01，状态C的编码为11。将各状态编码代入表9-15，得到如表9-16所示的二进制真值表。

表9-16　例9-10的二进制真值表

现态		次态$y_2^{(n+1)}y_1^{(n+1)}$/输出Z	
y_2　y_1		$x=0$	$x=1$
0　0		00/0	01/0
0　1		00/0	11/0
1　1		00/0	11/1

（4）确定激励函数和输出函数表达式

若选用JK触发器组成存储电路，根据二进制真值表和JK触发器激励表，绘制激励函数卡诺图和输出函数卡诺图，如图9-21所示。

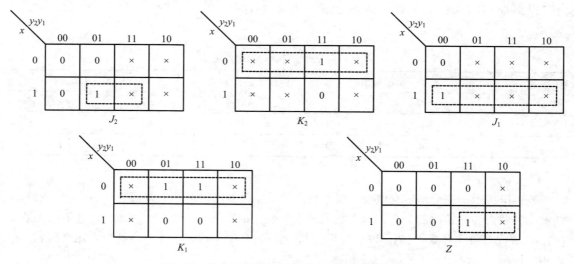

图9-21　例9-10的激励函数卡诺图和输出函数卡诺图

经过卡诺图化简，可写出激励函数和输出函数。

$$J_1 = x, \quad K_1 = \bar{x},$$
$$J_2 = xy_1, \quad K_2 = \bar{x},$$
$$Z = xy_2$$

（5）绘制逻辑电路图

根据所求得的激励函数和输出函数，绘制如图9-22所示的逻辑电路图。

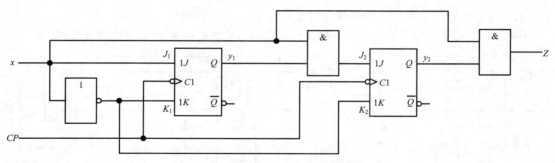

图 9-22　例 9-10 的逻辑电路图

（6）检查能否自恢复

分析图 9-22 所示电路，检查无效状态 10 对所设计电路正常工作的影响。将激励函数代入 JK 触发器的特征函数，则有

$$y_2^{(n+1)} = J_2 \overline{y_2} + \overline{K_2} y_2 = x y_1 \overline{y_2} + x y_2$$

$$y_1^{(n+1)} = J_1 \overline{y_1} + \overline{K_1} y_1 = x \overline{y_1} + x y_1 = x$$

根据上述函数组和输出函数可列出电路的真值表，如表 9-17 所示。

表 9-17　例 9-10 的电路的真值表

现态		次态$y_2^{(n+1)}y_1^{(n+1)}$/输出Z		现态		次态$y_2^{(n+1)}y_1^{(n+1)}$/输出Z	
y_2	y_1	$x=0$	$x=1$	y_2	y_1	$x=0$	$x=1$
0	0	00/0	01/0	1	0	00/0	11/1
0	1	00/0	11/0	1	1	00/0	11/1

与表 9-17 对应的状态图如图 9-23 所示。

从图 9-23 可知，当电路偶然进入无效状态 10 时，不论输入 $x=1$ 或者 $x=0$，经过一个时钟周期，电路自动进入有效状态，不存在"挂起"现象。但从电路输出角度观察，电路处于无效状态 10 时，当输入 $x=1$ 时，将错误地输出一个 1。为了消除这个错误，需要对输出函数进行适当修改。图 9-24 所示为修改后输出函数卡诺图。

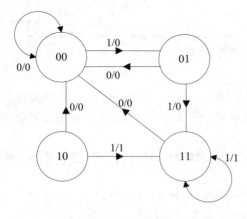

图 9-23　例 9-10 的状态图

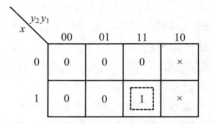

图 9-24　例 9-10 的修改后输出函数卡诺图

根据修改后输出函数卡诺图得到输出函数为

$$Z = xy_2y_1$$

根据修改后输出函数，对图 9-22 做修改，得到如图 9-25 所示的能够自恢复的逻辑电路。

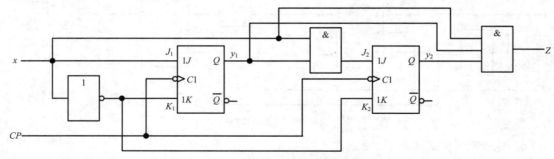

图 9-25　例 9-10 的修改后逻辑电路图

9.3.3　异步时序电路的设计

异步时序电路的设计过程与同步时序电路的设计过程相似，唯一的区别就是异步时序逻辑电路中没有统一的时钟信号，在设计过程中要注意。

1．设计步骤

因为异步时序电路中各触发器的时钟信号不是由统一的脉冲提供的，所以在设计过程中需要确定各个触发器的时钟信号，并求状态函数、激励函数和输出函数等。

2．设计举例

例9-11 利用 JK 触发器设计 8421 码异步五进制计数器。

解：（1）绘制状态图

根据题意，绘制如图 9-26 所示的 8421 码异步五进制计数器状态图。另外，输入的时钟信号为 CP_0，C 为进位输出信号。

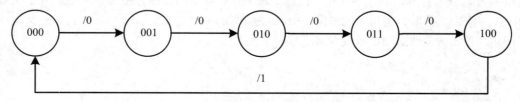

图 9-26　例 9-11 的 8421 码异步五进制计数器状态图

（2）由时序图确定各触发器的时钟信号

JK 触发器的翻转必须使时钟信号有下降沿，如图 9-27 所示，触发器 FF0 状态的翻转只能取决于输入时钟信号 CP_0。CP_0 的第五个脉冲下降沿到来后，要求 Q_0 不翻转，所以必须使其激励函数满足这一要求。

对于触发器 FF1，由时序图可知，只要 Q_0 有下降沿，其输出 Q_1 就应翻转，用 Q_0 作为 Q_1 的时钟信号最合适。

触发器 FF2 的时钟也只能取自 CP_0，但从时序图来看，CP_0 在（1）（2）（3）状态时，输出 Q_2 都不应翻转，即时钟脉冲有多余的下降沿，需计算激励函数。

（3）列出真值表

由图9-11可以看出其状态已经是最简的，无须化简。由于触发器的类型和状态编码都是一致的，因此可以直接根据状态图列出真值表，在真值表中应将时钟信号列入。

在确定触发器的输入信号J、K和时钟信号的状态时要注意，触发器状态需要改变时必须加入时钟信号，无输入时钟信号时，触发器不翻转，这时J、K可取任意逻辑常量，即作为无关项。由此可列出8421码异步五进制计数器的真值表，如表9-18所示。

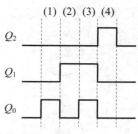

图9-27 例9-11的时序图

表9-18 例9-11的真值表

现态			输入信号、时钟信号及输出信号									
Q_2^n	Q_1^n	Q_0^n	J_2	K_2	CP_2	J_1	K_1	CP_1	J_0	K_0	CP_0	C
0	0	0	0	×	↓	×	×	0	1	×	↓	0
0	0	1	0	×	↓	1	×	↓	×	1	↓	0
0	1	0	0	×	↓	×	×	0	1	×	↓	0
0	1	1	1	×	↓	×	1	↓	×	1	↓	0
1	0	0	×	1	↓	×	×	0	0	×	↓	1

（4）确定激励函数、输出函数和时钟函数。

根据表9-18，确定函数表达式：

$$CP_1 = CP_0, \quad CP_2 = CP_0,$$
$$J_2 = Q_1^n Q_0^n, \quad K_2 = 1,$$
$$J_1 = 1, \quad K_1 = 1,$$
$$J_0 = \overline{Q_2^n}, \quad K_0 = 1$$

（5）绘制逻辑电路图

根据所得到的激励函数、输出函数和时钟函数，绘制逻辑电路图，如图9-28所示。

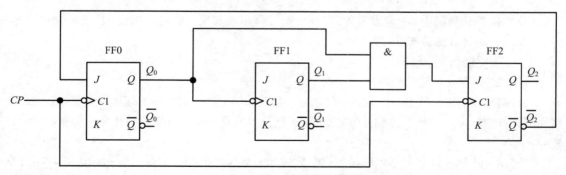

图9-28 例9-11的逻辑电路图

（6）检测电路能否自恢复

电路的无效状态为101、110、111。以这些无效状态为初态，计算电路的次态，检测电路能否自恢复。

若$Q_2^n Q_1^n Q_0^n=101$，根据以上电路，求得其次态为010；若$Q_2^n Q_1^n Q_0^n=110$，根据以上电路，求得其次态为010；若$Q_2^n Q_1^n Q_0^n=111$，根据以上电路，求得其次态为000。根据以上分析，可知电路具有自恢复功能，画出完整状态图，如图9-29所示。

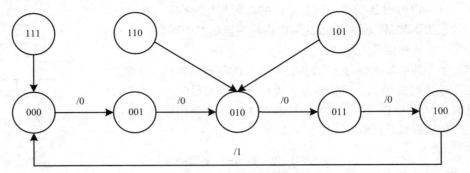

图9-29　例9-11的完整状态图

9.4　计数器

在电子计算机和数字电路系统中，使用最多的时序逻辑电路是计数器。计数器的用途相当广泛，它不仅能用于对时钟脉冲计数，还可以用于分频、定时、产生节拍脉冲、进行数字运算等。

计数器的种类繁多，按计数器中的各个触发器计数脉冲作用方式分类，可以把计数器分为同步计数器和异步计数器；按计数过程中数字的增减分类，可分为加法计数器、减法计数器和可逆计数器；按计数器循环模数（进制数）不同，又可分为二进制计数器、十进制计数器和任意进制计数器。

在数字电路中，任何进制都是以二进制为基础的，因此，二进制计数器是各种进制计数器的基础。

9.4.1　二进制计数器

1位二进制计数器由1个触发器构成，n个触发器串联起来，就可以组成n位二进制计数器。一个n位二进制计数器最高可计数2^n个。

1．二进制异步计数器

（1）二进制异步加法计数器

二进制异步加法计数器是计数器中最基本、最简单的电路，它一般由接成计数型的触发器连接而成，计数脉冲加到最低位触发器的CP端，低位触发器的输出Q作为相邻高位触发器的时钟脉冲。

二进制异步加法计数器必须满足二进制数的加法运算原则：逢二进一（1+1=10，即Q由1变为0时有进位）。

组成二进制异步加法计数器时，各触发器应当满足：每输入一个计数脉冲，触发器应当翻转一次；当低位触发器由1变为0时，应输出一个进位信号加到相邻高位触发器的计数输入端。

①电路组成

图9-30所示为由3个下降沿触发的JK触发器组成的3位二进制异步加法计数器的逻辑图。二进制的两个数码0和1，可以用触发器的两个稳定状态来表示。一个触发器恰好可表示一位二进

制数。

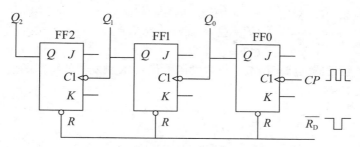

图 9-30 3 位二进制异步加法计数器的逻辑图

图 9-30 中，每个触发器的 J、K 端均悬空（相当于 $J=K=1$），都处在计数状态。3 个触发器中只有最低位 FF0 的使能端 C1 接收计数脉冲 CP，低位触发器的输出端 Q 接至高位触发器的使能端 C1，由于都是下降沿触发，所以，当各触发器的 C1 端信号由 1 变为 0 时，触发器的状态将翻转。

② 工作原理

计数器工作前应先清零。令 $\overline{R_D}=0$，则 $Q_2Q_1Q_0=000$。

第一个 CP 输入后，当 CP 的下降沿到来时，FF0 翻转，Q_0 由 0 变为 1。Q_0 产生的正跳变加至 FF1，故 Q_1 不变。FF2 的 C1 端无触发信号，Q_2 也不变。于是第一个 CP 过后，计数器的状态为 $Q_2Q_1Q_0=001$。

第二个 CP 输入后，在 CP 的下降沿到来时，FF0 又翻转，Q_0 由 1 变为 0。Q_0 产生的负跳变加到 FF1 的 C1 端，FF1 翻转，Q_1 由 0 变为 1。而 Q_1 产生的正跳变加至 FF2 的 C1 端，不能触发 FF2，故 Q_2 不变。于是第二个 CP 过后，计数器的状态为 $Q_2Q_1Q_0=010$。

依次类推，当第七个 CP 输入后，计数器的状态为 $Q_2Q_1Q_0=111$。第八个 CP 输入后，FF0 翻转，Q_0 由 1 变为 0。在 Q_0 的负跳变作用下，FF1 翻转，Q_1 由 1 变为 0。在 Q_1 的负跳变作用下，又使 FF2 翻转，Q_2 由 1 变为 0。于是 3 个触发器又全部重新复位到 000 状态。下一个 CP 输入后，计数器又开始新的计数周期，进入下一个循环。

将上述分析结果填入表中，可得该计数器的真值表，如表 9-19 所示。可看出该计数器是递增计数的，而且从计数脉冲 CP 的输入，到完成计数状态的转换，各位触发器的状态是从低位到高位逐次翻转的，而不是随 CP 的输入同步翻转的，所以称为异步加法计数器。由于计数器是按二进制数递增顺序变化的，当第八个 CP 作用后，计数器的状态恢复为 000，所以该电路又称为八进制异步加法计数器。

表 9-19 3 位二进制异步加法计数器的真值表

输入 CP 序号	触发器状态			输入 CP 序号	触发器状态		
	Q_2	Q_1	Q_0		Q_2	Q_1	Q_0
0	0	0	0	5	1	0	1
1	0	0	1	6	1	1	0
2	0	1	0	7	1	1	1
3	0	1	1	8	0	0	0
4	1	0	0				

根据时序逻辑电路分析步骤，计数器具体工作原理分析如下。

第一步，写相关函数（时钟、激励函数）。

$$CP_0 = CP\downarrow \qquad J_0 = K_0 = 1$$
$$CP_1 = Q_0\downarrow \qquad J_1 = K_1 = 1$$
$$CP_2 = Q_1\downarrow \qquad J_2 = K_2 = 1$$

第二步，求各触发器的状态函数。将激励函数代入 JK 触发器的特征函数 $Q^{n+1} = J\overline{Q^n} + \overline{K}Q^n$，得到各触发器的状态函数。

$$Q_0^{n+1} = \overline{Q}_0^n(CP\downarrow)$$
$$Q_1^{n+1} = \overline{Q}_1^n(Q_0\downarrow)$$
$$Q_2^{n+1} = \overline{Q}_2^n(Q_1\downarrow)$$

第三步，求对应状态。表 9-20 为 3 位二进制异步加法计数器的状态表。图 9-31 为 3 位二进制异步加法计数器的状态图。图 9-32 为 3 位二进制异步加法计数器的时序图。

表 9-20　3 位二进制异步加法计数器的状态表

Q_2^n	Q_1^n	Q_0^n	Q_2^{n+1}	Q_1^{n+1}	Q_0^{n+1}
0	0	0	0	0	1
0	0	1	0	1	0
0	1	0	0	1	1
0	1	1	1	0	0
1	0	0	1	0	1
1	0	1	1	1	0
1	1	0	1	1	1
1	1	1	0	0	0

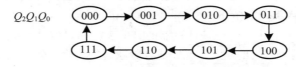

图 9-31　3 位二进制异步加法计数器的状态图

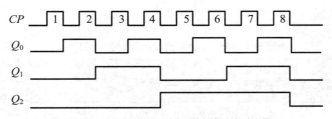

图 9-32　3 位二进制异步加法计数器的时序图

第四步，确定功能。从真值表可看出：最低位触发器来一个时钟脉冲就翻转一次，每个触发器由 1 变为 0 时，要产生进位信号，这个进位信号应使相邻的高位触发器翻转。

如果 CP 的频率为 f_0，那么 Q_0、Q_1、Q_2 的频率分别为 $\dfrac{1}{2}f_0$、$\dfrac{1}{4}f_0$、$\dfrac{1}{8}f_0$，这说明计数器具有分频作用，这样的计数器也叫分频器。

对于图9-32所示时序图，每经过一级触发器，输出脉冲的频率就被二分频，即对于CP的频率而言，各级依次称为二分频、四分频、八分频。

n位二进制计数器最多能累计的脉冲个数为2^n-1，这个数称为计数长度或计数容量。4位二进制计数器的计数长度为15，共有16个状态，即$N=2^n=2^4=16$。计数器的状态总数N称为计数器的模，也称为计数器的循环长度。

（2）二进制异步减法计数器

二进制异步减法计数器必须满足二进制数的减法运算规则：当0-1时，应向相邻高位借位，即10-1=1。

组成二进制异步减法计数器时，各触发器应当满足：每输入一个计数脉冲，触发器应当翻转一次；当低位触发器由0变为1时，应输出一个借位信号加到相邻高位触发器的计数输入端。

① 电路组成

图9-33所示是3位二进制异步减法计数器的逻辑图，与图9-30相比，差别在于减法计数器的连接方式是低位的$\overline{Q}$端与高位的$C1$相连。

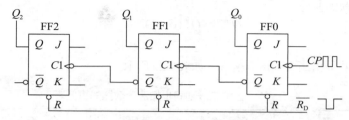

图9-33　3位二进制异步减法计数器的逻辑图

② 工作原理

计数器工作之前应先清零。令$\overline{R_D}=0$，则$Q_2Q_1Q_0=000$。

第一个CP输入后，当CP的下降沿到来时，FF0翻转，Q_0由0变为1，则$\overline{Q_0}$由1变为0。此时Q_0产生的负跳变使FF1翻转，Q_1由0变为1，则$\overline{Q_1}$由1变为0。Q_1产生的负跳变又使FF2翻转，Q_2由0变为1。于是第一个CP过后，计数器的状态为$Q_2Q_1Q_0=111$。

第二个CP输入后，在CP的下降沿到来时，FF0又翻转，Q_0由1变为0，$\overline{Q_0}$由0变为1，产生的正跳变不能使FF1翻转，故Q_1和$\overline{Q_1}$均不变。FF2因C1端无触发信号，Q_2、$\overline{Q_2}$也不变。于是第二个CP过后，计数器的状态为$Q_2Q_1Q_0=110$。

依次类推，每输入一个计数脉冲，都使计数器减1，实现了二进制减法计数。3位二进制异步减法计数器的状态表如表9-21所示。在第八个CP输入后，又将重复上述计数过程。因此，该电路又称异步八进制减法计数器。

表9-21　3位二进制异步减法计数器的状态表

输入CP序号	触发器状态			输入CP序号	触发器状态		
	Q_2	Q_1	Q_0		Q_2	Q_1	Q_0
0	0	0	0	4	1	0	0
1	1	1	1	5	0	1	1
2	1	1	0	6	0	1	0
3	1	0	1	7	0	0	1

二进制异步计数器的优点是电路较为简单。但其高位触发器的状态翻转必须在相邻触发器产生进位信号（加计数）或者借位信号（减计数）之后才能实现，信号是逐级传输的，所以其计数速度较慢。为提高计数速度，可采用同步计数器。

2．二进制同步计数器

异步计数器的进位信号是逐级传输的，因此计数速度受到了限制。为了提高计数速度，可将计数脉冲同时送到每个触发器的$C1$端，使每个触发器的状态变化与计数脉冲同步，这种计数器称为同步计数器。

（1）2位二进制同步加法计数器

图9-34所示是2位二进制同步加法计数器的逻辑图。

触发器的时钟函数为$CP_0 = CP_1 = CP\downarrow$。

触发器的激励函数为$J_0 = K_0 = 1；J_1 = K_1 = Q_0^n$。

JK触发器的特征函数为$Q^{n+1} = J\overline{Q^n} + \overline{K}Q^n$。

将各触发器的激励函数代入JK触发器的特征函数，可得到各触发器的状态函数。

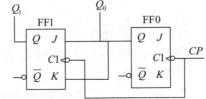

图9-34　2位二进制同步加法计数器的逻辑图

$$Q_0^{n+1} = \overline{Q}_0^n (CP\downarrow)$$
$$Q_1^{n+1} = Q_0^n \oplus Q_1^n (CP\downarrow)$$

根据状态函数和输出函数列出真值表，如表9-22所示。

表9-22　2位二进制同步加法计数器的真值表

CP	Q_1^n Q_0^n	Q_1^{n+1} Q_0^{n+1}	CP	Q_1^n Q_0^n	Q_1^{n+1} Q_0^{n+1}
↓	0　0	0　1	↓	1　0	1　1
↓	0　1	1　0	↓	1　1	0　0

根据状态表绘制2位二进制同步加法计数器的状态图，如图9-35所示。

（2）3位二进制同步加法计数器

图9-36所示是由JK触发器组成的3位二进制同步加法计数器的逻辑图。计数脉冲CP同时加到3个触发器的$C1$端，各触发器的状态翻转与计数脉冲CP同步。

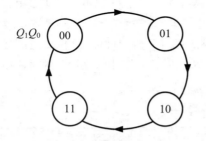

图9-35　2位二进制同步加法计数器的状态图

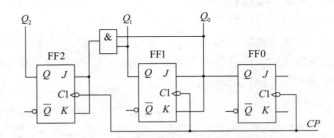

图9-36　3位二进制同步加法计数器的逻辑图

计数过程如下。

计数前先清零，使计数器初始状态为$Q_2Q_1Q_0 = 000$。此时，$J_0 = K_0 = 1$，$J_1 = K_1 = Q_0 = 0$，$J_2 = K_2 = Q_0Q_1 = 0$。

第一个CP为到来后，FF0的状态由0变为1，FF1、FF2保持0状态不变，计数器的状态为$Q_2Q_1Q_0 = 001$。此时，$J_0 = K_0 = 1$，$J_1 = K_1 = Q_0 = 0$，$J_2 = K_2 = Q_0Q_1 = 0$。

第二个CP为到来后，FF0由1变为0，FF1由0变为1，FF2保持0状态不变，计数器的状态为$Q_2Q_1Q_0=010$。此时，$J_0=K_0=1$，$J_1=K_1=Q_0=0$，$J_2=K_2=Q_0Q_1=0$。

第三个CP为到来后，FF0由0变为1，FF1、FF2均保持原状态不变，计数器的状态为011。此时，$J_0=K_0=1$，$J_1=K_1=Q_0=1$，$J_2=K_2=Q_0Q_1=1$。

第四个CP为到来后，3个触发器同时翻转，计数器的状态为$Q_2Q_1Q_0=100$。此时，$J_0=K_0=1$，$J_1=K_1=Q_0=0$，$J_2=K_2=Q_0Q_1=0$。

照此分析，当第七个CP到来后，计数器的状态为111。若再来一个CP，计数器恢复到初始状态000。

具体工作原理分析如下。

① 写相关函数

时钟函数：$CP_0=CP_1=CP_2=CP\downarrow$。

激励函数：$J_0=K_0=1$；$J_1=K_1=Q_0^n$；$J_2=K_2=Q_0^nQ_1^n$。

② 求各触发器的状态函数

JK触发器的特征函数为$Q^{n+1}=J\overline{Q^n}+\overline{K}Q^n$。

将各触发器的激励函数代入该特征函数，可得到各触发器的状态函数。

$$Q_0^{n+1}=\overline{Q}_0^n(CP\downarrow)$$
$$Q_1^{n+1}=Q_0^n\oplus\overline{Q}_1^n(CP\downarrow)$$
$$Q_2^{n+1}=Q_0^nQ_1^n\oplus Q_2^n(CP\downarrow)$$

③ 求对应状态

3位二进制同步加法计数器的真值表如表9-23所示。

表9-23 3位二进制同步加法计数器的真值表

Q_2^n	Q_1^n	Q_0^n	Q_2^{n+1}	Q_1^{n+1}	Q_0^{n+1}
0	0	0	0	0	1
0	0	1	0	1	0
0	1	0	0	1	1
0	1	1	1	0	0
1	0	0	1	0	1
1	0	1	1	1	0
1	1	0	1	1	1
1	1	1	0	0	0

3位二进制同步加法计数器的状态图如图9-37所示。

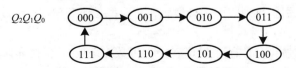

图9-37 3位二进制同步加法计数器的状态图

3位二进制同步加法计数器的时序图如图9-38所示。

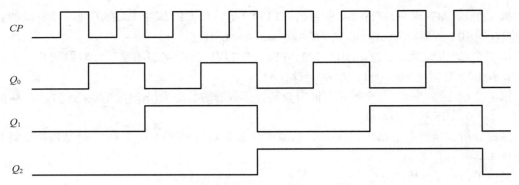

图 9-38　3 位二进制同步加法计数器的时序图

（3）3 位二进制同步减法计数器

如果把图 9-36 中接 Q_0、Q_1 的线改接到 $\overline{Q_0}$、$\overline{Q_1}$ 上，则可构成 3 位二进制同步减法计数器。其真值表如表 9-24 所示。

表 9-24　3 位二进制同步减法计数器的真值表

Q_2^n	Q_1^n	Q_0^n	Q_2^{n+1}	Q_1^{n+1}	Q_0^{n+1}
0	0	0	1	1	1
1	1	1	1	1	0
1	1	0	1	0	1
1	0	1	1	0	0
1	0	0	0	1	1
0	1	1	0	1	0
0	1	0	0	0	1
0	0	1	0	0	0

3 位二进制同步减法计数器的状态图如图 9-39 所示。

$Q_2Q_1Q_0$
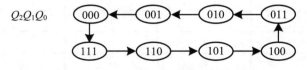

图 9-39　3 位二进制同步减法计数器的状态图

3 位二进制同步减法计数器的时序图如图 9-40 所示。

3．集成二进制同步计数器 74LS161 及其逻辑功能

74LS161 的外观及引脚排列如图 9-41 所示，对应型号还有 SN74161 或 SN54161，国产的型号有 T1161，其功能与 74LS161 相同。

74LS161 的功能较强，它具有清除（清零）、置数（送数）、保持和计数的功能。

74LS161 的引脚中，EP、ET 为计数使能端；$\overline{CR}$ 为异步清零端；$\overline{LD}$ 为置数使能端；A、B、C、D 为数据输入端；Q_A、Q_B、Q_C、Q_D 为数据输出端；CO 为进位端。

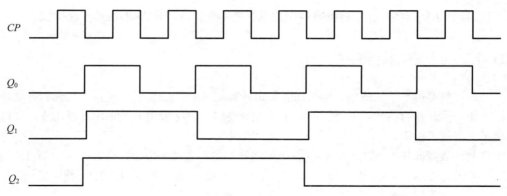

图 9-40 3 位二进制同步减法计数器的时序图

（a）外观 （b）引脚排列

图 9-41 74LS161 的外观及引脚排列

74LS161 的真值表如表 9-25 所示。

表 9-25 74LS161 的真值表

输　入									输　出			
$\overline{CR}$	$\overline{LD}$	ET	EP	CP	A	B	C	D	Q_A	Q_B	Q_C	Q_D
0	×	×	×	×	×	×	×	×	0	0	0	0
1	0	×	×	↑	A	B	C	D	A	B	C	D
1	1	1	1	↑	×	×	×	×	计数			
1	1	0	×	×	×	×	×	×	保持			
1	1	×	0	×	×	×	×	×	保持			

具体功能如下。

（1）清零：74LS161 采用异步清零方式。清零时，不管其他输入端（包括 CP）状态如何，只需在 $\overline{CR}$ 端输入一个负脉冲，各触发器的输出端 Q 就全部被复位为 0 状态。

（2）置数（送数）：在 $\overline{CR}=1$（不处于清零状态）的条件下，若 $\overline{LD}=0$，此时不管 EP、ET 两端状态如何，计数器都执行并置数。当 CP 上升沿来到时，输入数据 D、C、B、A 置入各相应触发器，即 $Q_D Q_C Q_B Q_A = DCBA$。

（3）计数：在 $\overline{CR}=1$（不清零）和 $\overline{LD}=1$（不置数）的条件下，若使能端 $EP=ET=1$，计数器执行计数。此时 74LS161 为一种典型的 4 位二进制同步加法计数器。

（4）保持：在 $\overline{CR}=1$（不清零）和 $\overline{LD}=1$（不置数）的条件下，当使能端 EP、ET 中有一个为

0时，计数器处于保持状态，即各触发器保持原状态不变，进位输出CO也处于保持状态。

9.4.2 十进制计数器

二进制计数器虽然结构简单，但当需要知道计算结果时，还要把二进制数换成十进制数，这就很不方便。因此在有些场合，特别是数字装置的终端，广泛采用十进制计数器计数，并将结果加以显示，以便于使用。

十进制计数器同样有加法计数和减法计数之分，在十进制加法计数器的每一位都可能有0～9这10个不同的数码，遇到9加1时，本位将回到0，同时向高位进1，即"逢十进一"。

1．二-十进制计数器

（1）电路组成

十进制数有0～9共10个数码，4位二进制计数器有16个状态，任意去掉6个状态就可用4位二进制数表示一个十进制数，而其中常用的是8421码，它去掉的是1010～1111这6个状态。

采用8421码的二-十进制计数器的逻辑图如图9-42所示。它由4个JK触发器组成，其中FF3的输入端J的信号$J_3=Q_1Q_2$，FF3的输出$\overline{Q}_3$反送到FF1的J端，即$J=\overline{Q}_3$，这种结构可使该计数器计数到9，即计数器的状态为$Q_3Q_2Q_1Q_0=1001$时，再来一个脉冲，翻转成0000，而不是像二进制计数器一样翻转成1010，从而实现十进制数计数。

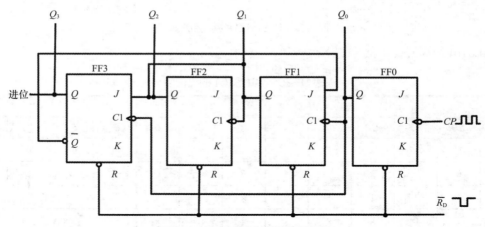

图9-42　二-十进制计数器的逻辑图

（2）工作原理

计数前先清零，即$Q_3Q_2Q_1Q_0=0000$。由图9-42可知，FF0～FF2的电路结构与图9-30所示的3位二进制异步加法计数器的相似。计数器从0000变化到0111状态时，工作过程与前述3位二进制异步加法计数器的完全相同。

计数状态为0111时，Q_1、Q_2为1，因此$J_3=Q_1Q_2=1$，FF3为计数状态。当第八个CP下降沿到来后，FF0～FF2先后由1变为0，同时Q_0的负跳变使FF3翻转为1状态，计数器的状态为1000。第九个CP下降沿到来后，FF0翻转为1状态，Q_0的正跳变对其他触发器均无影响，计数器的状态为1001。第十个CP下降沿到来后，Q_0由1变为0，其负跳变脉冲输入FF1和FF3的使能端，因FF1的$J_1=Q_3=0$，故Q_1仍为0；FF2的使能端因无负跳变脉冲，Q_2也仍为0；而FF3的$J_3=Q_1Q_2=0$，故Q_3由1变为0，计数器的状态恢复为0000，跳过了1010～1111这6个状态。而Q_3由1变为0的同时，向高一位输出一个负跳变进位脉冲，从而完成一位十进制数计数的全过程。

2．集成十进制同步计数器74LS160及其逻辑功能

74LS160为集成十进制同步计数器，国内的型号有T1160，其功能与74LS161的类似。它的外观及引脚排列如图9-43所示。74LS160的功能较强，它具有清除（清零）、置数（送数）、保持和计数的功能。

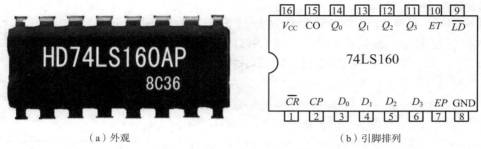

（a）外观　　　　　　　　　　　（b）引脚排列

图 9-43　74LS160 的外观及引脚排列

74LS160的真值表如表9-26所示。

表 9-26　74LS160 的真值表

输　　入									输　　出			
$\overline{CR}$	$\overline{LD}$	ET	EP	CP	D_0	D_1	D_2	D_3	Q_0	Q_1	Q_2	Q_3
0	×	×	×	×	×	×	×	×	0	0	0	0
1	0	×	×	↑	D_0	D_1	D_2	D_3	D_0	D_1	D_2	D_3
1	1	1	1	↑	×	×	×	×	计数			
1	1	0	×	×	×	×	×	×	保持（$CO=0$）			
1	1	1	0	×	×	×	×	×	保持（$CO=0$）			

74LS160计数器的输出$Q_3Q_2Q_1Q_0$的按十进制加法方式变化，即按0000→0001→0010→…→1001→0000的方式变化。当计数器计到1001时，进位输出为1，并重新由0000开始计数。对于十进制计数器，如果电路通电时处于无效状态，进行计数时，先进行加计数到1111后清零（0000），然后按照十进制规律计数。

9.4.3　任意进制计数器

任意进制计数器又称为M进制计数器。每计M个脉冲，计数器的状态循环一周。

应用集成N进制计数器实现M（M<N）计数分频时，需要从集成N进制计数器的状态中跳跃(N−M)个状态，从而得到M个状态的M进制计数器。通常利用集成计数器的清零端和置数端来实现。

1．复位法

复位法是利用计数器的复位使能端（即清零端）构成任意进制计数器的方法。例如，图9-44所示是用4位二进制计数器74LS161构成的十二进制计数器的逻辑图，它是将计数器的Q_D、Q_C

端通过与非门接到$\overline{CR}$端。在计数过程中，当计数器的状态为$Q_DQ_CQ_BQ_A$=1100时，得到一个负脉冲，使计数器的状态回到0000。即该计数器的有效循环状态是0000→0001→…→1011。

2．置数法

74LS161和大多数同步计数器一样，具有置数的功能。利用置数功能构成任意进制（任意循环模数M）计数器有下面两种方法。

（1）状态译码置数法

图9-45所示是使用状态译码置数法构成的十进制计数器的逻辑图。根据逻辑图，当74LS161计数到$Q_DQ_CQ_BQ_A$ = 1001（即十进制的9）时，译码与非门输出低电平，同时译码与非门输出反馈到$\overline{LD}$端，为置数创造了条件。下一个计数脉冲一到，各置数端数据D、C、B、A立即送到各触发器上。因为图9-45中$DCBA$=0000，所以第十个脉冲一到，各触发器的状态全部变为0。在连续计数脉冲的作用下，计数器又开始从0000、0001……1000、1001循环计数，得到8421码十进制计数器。

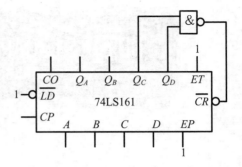

图9-44 用4位二进制计数器74LS161构成的十二进制计数器的逻辑图

由于74LS161是同步置数，所以当各置数端数据$DCBA$=0000时，要构成M进制计数器，译码与非门必须对$(M-1)$所对应的状态进行译码，例如要构成八进制计数器，必须对0111进行译码，即译码与非门的输入要与Q_C、Q_B、Q_A相接。

在图9-45所示逻辑图中，若各置数端数据不是$DCBA$=0000，而是其他数，它就不是十进制计数器。设各置数端数据为N，要构成模数为M的计数器，译码与非门必须对$(N+M-1)$所对应的状态进行译码。例如，N=3（$DCBA$=0011）、M=10，译码与非门必须对1100（即十进制的12）状态进行译码，即译码与非门的两个输入分别接Q_D和Q_C，与非门输出接$\overline{LD}$端，这样由74LS161构成的计数器是十进制计数器。

（2）进位输出置数法

图9-46是使用进位输出置数法构成的十进制计数器的逻辑图。

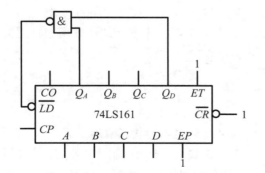

图9-45 使用状态译码置数法构成的十进制计数器的逻辑图

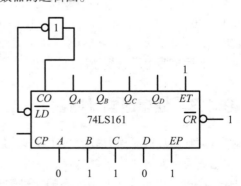

图9-46 使用进位输出置数法构成的十进制计数器的逻辑图

74LS161设置了进位输出端CO。当计数器计到$Q_DQ_CQ_BQ_A$=1111状态，即各触发器为全1时，CO为1。如果将CO信号反相后反馈到$\overline{LD}$端，那么当计数器输出为全1时，$\overline{LD}$端必为低电平。在下一个计数脉冲到来时，计数器将被置成置数端数据（$DCBA$）的状态。然后，在连续计数脉冲的作用下，再以$DCBA$的状态为起点计数。因此，改变置数端的数据就能改变计数器的模数，例如欲得到M=10的计数器，应使置数端数据为$DCBA$=0110（16-10=6）。

3．计数器功能扩展

用多片74LS161，采用状态译码置数法或进位输出置数法可获得模数大于16的任意模数的计数器。例如欲构成M=125的计数器，则需要预先置数为131（131=256-125），即2D、1B、1A各端加1（高电平），其余各置数端均接0（低电平），图9-47所示就是M=125的计数器。

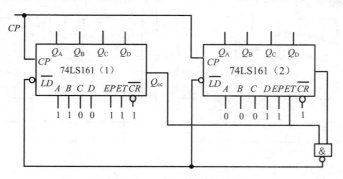

图9-47　M=125的计数器

还应注意到，采用上述置数法构成的计数器，如果置数端数据不是0，可能出现无效状态，计数清零后不能立即进入有效状态循环。

9.5　寄存器

在数字电路系统和电子计算机中，经常需要把一些数据信息暂时存放起来，等待处理。能够暂时存放数码的逻辑部件就称为寄存器。寄存器的记忆单元是触发器。1个触发器可以存储1位二进制数，N个触发器可以存储N位二进制数。寄存器应具有清零、存数和取数的功能，并由相应的电路实现。

寄存器分为数码寄存器和移位寄存器两类。数码寄存器能够在脉冲作用下存储数码，由触发器构成。移位寄存器除了存储数码外，还具有移位的功能。移位是指在移位脉冲的控制下，寄存器中所存的数码依次左移或右移。移位寄存器广泛应用于数字电路系统和电子计算机中。

在移位脉冲的控制下，所存数码只能向某一方向移动的寄存器称为单向移位寄存器，单向移位寄存器有左移移位寄存器和右移移位寄存器之分。如果寄存器中的数码既能左移，又能右移，这种寄存器称为双向移位寄存器。

9.5.1　数码寄存器

1．数码寄存器的逻辑图

图9-48是4位数码寄存器的逻辑图，它由4个D触发器组成。

2．数码寄存器的工作过程

工作过程如下：在接收数码前，先送入清零负脉冲，使所有触发器置0；待存数码加在触发器的输入端$D_3 \sim D_0$，设数码为1010；当寄存器接到"寄存指令"（正脉冲）时，根据D触发器的特性，各触发器的状态与输入状态相同，即$Q_3Q_2Q_1Q_0$=1010，因此数码寄存器便把输入数码存入寄存器中。寄存器在接收数码时，各位数码同时存入寄存器，其输出也从各位同时取出，因此这种寄存器又称并行输入并行输出寄存器。

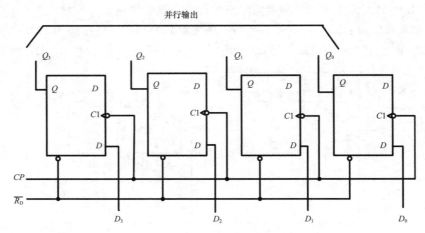

图 9-48　4 位数码寄存器的逻辑图

9.5.2　移位寄存器

1．移位寄存器的工作原理

图 9-49 是由 D 触发器组成的 4 位左移移位寄存器的逻辑图。图中各触发器的 CP 端连在一起作为移位脉冲的使能端。最低位触发器 FF0 的 D_0 端作为数码输入端 D。

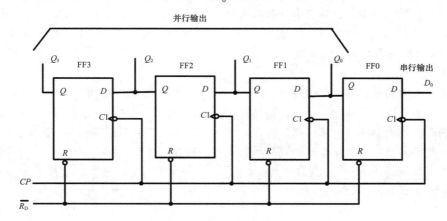

图 9-49　4 位左移移位寄存器的逻辑图

设要存入的是 4 位二进制码 $D_3D_2D_1D_0$=1101，按移位脉冲的工作节拍，从高位到低位逐位送到 D_0 端。经过第一个 CP 后，Q_0=1；经过第二个 CP 后，FF0 的状态移入 FF1，FF0 又移入新数码，即 Q_1=1，Q_0=1；依次类推，经过 4 个 CP 后，Q_3=1，Q_2=1，Q_1=0，Q_0=1，4 位数码全部存入寄存器中。

4 位左移移位寄存器的状态表如表 9-27 所示。

表 9-27　4 位左移移位寄存器的真值表

输入CP序号	输入数据	Q_3	Q_2	Q_1	Q_0
0	0	0	0	0	0
1	1	0	0	0	1
2	1	0	0	1	1
3	0	0	1	1	0
4	1	1	1	0	1

4 位左移移位寄存器的时序图如图 9-50 所示。

这种移位寄存器寄存的数码是按移位脉冲的工作节拍从高位到低位逐位输入寄存器中的，属于串行输入方式。从寄存器中取数码有两种方式：一是从 4 个触发器的 Q 端同时取数码的并行输出方式；二是数码从最高位触发器的 Q_3 端逐位取出，即串行输出方式。显然，采用串行方式取数时，还必须再送 4 个移位脉冲，才能移出存入的 4 位数码。

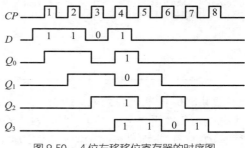

图 9-50　4 位左移移位寄存器的时序图

右移移位寄存器的特点是待存数码从低位到高位逐位送到最高位触发器的输入端，其工作过程与左移移位寄存器的类似。

双向移位寄存器，前文已有说明，实质上是通过使能端的作用，使得寄存器中存储的数码既能左移又能右移。

2．双向移位寄存器 74LS194 及其逻辑功能

74LS194 是功能很强的双向移位寄存器，其外观及引脚排列如图 9-51 所示。中规模集成 TTL 系列双向移位寄存器国内产品还有 T4194，CMOS 系列有 CC40194，其引脚排列和功能与 74LS194 的类似。

（a）外观

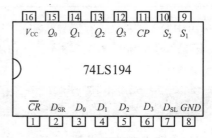

（b）引脚排列

图 9-51　74LS194 的外观及引脚排列

74LS194 具有数据并行输入、保持、异步清零和左右移位的功能。其中第 16 引脚接电源 V_{CC}，第 8 引脚接地。清零端 $\overline{CR}=1$ 时，当 $S_1=S_2=0$ 时，寄存器执行保持功能，这时寄存器内的数码保持不变；当 $S_1=0$，$S_2=1$ 时，寄存器执行右移功能，数码从 D_{SR} 端输入；当 $S_1=1$，$S_2=0$ 时，寄存器执行左移功能，数码从 D_{SL} 端输入；当 $S_1=S_2=1$ 时，寄存器执行并行输入数码功能，加在 $D_0 \sim D_3$ 端的数码在时钟脉冲作用下同时存入寄存器中。74LS194 的真值表如表 9-28 所示。

3．移位寄存器74LS164及其逻辑功能

74LS164是串行输入并行输出的8位移位寄存器，并带有清零端。其引脚排列如图9-52所示。其中，Q_A、Q_B、Q_C、Q_D、Q_E、Q_F、Q_G、Q_H是并行输出端；A、B是串行输入端；$\overline{CR}$是清零端，$\overline{CR}$为0时，输出清零；CP是时钟输入端。

表9-28 74LS194的真值表

$\overline{CR}$	S_1	S_2	功能
0	×	×	清零
1	0	0	保持
1	0	1	右移
1	1	0	左移
1	1	1	并行输入

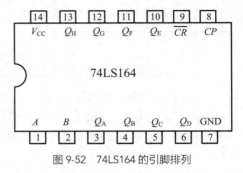

图9-52 74LS164的引脚排列

74LS164的状态表如表9-29所示。其中，Q_{A0}、Q_{B0}、Q_{C0}、Q_{D0}、Q_{E0}、Q_{F0}、Q_{G0}、Q_{H0}是在稳定状态输入条件建立之前，Q_A、Q_B、Q_C、Q_D、Q_E、Q_F、Q_G、Q_H相应的状态，Q_{An}、Q_{Bn}、Q_{Cn}、Q_{Dn}、Q_{En}、Q_{Fn}、Q_{Gn}是在最近的时钟上升沿转换前Q_B、Q_C、Q_D、Q_E、Q_F、Q_G、Q_H的状态。

表9-29 74LS164的真值表

输 入				输 出							
$\overline{CR}$	CP	A	B	Q_A	Q_B	Q_C	Q_D	Q_E	Q_F	Q_G	Q_H
0	×	×	×	0	0	0	0	0	0	0	0
1	0	×	×	Q_{A0}	Q_{B0}	Q_{C0}	Q_{D0}	Q_{E0}	Q_{F0}	Q_{G0}	Q_{H0}
1	↑	1	1	1	Q_{An}	Q_{Bn}	Q_{Cn}	Q_{Dn}	Q_{En}	Q_{Fn}	Q_{Gn}
1	↑	0	×	0	Q_{An}	Q_{Bn}	Q_{Cn}	Q_{Dn}	Q_{En}	Q_{Fn}	Q_{Gn}
1	↑	×	0	0	Q_{An}	Q_{Bn}	Q_{Cn}	Q_{Dn}	Q_{En}	Q_{Fn}	Q_{Gn}

表9-29中第3行表示寄存器异步清零；第4行表示当$\overline{CR}=1$，$CP=1$（或0）时，寄存器处于原来状态；第5、6、7行表示串行输入，Q_A由$A \cdot B$决定。

本章小结

1．时序逻辑电路的特点是电路的输出状态不仅与该时刻电路的输入信号有关，而且与电路过去所处的状态有关。时序逻辑电路中要有存储功能元器件，以存储电路过去的状态，并同输入信号一起决定电路当前的输出。时序逻辑电路使用的存储元器件是双稳态触发器，它有两个稳定的状态，用于记忆1位二进制信息。

2．时序逻辑电路按触发器触发方式来分类，可分为同步时序电路和异步时序电路。同步时序电路中所有触发器在统一时钟脉冲作用下工作，状态转换是同步的。异步时序电路中没有统一的时钟信号，电路状态的改变由外部输入信号的变化直接引起。

3．时序逻辑电路按输出变量和输入信号的依存关系不同，可分为Mealy型和Moore型。如果电路的输出变量不仅与内部输入信号有关，而且与外部输入信号有关，这种电路就称为Mealy

型电路；如果电路的输出只与内部输入信号有关，而与外部输入信号无关，这种电路就称为 Moore 型电路。

4. 常用的描述时序逻辑电路逻辑功能的工具有真值表、状态图、时序图以及激励函数和输出函数等。

5. 计数是一种基本的运算，在数字电路中主要是对脉冲的个数进行计数。按照计数器中的触发器是否同时翻转分类，可将计数器分为同步计数器和异步计数器；按照计数过程中数字的增减分类，可将计数器分为加法计数器、减法计数器和可逆计数器；按照计数器的进制数分类可将计数器分为二进制计数器、十进制计数器等。

6. 寄存器分为数码寄存器和移位寄存器两类。数码寄存器在脉冲作用下能存储数码；移位寄存器在移位脉冲的控制下，所存的数码依次左移或右移。

📝 习题

一、填空题

1. 在数字电路中，凡是任何时刻电路的稳态输出不仅和（　　　　）的输入信号有关，而且取决于电路的（　　　　）状态者，都称为时序逻辑电路。（**武汉大学考研试题**）

2. 组合逻辑电路设计中逻辑抽象的目的是得到（　　　　）。而时序逻辑电路设计中逻辑抽象的目的是得到（　　　　）。（**重庆大学考研试题**）

3. 时序逻辑电路的结构中一定含有（　　　　）。（**北京科技大学考研试题**）

4. 4 级触发器组成十进制计数器，其无效状态数为（　　　　）。（**华中科技大学考研试题**）

5. 欲构成能够计数最大十进制数为 999 的计数器，至少需要（　　　　）个双稳态触发器。（**华中科技大学考研试题**）

6. 如果欲将频率为 20kHz 的正弦波变成频率为 2kHz 的对称方波，则可用（　　　　）和（　　　　）码计数器串接而成。（**北京理工大学考研试题**）

7. 利用移位寄存器产生 111101 序列，至少需要（　　　　）级触发器。（**电子科技大学考研试题**）

8. 在计数器中，同步清零需要（　　　　）、（　　　　）两个信号。（**华东师范大学考研试题**）

9. 利用左移移位寄存器可以实现二进制数的（　　　　）运算；利用右移移位寄存器可以实现二进制数的（　　　　）运算。（**兰州大学考研试题**）

二、选择题

1. 在以下电路中，属于时序逻辑电路的是（　　　　）。（**重庆大学考研试题**）

A. 移位寄存器　　　　B. 编码器　　　　C. 译码器　　　　D. 数值大小比较器

2. 一个 4 位二进制减法计数器的起始值为 1001，经过 100 个时钟脉冲作用之后的值为（　　　　）。（**电子科技大学考研试题**）

A. 1100　　　　B. 0100　　　　C. 1101　　　　D. 0101

3. 欲用移位寄存器产生序列信号 100001，则至少需要（　　　　）级触发器。（**电子科技大学考研试题**）

A. 2　　　　B. 3　　　　C. 4　　　　D. 5

4．Moore 型电路的输出（　　　　）。（**电子科技大学考研试题**）

A．只与当时外部输入信号有关　　　　　B．只与当时电路内部状态有关

C．与当时外部输入信号和内部状态都有关　　D．以上 3 种说法都对

三、综合题

1．设计一个同步时序电路，完成二进制数 A 和 B 的串行加法（设输入低位在前）。

（1）如果采用 Mealy 型电路，列出最简状态表。

（2）如果采用 Moore 型电路，列出最简状态表。

（**电子科技大学考研试题**）

2．采用 Mealy 型电路设计一个串行数据检测器，该电路具有一个数据输入端、一个检测输出端和一个时钟端口。电路初始输出为 0，仅当电路输入序列出现"11010"时，电路输出 1，并回到初始状态。要求：绘制电路的状态转换图；采用二进制编码进行状态赋值，写出电路的真值表；利用 D 触发器实现该电路，写出最小成本的激励函数。（**电子科技大学考研试题**）

3．时序逻辑电路与组合逻辑电路在组成上有什么不同？它们在性能上又有什么特点？（**北京理工大学考研试题**）

4．某同步时序电路的原始真值表如表 9-30 所示。

表 9-30　同步时序电路的原始真值表

S	S^{n+1}/Z	
	0	1
S_0	$S_1/0$	$S_0/0$
S_1	$S_2/0$	$S_0/0$
S_2	$S_2/0$	$S_3/1$
S_3	$S_1/0$	$S_1/0$

（1）列出最简真值表。

（2）根据给出的 X 输入序列，列出 Z 的输出顺序（设初始态为 S_0）：$X=10010100101$。

（3）该电路检测的序列是什么？

（**西安电子科技大学考研试题**）

5．用两片十六进制同步加法计数器 74LS161 及其他必要的元器件设计一个可变模二进制同步计数器，当模式控制 $M=0$ 时，为 60 进制计数器，当 $M=1$ 时，为 100 进制计数器，要求输出不能有"毛刺"，请画出电路图。（**浙江大学考研试题**）

6．试用 D 触发器与门电路设计序列信号发生器，使其周期性地输出序列信号 111100010011010，说明设计过程。（**上海交通大学考研试题**）

第**10**章

逻辑电路的自动化设计

本章学习目标

掌握逻辑电路自动化设计流程。

掌握原理图输入法组合逻辑电路设计流程。

掌握Verilog HDL基础知识。

掌握Verilog HDL输入法逻辑电路设计流程。

了解有限状态机。

本章讨论的问题

什么是逻辑仿真和逻辑综合？

什么是Verilog HDL模块？

如何用原理图输入法和Verilog HDL输入法描述逻辑电路？

当别人卡我们脖子的时候，我们为什么不可以培养卡他们脖子的人才。——周祖成（清华大学教授）

周祖成在1995年创办我国最早、配套最先进的EDA实验室；1996年，他发起中国研究生电子设计大赛，成为我国办赛时间最久、规模最大、影响力最强的研究生创新实践赛事；2016年，他又发起了中国研究生创"芯"大赛。研究和开发EDA软件绝非一日之功，我们依然需要以极大的定力和饱满的热情，以更为坚定的信念和更加稳健的步伐推进国产EDA软件产业的发展。

10.1 逻辑电路自动化设计流程

数字电路系统设计的两种传统方法，即使用布尔表达式或使用逻辑电路图来完成逻辑设计，均需要人工将数字电路系统设计转化成布尔表达式或者逻辑电路图。随着超大规模集成电路的发展，数字电路系统一般都由成千上万的逻辑门组成，采用传统方法进行数字电路系统设计是一件非常困难的事情。为完成复杂、庞大的数字电路系统设计，需要采用新的设计方法，于是出现了逻辑电路的自动化设计。

10.1.1 Quartus Ⅱ 简介

Quartus 是 Altera 公司研发的大规模 PLD（可编程逻辑器件）开发集成环境。它的界面友好，使用便捷，支持图形化界面，且提供了一种与结构无关的软件设计环境，能够更加方便地进行设计输入、快速处理和元器件编程。

Quartus Ⅱ 提供了能满足各种特定设计的需要，即单芯片可编程系统设计的综合性环境。Quartus Ⅱ 完全支持 VHDL（超高速集成电路硬件描述语言）、Verilog HDL 的设计流程。Quartus Ⅱ 的设计流程如图 10-1 所示。图的上半部分是 Quartus Ⅱ 编译设计主控界面；图的下半部分是流程框图，是与 Quartus Ⅱ 设计流程相对应的标准的数字电路系统设计自动化开发流程。

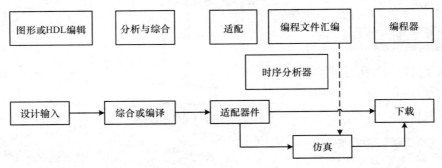

图 10-1　Quartus Ⅱ 的设计流程

在输入处理方面，Quartus Ⅱ 内部嵌有 VHDL、Verilog 综合器、模块化的编译器，包括的功能模块有分析与综合器、适配器、配置文件的装配器、时序分析器、对应于下载部分的编程器，以及设计辅助模块、EDA（电子设计自动化）网表文件生成器、编辑数据接口等。

10.1.2 自动化设计流程

1．设计输入方式

"原理图/VHDL文本编辑"是指按照数字电路系统的功能要求进行建模，将需要实现的功能进行逻辑抽象，用一定的方法描述出来。数字电路功能的描述方法包括真值表、原理图、输入输出信号波形、状态图，以及利用特定的计算机语言来描述。可以将特定的计算机语言输入计算机，使用 EDA 软件来进行后续的处理。

（1）图形输入

图形输入包括原理图输入、状态图输入和时序图输入3种常用方法。原理图输入即在EDA软件的图形编辑界面上绘制能实现特定功能的数字电路原理图，原理图由相应的逻辑元器件和连线构成，图中的逻辑元器件可以是EDA软件库中预制的功能模块，如与门、非门、或门、触发器，也可以是一些功能更强大的自定义生成的功能模块。原理图绘制完成后，EDA软件将对输入的图形文件进行排错，再将其编译成适用于逻辑综合的网表文件。

（2）硬件描述语言输入

硬件描述语言（HDL）是EDA技术的重要组成部分。目前常用的硬件描述语言主要有VHDL、Verilog HDL、SystemVerilog和SystemC，其中Verilog HDL、VHDL在EDA设计中使用得最多，也得到几乎所有主流EDA工具的支持。硬件描述语言输入与计算机软件语言编辑输入基本一致，就是将使用某种硬件描述语言的电路的源程序输入计算机，在完成编辑输入后，其他所有设计过程都由计算机软件完成。

2．逻辑综合

逻辑综合是在标准单元库（Standard Cell Library）和特定的设计约束（Design Constrain）的基础上，把设计的高层次描述（如RTL代码）转化为优化的门级网表（Netlist）的过程。完成逻辑综合的软件模块称为逻辑综合器。

逻辑综合器是根据一个系统的逻辑功能与性能的要求，在一个包含众多结构、功能、性能均已知的逻辑元器件的单元库的支持下，寻找出一个逻辑网络结构的最佳实现方案，即实现在满足设计电路的功能、速度及面积等限制条件下，将行为级描述转化为指定的技术库中单元电路的连接。

3．适配

适配过程完成设计逻辑元器件中的布局布线、选择适当的内部互连路径、引脚分配、逻辑元器件分配等工作。完成适配的软件模块称为适配器，适配器将逻辑综合器产生的描述电路连接关系的网表文件配置于指定的目标元器件中，使之产生最终的下载文件。适配完成后可以利用适配所产生的仿真文件做精确的时序仿真，同时产生可用于编程的文件，给适配器进行编程文件的汇编。

4．功能仿真与时序仿真

仿真过程是正确实现设计的关键环节，用来验证设计者的设计思想是否正确，以及在设计实现过程中各种分布参数引入后，其设计的功能是否依然正确无误。仿真主要分为功能仿真（前仿真）和时序仿真（后仿真）。功能仿真是在设计输入后进行的；时序仿真是在逻辑综合或布局布线后进行的。

（1）功能仿真

功能仿真是指在一个设计中，在设计实现前对所创建的逻辑进行功能验证的过程。布局布线之前的仿真都称作功能仿真，它包括综合前仿真（Pre-Synthesis Simulation）和综合后仿真（Post-Synthesis Simulation）。综合前仿真主要针对原理图的设计；综合后仿真既适合原理图的设计，也适合基于硬件描述语言的设计。

（2）时序仿真

时序仿真使用布局布线后元器件给出的模块和连线的延时信息，是接近真实元器件运行特性的仿真。时序仿真使加载到仿真器的设计包括基于实际布局布线设计的最坏情况的布局布线延时。在仿真结果时序图中，时序仿真后的信号加载了延时，而功能仿真没有。

5．编程下载与硬件测试

对设计进行验证后，即可对目标元器件进行编程和配置，下载设计文件到硬件中进行硬件验证。

完成编程下载的软件模块称为编程器。把下载的文件或生成的配置文件，通过编程器或编程电缆传输到FPGA（现场可编程门阵列）或CPLD（复杂可编程逻辑器件）等元器件进行硬件调试和验证。

最后对含有FPGA或CPLD等的硬件系统进行统一测试，验证设计项目实际工作情况，排除错误，从而进一步改进设计。

10.2 原理图输入法组合逻辑电路设计

本节介绍的原理图输入设计流程具有一般性，它同样适用于其他输入方法设计。

10.2.1 编辑输入图形文件

将电路原理图编辑输入前，首先要建立工作库文件夹，目的是存储工程项目设计文件，任何一项设计都是一个工程（Project），都必须首先为此工程建立一个放置与此工程相关的所有设计文件的文件夹。此文件夹将被Quartus Ⅱ默认为工作库（Work Library）。通常，不同的设计工程项目最好放在不同的文件夹中，而同一个工程的所有文件必须放在同一个文件夹中，同时注意不要将文件夹放在计算机已有的安装目录中，更不要将工程文件直接放在根目录中。文件夹命名不能使用中文，且尽量不要用数字。

首先建立一个文件夹。本项目设计的文件夹被命名为HRUST_PROJECT，并保存在E:/HRUST下，路径为E:/HRUST/HRUST_PROJECT。建立文件夹以后，通过Quartus Ⅱ的原理图编辑器编辑电路的步骤如下。

（1）打开原理图编辑界面

如图10-2所示。打开Quartus Ⅱ，选择File→New命令。在New对话框中的Design Files中选

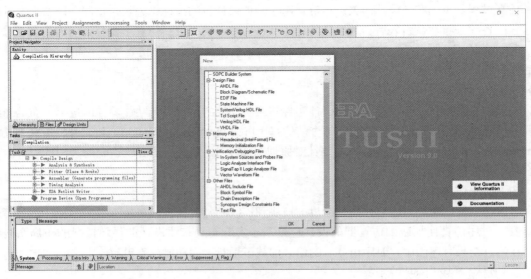

图 10-2 原理图编辑界面

择原理图文件类型，这里选择 Block Diagram/Schematic File，即可在原理图编辑界面中加入所需的电路元器件。

（2）存储文件

选择 File→Save As 命令，找到已设立的文件夹路径 E:/HRUST/HRUST _PROJECT。将此空原理图文件存盘，存盘文件名可取为 XHFSQ.hdf，当出现提示 Do you want to create 时，单击是按钮，则直接进入创建工程流程；单击否按钮，可按以下的方法创建工程流程。本示例中先单击否按钮。

（3）创建工程

在 New Project Wizard 对话框中可以为工程指定工作目录、分配工程名、指定顶层文件的名称，还可以指定要在工程中使用的设计文件、其他源文件、用户库和开发工具，以及目标元器件系列和具体元器件等。在此要利用 New Project Wizard 对话框创建此设计工程，即令当前设计 XHFSQ.bdf（现在还是一个空文件）为工程。

选择 File→New Project Wizard 命令，单击弹出对话框第二栏右侧的按钮，找到文件夹 E:/HRUST/HRUST _PROJECT，选中已存盘的文件 XHFSQ. bdf，再单击"打开"按钮。如图 10-3 所示，其中第一栏的 E:/HRUST/HRUST_PROJECT 表示工程所在的工作目录，第二栏的 XHFSQ 表示此项工程的工程名，工程名可以取任何其他的名称，也可直接用顶层文件名或实体名；第三栏是当前工程顶层文件的名称，这里即 XHFSQ。

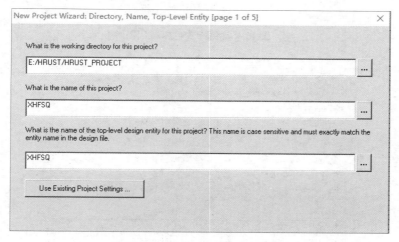

图 10-3　New Project Wizard 对话框

（4）将设计文件加入工程

单击图 10-3 所示界面下方的 Next 按钮，在弹出的界面（见图 10-4）中单击 File name 栏的…按钮，将与工程相关的文件加入此工程，再单击右侧的 Add 按钮，即可将设计文件加入工程。

（5）选择目标芯片

单击 Next 按钮，在弹出的界面中，在 Family 栏选择芯片系列，在此假设准备选择的目标芯片是 EP2C5T144C7。这里 EP2C5 表示 Cyclone Ⅱ 系列及此元器件的逻辑规模，E 表示带有金属地线底板的 TQFP（薄型四方算扁平封装）封装，C7 表示速度级别。此外，还可以利用快捷方式，即通过图 10-5 所示界面右边的 3 个选项进行过滤选择：分别选择 Package 为 TQFP，Pin count 为 144，Speed grade 为 7。

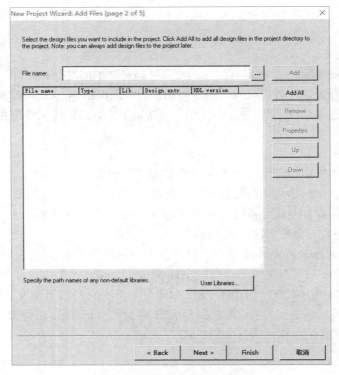

图 10-4 将设计文件加入工程

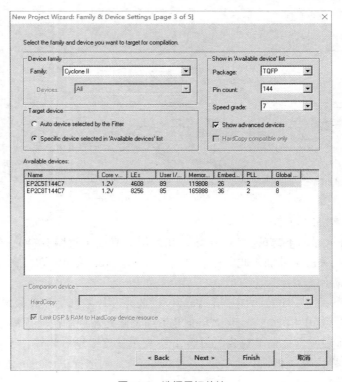

图 10-5 选择目标芯片

（6）工具设置

单击Next按钮，弹出 EDA 工具设置（EDA Tool Settings）对话框，如图10-6所示。此对话框有3项选择：Design Entry/Synthesis，用于选择输入的硬件描述语言类型和综合工具；Simulation，用于选择仿真工具；Timing Analysis，用于选择时序分析工具，这是除Quartus Ⅱ自含的所有设计工具外，外加的第三方工具。在此可以暂时跳过这一步。单击Next按钮后即弹出工程设置统计界面，显示相关设置情况。最后单击Finish按钮，即已设定好此工程，并出现XHFSQ的工程管理界面，或称Compilation Hierarchies 界面，主要显示本工程项目的层次结构，如图10-7所示。注意此工程管理界面上方所示的工程路径、工程名 XHFSQ、当前已打开的文件名 XHFSQ。

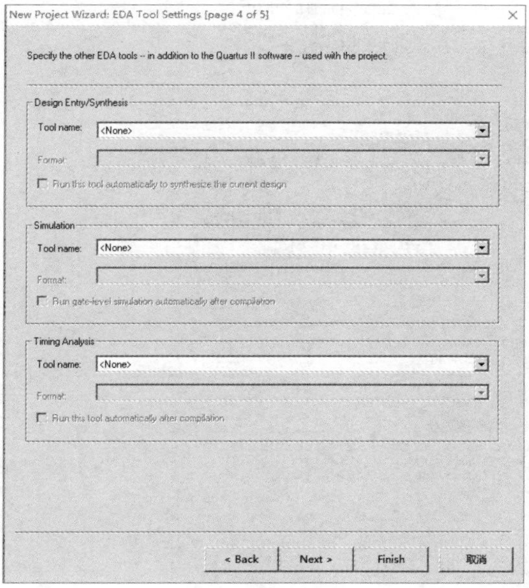

图 10-6　EDA Tool Settings 对话框 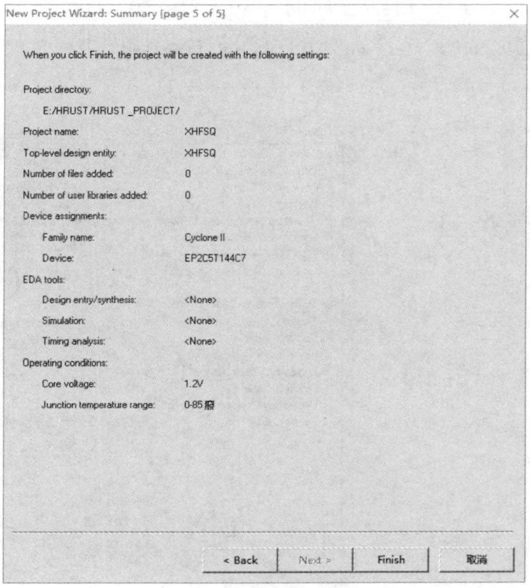　　　　　　　图 10-7　工程管理界面

（7）编辑脉冲发生器示例电路

设计一个简单的脉冲发生器，主要由74LS138和两个与非门构成，如图10-8所示，其中 A、B、C是译码输入端，Y[7..0]是译码输出端，P是脉冲输出端。Y[7..0]是总线表示方法，它是8个单独信号Y[7] ～ Y[0]的集合表示法。

简单的脉冲
发射器的设计

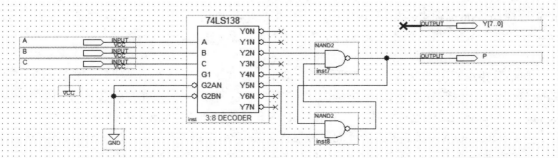

图 10-8　脉冲发生器电路结构

10.2.2　编译设计文件

Quartus Ⅱ编译器的主要任务是对设计项目进行检查并完成逻辑综合，同时将项目最终设计结果生成元器件的下载文件。编译开始前，可以先对工程的参数进行设置。Quartus Ⅱ中的编译过程分为编译前设置和全编译。

1．编译前设置

在对当前工程进行编译处理前，必须做好必要的设置，对编译加入一些约束，使之在自动化处理后获得更好的编译结果以满足设计要求。

（1）选择目标芯片

选择目标芯片的步骤为：选择Assignments→Settings命令，在弹出的对话框中选择Category→Device，选择需要的目标芯片。如图10-9所示，在Device界面选择目标芯片。

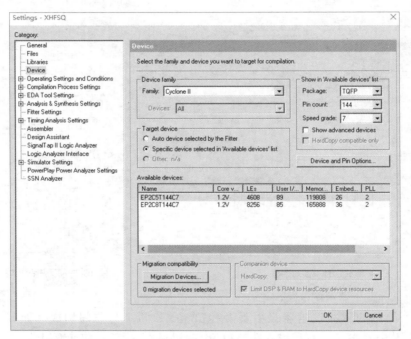

图 10-9　选择目标芯片

（2）选择配置元器件的工作方式

单击图10-9所示界面的 Device and Pin Options 按钮，弹出 Device and Pin Options对话框。首先选择General选项卡，如图10-10所示，并在Options栏内勾选Auto-restart configuration after error复选框，使对FPGA的配置失败后才能自动重新配置。

（3）选择配置元器件和配置模式

如果希望编程配置文件压缩后能通过主动串行模式下载到配置元器件中，就需要在编译前做好设置。选择Configuration 选项卡，出现图10-11所示界面。勾选界面下方的 Generate compressed bitstreams 复选框，就能产生用于EPCS元器件的 POF 压缩编程配置文件。

在Configuration选项卡中，选择配置元器件为EPCS4。其配置模式可选择 Active Serial（默认）。在这种模式下，只对专用的采用Flash技术的配置元器件（专用于Cyclone Ⅱ/Ⅲ等系列FPGA的EPCS4、EPCS16等）进行编程。计算机对FPGA的直接配置模式都是JTAG。

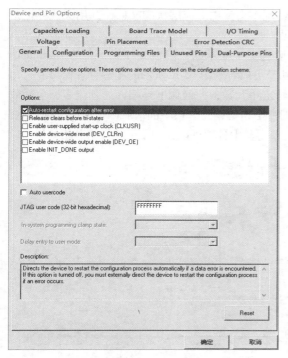

图 10-10　General 选项卡

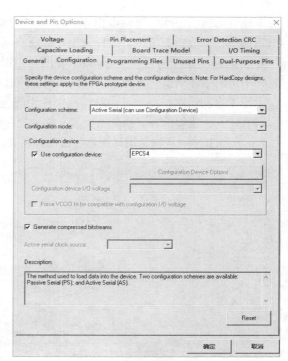

图 10-11　Configuration 选项卡

对 FPGA 进行所谓"掉电保护式"编程通常有 3 种模式：主动串行模式（AS Mode）、间接编程模式和被动串行模式（PS Mode）。

（4）双功能输入输出端口设置

切换到 Dual-Purpose Pins 选项卡，将 nCEO 原来的 UseasprogrammingPin 改为 Useas regular I/O（nCEO 端口作为编程口时，可用于多 FPGA 芯片的配置），这样可以将此端口也用作普通 I/O 口。需特别注意的是，此项设置必须事先完成，对于已选的 EP2C 系列元器件需关注此元器件引脚的配置情况，可查阅相关资料进行了解。

（5）选择目标元器件闲置引脚的状态

此项选择在某些情况下十分重要。可在 Unused Pins 选项卡中根据实际需要选择为输入状态、输出状态、输出不定状态，或不做任何选择。

2．全编译

Quartus Ⅱ 编译器是由一系列处理模块构成的，这些模块可以进行设计项目的检错、逻辑综合、结构综合、输出结果的编辑配置、时序分析等。编译开始后，编译器首先检查工程设计文件中可能的错误信息，供设计者排错；然后产生一个结构化的用网表文件表达的电路原理图文件。在编译前，设计者可以通过各种不同的约束设置，指导编译器使用各种可能的综合技术和适配技术，提高设计项目的工作速度，优化元器件的结构和资源利用率。在编译过程中及编译完成后，设计者可以从编译报告窗口获得所有相关的详细编译统计数据，这有利于设计者及时调整设计方案。

编译前首先选择 Processing→Start Compilation 命令，启动全编译（Full Compilation），包括以上提到的 Quartus Ⅱ 对设计输入的多项处理操作。

如图 10-12 所示，编译过程中要注意工程管理窗口下方 Processing 选项卡中的编译信息。如果启动编译后发现有错误，Processing 选项卡会以红色显示错误说明文字，并告知编译不成功。

对于此处的错误说明，可双击相应条目，在多数情况下会弹出对应层次的文件，并用深色标记指出错误所在，改错后再进行编译直至排除所有错误。

Processing选项出现的Warning报警信息是以蓝色文字显示的，但也要注意，有的Warning信息并不影响编译结果，有的则影响。如果编译成功，可以看到图10-12所示的工程管理窗口左上角显示出工程的层次结构和其中结构模块耗用的逻辑宏单元数，此区域下是编译处理流程，包括数据网表建立、逻辑综合、适配、配置文件装配和时序分析等信息。最下面区域内是编译处理信息。Compilation Report区域是编译报告项目选择列表，单击其中各项可以详细了解编译与分析结果。

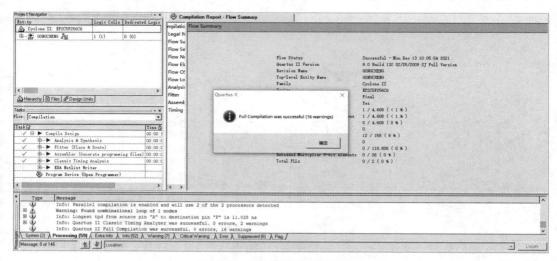

图 10-12　全编译后的工程管理窗口

10.2.3　时序仿真测试电路

工程编译通过后，必须对其功能和时序性质进行测试，以了解设计结果是否满足原设计要求。步骤如下。

（1）打开波形编辑器

选择File→New命令，在New对话框中选择Verification/Debugging Files下的Vector Waveform File，单击OK按钮，即出现空白的仿真波形编辑器。注意将窗口放大，以利于观察。

（2）设置仿真时间范围

对于时序仿真来说，将仿真时间设置在一个合理的时间区域十分重要。通常设置的仿真时间范围为数十微秒。选择Edit→End Time命令，在弹出的对话框的Time栏处输入50.0，单位选择us，如图10-13所示，整个仿真的时间即设定为50us，单击OK按钮，结束设置。

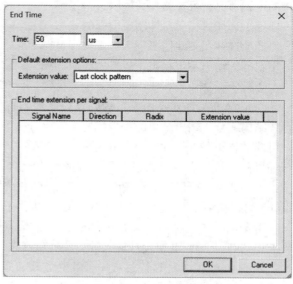

图 10-13　设置仿真时间范围

（3）存储波形文件

选择 File→Save as命令，将默认名为XHFSQ.vwf的波形文件存入文件夹E:/HRUST/HRUST_PROJECT中。

（4）添加工程

将工程XHFSQ的引脚名加入波形编辑器中。首先选择 View→Utility Windows→Node Finder命令，弹出图10-14所示的对话框，在Filter 下拉列表中选择Pins:all（通常已默认选择此选项），然后单击 List 按钮，于是在下方的 Nodes Found区域中出现设计的XHFSQ工程的所有引脚名（通常希望 Node Finder 对话框是浮动的，可以右击此对话框边框，在弹出的快捷菜单中取消选中 Enable Docking即可）。注意，如果点击List按钮后不显示XHFSQ工

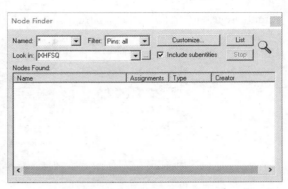

图 10-14　Node Finder 对话框

程的引脚名，需要重新对原理图进行编译，即选择 Processing→Start Compilation命令，然后重复以上操作。

（5）设置端口和信号

将重要的引脚名A、B、C、P和输出总线信号Y分别拖曳到波形编辑器之后，关闭Node Finder对话框，再单击波形编辑器左侧的全屏显示按钮使其全屏显示，单击放大/缩小按钮，然后在波形编辑区域右击，使仿真坐标处于适当位置，如图10-15所示界面上方所示。

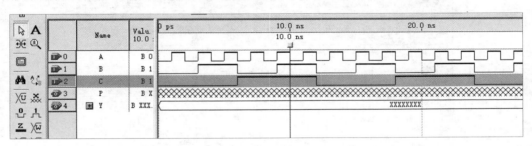

图 10-15　仿真时序图

（6）编辑输入激励信号

对输入引脚A、B、C设置输入高电平或低电平的信号，以便通过观察输出信号来了解电路的功能。用鼠标拖曳的方式，选中某个变量的一段输入值，使之变成蓝色，再单击左侧的电平设置按钮1或0，如图10-15所示。

为了清楚地观察仿真波形，举例说明此示例的输入信号A、B、C的设置：用鼠标拖曳 A使之变成蓝色，再单击 Ⅺ，在出现的菜单中选择 Timing命令，给定一个脉冲信号，其时钟周期为3ns，同样地，选B的时钟周期为6ns，C的时钟周期为12ns。

单击图10-15所示的输出信号Y左边的+，则展开此总线中的所有信号，如果双击+左边的信号标记0，将弹出对该信号数据格式设置对话框。在该对话框的Radix栏有7种选择，这里选择默认的Binary表达方式。设置好的激励信号时序图如图10-14所示，完成后必须对波形文件再次存盘。

（7）设置仿真参数

选择Assignments→Settings命令，在Settings界面选择Category→Simulator Settings，如图10-16所示。在右侧的 Simulation mode栏中选择Timing（默认），即选择时序仿真，同时选择仿真文件名XHFSQ.vwf（默认），并选中Simulation period下的Run simulation until all vector stimuli are used（全程仿真）单选按钮。

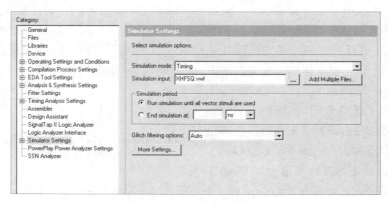

图 10-16　设置仿真参数

（8）启动仿真器

所有设置完毕，选择Processing→Start Simulation 命令，启动仿真器进行仿真，直到出现提示Simulator was successful，如图10-17所示，仿真结束。

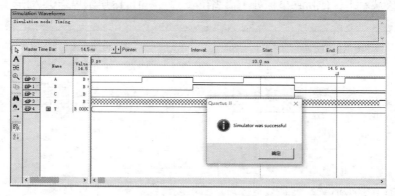

图 10-17　脉冲发生器电路的仿真波形输出

（9）观察并分析仿真结果

仿真波形文件通常会自动弹出，可清晰地看出电路的功能。对应于输入端A、B、C不同电平的输入，译码器输出Y[7..0]的输出电平和数据与74LS138真值表数据能很好地对应。同时可以观察到当两个与非门与74LS138的不同输出端连接时，可以输出不同脉宽的脉冲信号P，且第一组输入信号元器件，P的上升沿前的电平为不确定电平（P的波形呈网状），而第二组及此后的所有输入信号输出的P才为确定电平。

10.2.4　引脚锁定

无论是原理图输入法还是硬件描述语言输入法都要进行硬件测试，为了能对设计好的逻辑模块进行硬件测试,应将其输入输出信号锁定在芯片确定的引脚上,编译后下载。

　　假设输入引脚A、B、C分别锁定于拨码开关的3个使能端PIN70、PIN72、PIN73;译码输出Y[7] ~ Y[0]分别锁定于开发板上的8个发光管PIN144、PIN1、PIN2、PIN3、PIN4、PIN7、PIN10、PIN11;脉冲输出P锁定于数码管LEDC的小数点即PIN49。确定了锁定引脚编号后就可以完成引脚锁定的操作。操作步骤如下。

　　(1)打开工程。选择File→Open Project命令,并选择工程文件XHFSQ,打开此前已设计好的工程。选择Assignments→Assignment Editor命令,进入图10-18所示的Assignment Editor编辑窗口。在Category栏中选择Locations。

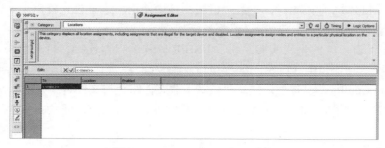

图 10-18　Assignment Editor 窗口

　　(2)双击To栏的new,即出现一个按钮,单击此按钮,并选择弹出菜单中的Node Finder。在弹出的图10-19所示的对话框中选择本工程要锁定的端口信号名,单击OK按钮,所有选中的信号名即显示在图10-18所示的To栏内。然后在每个信号对应的Location栏内输入引脚号即可,完成后结果如图10-20所示。

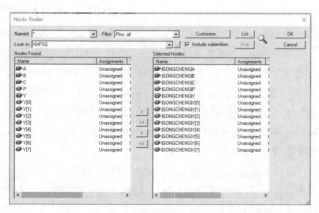

图 10-19　选择需要锁定的端口

	To	Location	I/O Bank	I/O Standard	General Function	Special Function	Reserved	Ena
1	A	PIN_B10	2	3.3-V LVTTL	Column I/O	LVDS23n		Yes
2	B	PIN_B11	2	3.3-V LVTTL	Column I/O			Yes
3	C	PIN_B12	2	3.3-V LVTTL	Column I/O	LVDS25n		Yes
4	P	PIN_B13	2	3.3-V LVTTL	Column I/O	LVDS26n		Yes
5	Y[0]	PIN_C1	1	3.3-V LVTTL	Row I/O	LVDS9p/CRC_ERROR		Yes
6	Y[1]	PIN_C2	1	3.3-V LVTTL	Row I/O	LVDS9n/CLKUSR		Yes
7	Y[2]	PIN_C3	1	3.3-V LVTTL	Row I/O	ASDO		Yes
8	Y[3]	PIN_C4	2	3.3-V LVTTL	Column I/O	LVDS14p		Yes
9	Y[4]	PIN_C5	2	3.3-V LVTTL	Column I/O	LVDS14n		Yes
10	Y[5]	PIN_C6	2	3.3-V LVTTL	Column I/O	LVDS15p		Yes
11	Y[6]	PIN_C11	2	3.3-V LVTTL	Column I/O	VREFB2N0		Yes
12	Y[7]	PIN_C12	2	3.3-V LVTTL	Column I/O	LVDS27p		Yes
13	<<new>>	<<new>>						

图 10-20　引脚锁定结果

（3）保存这些引脚锁定的信息后，必须再编译（执行Start Compilation命令）一次，才能将引脚锁定信息编译进编程下载文件中。此后就可以准备将编译好的 SOF 文件下载到实验系统的 FPGA 中了。

10.2.5　编程下载设计文件

引脚锁定并编译完成后，Quartus Ⅱ将生成多种形式的针对所选目标FPGA的编程文件，其中主要的文件是POF和SOF文件，前者是编程目标文件，用于对配置元器件编程；后者是SRAM目标文件，用于对FPGA直接配置，在系统直接测试中使用。这里首先将SOF文件通过JTAG口载入FPGA中进行硬件测试。步骤如下。

（1）打开编程窗口。首先将实验系统和USB-Blaster编程器连接，打开电源。选择Tools→Programmer命令，弹出图10-21所示的编程窗口。在Mode栏选择JTAG（默认），并勾选下载文件右侧的Program/Configure复选框。注意要核对下载文件路径与文件名。如果此文件没有出现或有错，单击编程窗口左侧的Add File按钮，手动选择配置文件XHFSQ.sof，如图10-22所示。

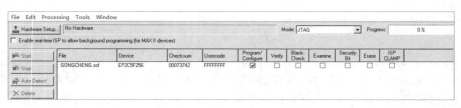

图 10-21　编程窗口

（2）设置编程器。若是初次安装的 Quartus Ⅱ，在编程前必须进行编程器选择操作。若准备选择USB-Blaster 编程器，则单击 Hardware Setup 按钮（见图10-21），在弹出的 Hardware Setup 对话框中，选择 Hardware Settings 选项卡，在双击此选项卡中的选项USB-Blaster 之后，单击 Close 按钮，关闭对话框即可设置下载接口方式，这时应该在编程窗口上显示出编程方式：USB-Blaster。最后单击编程窗口中的Start按钮，即进行对目标元器件FPGA的配置下载操作。当Progress显示为100%，或处理信息栏中出现 Configuration Succeeded 时，表示编程成功。

（3）测试JTAG口。如果要测试 USB-Blaster 编程器与 FPGA 的 JTAG 口是否连接好，可以单击图10-20所示编程窗口中的Auto Detect按钮，看是否能读出实验系统上的FPGA的型号。

（4）硬件测试。成功下载XHFSQ.sof后，可以使用相应的实验设备进行测试，查看 FPGA 中模块的逻辑功能和工作情况。

图 10-22　手动选择配置文件 XHFSQ.sof

10.3　Verilog HDL 简介

Verilog HDL非常简洁，可读性强，不仅可以有效地完成硬件逻辑的描述，还能够满足各个不同的设计层次之间数据兼容性的要求，可用于设计、仿真、验证、综合等数字电路系统设计的各个阶段。通过对数字电路系统进行精确而简练的描述，可以及时发现可能存在的设计错误，从而保证整个设计过程的正确性。

10.3.1　Verilog HDL 的基本要素

1. 基本语法

Verilog HDL 源代码由大量的基本语法元素构成，包括注释、数值、运算符、字符串、标识符、关键字等。

（1）注释

注释是 Verilog HDL 代码中非常重要的组成部分，在代码中插入注释，可以有效地提高代码的可读性，也便于文档管理。

Verilog HDL 允许两种注释方法：单行注释和多行注释。

单行注释以"//"开始，直到行末结束，不允许续行。

多行注释以"//*"开始，以"*//"结束，可以跨越多行，中间不允许嵌套。

（2）数值

Verilog HDL 的数值集合由以下 4 个基本的值组成。

① 1——代表逻辑 1 或真状态。

② 0——代表逻辑 0 或假状态。

③ x——代表逻辑不确定值，可能是 1，也可能是 0，还可能是 z，甚至可能正在变化中。

④ z——代表高阻值，表示断开状态，又可以写作"?"。

Verilog HDL 数值类型中的数值又有常量和变量之分。其值保持不变的量为常量，而其值可以改变的量为变量。

数值常量按照其数值类型可以划分为整数和实数两种。

Verilog HDL 的整数可以是十进制（d 或 D）、十六进制（h 或 H）、八进制（o 或 O）或二进制（b 或 B），其格式有以下几种。

① <位宽>'<进制><数值>——这是完整的描述方式。

② <进制><数值>——默认位宽，即所表示的常数默认为至少 32 位。

③ <数值>——十进制数可以省略位宽和进制。

其中，位宽是数值对应的二进制数的宽度。进制可以是 b（B）、o（O）、d（D）、h（H），分别表示二进制、八进制、十进制和十六进制，默认为十进制。

数值可以有正、负，在表示一个负数时，只需要在其对应的正数的位宽前面加"–"即可。

例如：

```
4'd9          // 位宽为4的十进制数9
–8'hc3        // 位宽为8的十六进制数 -c3
b0101         // 位宽省略的二进制数 0101
-10           // 位宽为32的十进制数 -10
8'h1?         // 位宽为8的十六进制数1x（z参与到运算中的时候，被视为 x）
4'b11xx       // 位宽为4的二进制数11xx
```

在 Verilog HDL 中，实数可用小数表示，但带小数点的实数在小数点两侧都必须至少有一位数字。例如，0.5、1.2、45.91、128.78329。

在Verilog HDL中，实数也可以用科学记数法表示。例如，7e8、09E12。

（3）运算符

Verilog HDL提供运算符。运算符范围很广，按功能可以划分为算术运算符、逻辑运算符、位运算符、缩位运算符、关系运算符、相等运算符、移位运算符和位拼接运算符等。而按运算符所带操作数的个数来划分，运算符可分为3种，即单目运算符、双目运算符、三目运算符。单目运算符可以带1个操作数，放在运算符的右边；双目运算符可以带2个操作数，分别放在运算符的两边；三目运算符可以带3个操作数。

单目运算符需要一个操作数，例如~；双目运算符需要两个操作数，例如+；三目运算符仅有一个，就是条件运算符?:，根据"?"前表达式的真假选择"："前后的哪个值作为返回值。

① 算术运算符

加、减、乘、除和取模运算分别用算术运算符+、−、*、/、%表示。+与−也可用于单个操作数，表示操作数的符号。进行算术运算时，如果某个操作数的值为不确定值x，则运算结果也为不确定值x。

```
a+b        //操作数a与b相加
a-1        //操作数a与1相减
a*b        //操作数a与b相乘
a/4        //操作数a与4相除
-11%5      //操作数-11对5取模，其值为-1
```

② 逻辑运算符

逻辑"与"、逻辑"或"、逻辑"非"运算分别用逻辑运算符&&、||、!表示。逻辑运算符作用于两个任意长度的操作数，产生1位的结果。逻辑"与"和逻辑"或"运算符为双目运算符，而逻辑"非"运算符为单目运算符。

例如，假设A=2'b01，B=2'b10，则

```
A&&B       //操作数A和B进行逻辑"与"运算，结果为0
A||B       //操作数A和B进行逻辑"或"运算，结果为1
!A         //操作数A进行逻辑"非"运算，结果为0
```

③ 位运算符

位运算符作用于两个任意长度的操作数，按位进行运算，产生一个与操作数长度相等的结果。对于长度不等的操作数，需要进行高位0扩展，使其长度相等。按位"取反"、按位"或"、按位"与"、按位"异或"、按位"同或"运算分别用位运算符~、|、&、^、^~表示。按位"取反"运算符为单目运算符，而按位"或"、按位"与"、按位"异或"、按位"同或"运算符均为双目运算符。

例如，假设A=2'b01，B=2'b10，则

```
A|B             //操作数A和B进行按位"或"运算，结果为2'b11
A&B             //操作数A和B进行按位"与"运算，结果为2'b00
A^B             //操作数A和B进行按位"异或"运算，结果为2'b11
A^~B            //操作数A和B进行按位"同或"运算，结果为2'b00
```

④ 缩位运算符

缩位运算有"与""与非""或""或非""异或""同或"运算，分别用缩位运算符&、−&、|、~|、^、^~表示。缩位运算的规则类似于位运算的，位运算是对操作数的相应位进行运算，

操作数是几位数，运算结果也是几位数；而缩位运算则不同，缩位运算是对单个操作数进行运算，其运算结果是一位二进制数。

缩位运算的具体运算过程是：先将操作数的第一位与第二位进行运算，再将运算结果与第三位进行运算，依次类推，直到最后一位。缩位运算符为单目运算符。

例如，假设 A=2'b01，则

```
&A          //操作数A进行缩位"与"运算，结果为0
-&A         //操作数A进行缩位"与非"运算，结果为1
|A          //操作数A进行缩位"或"运算，结果为1
~|A         //操作数A进行缩位"或非"运算，结果为0
^ A         //操作数A进行缩位"异或"运算，结果为1
^ ~A        //操作数A进行缩位"同或"运算，结果为0
```

⑤ 关系运算符

关系运算用于比较两个操作数的大小关系，符号<、>、<=、>=分别代表小于、大于、小于等于、大于等于4种操作数关系运算符。如果两个操作数的长度不同，长度较短的操作数需要用0将左端补齐。若关系成立，则结果为1；若关系不成立，则结果为0。假如任意一个操作数中包含 x 或 z，则结果将为 x。

例如，假设 A=2'b01，B=2'b10，则

```
B>A         //操作数B大于A，结果为1
A<B         //操作数A小于B，结果为1
C>=A+B      //操作数C大于等于A+B，结果为1
D<=B-A      //操作数D小于等于B-A，结果为1
```

⑥ 相等运算符

Verilog HDL 定义了相等运算符。相等、不等、全等、不全等运算分别用 = =、! =、= = =、!= = 表示。在相等、不等运算中，如果任意一个操作数出现 x，则结果为 x。而全等、不全等运算将逐位比较两个操作数，包括1、0、x、z，如果完全一致，则全等结果为1，否则结果为0；如果完全一致，则不全等，结果为0，否则结果为1。

例如：

```
bx=='bx     //操作数'bx与'bx进行相等运算，结果为x
bx==='bx    //操作数'bx与'bx进行全等运算，结果为1
bz!='bx     //操作数'bz与'bx进行不等运算，结果为x
bz!=='bx    //操作数'bz与'bx进行不全等运算，结果为1
```

⑦ 移位运算符

移位运算有两个操作数，一个是被移位的向量，另一个是移位的位数。移位方向由移位运算符给出，运算符<<、>>分别表示左移和右移。在进行左移和右移的时候，移出的空位被0填充。

例如：

```
A<<n        //操作数A左移n位，空位补0
A>>n        //操作数A右移n位，空位补0
```

⑧ 位拼接运算符

位拼接运算将多个操作数拼接到一起，形成一个向量，各操作数之间使用逗号分隔。位拼接运算符用 {} 表示。

例如：

```
{2'b11,2'b01}    //将操作数 2'b11 与 2'b01 拼接到一起，结果为 4'b1101
{2'b1x,4'h7}     //将操作数 2'b1x 与 4'h7 拼接到一起，结果为 6'b1x0111
{4{2'b10}}       //复制 4 次操作数 2'b10 并拼接到一起，结果为 8'b10101010
```

（4）字符串

字符串是用双引号引起来的字符序列，一个字符串必须在一行内写完，不能分成多行。例如"Hello World"是一个合法的字符串。

在表达式和赋值语句中，字符串用作操作数，而且要转换成无符号整型常量，用若干个 8 位二进制 ASCII 的形式表示，其中，每 8 位二进制 ASCII 代表一个字符。例如，字符串 "ab" 等价于 16'h6162。

在 Verilog HDL 中，显示一些按指定格式输出的相关信息，需要一些特殊字符配合。特殊字符及其含义如表 10-1 所示。

表 10-1　特殊字符及其含义

特殊字符	含义	特殊字符	含义
\n	换行符	\"	双引号
\t	制表符	\ooo	代表一个用 3 位八进制数表示的 ASCII
\\	等价于\	%%	等价于%

（5）标识符

标识符是变量、端口、实例、模块等对象的名称。一般来说，Verilog HDL 中标识符分为普通标识符及转义标识符。

① 普通标识符

Verilog HDL 中，标识符由字母、数字及下画线任意排列而成，但必须遵循：标识符第一个字符不能为数字，标识符长度不能超过 1024 个字符，Verilog HDL 关键字不能用作标识符，标识符区分大小写。

例如：

```
sdfj_kiu         //允许在标识符内部包含下画线
_Sdfji           //标识符允许以下画线开头
HELLO,Hello      //代表两个不同的标识符
```

② 转义标识符

Verilog HDL 中，转义标识符指以反斜线\开头，以空白符结尾的任意字符串序列。转义字符本身没有意义。

例如：

```
\sfji            //\sfji 与 sfji 等价
\*239d           //可以以任意可输出的字符开头
```

Verilog HDL 中还有一类特殊的标识符，即以 $ 开头的标识符，这类标识符专门用来代表系统命令，如系统任务和系统函数。

（6）关键字

关键字是 Verilog HDL 预留的定义语言结构的特殊标识，全部用小写字母书写。用户不能使用关键字作为其自定义标识符。在 Verilog HDL 中约有 98 个关键字，读者可以查找相关资料了解。

2．数据类型

Verilog HDL 中存在多种数据类型，可以归结为线网型、寄存器型和参数型。

（1）线网型

线网型变量可以理解为实际电路中的导线，通常用于表示结构实体之间的物理连接。它并不能存储信息，只能用于传递信息，如同实际电路中的导线，它的取值由驱动它的逻辑实体决定。如将一个线网型变量与它的驱动实体断开，那么这个变量将处于高阻状态，即其值为 z。

在数字电路中，绝大部分信号可以用线网型变量来表示。Verilog HDL 中，常用线网型变量如表 10-2 所示。

表 10-2 常用线网型变量

类型	功能说明
wire、tri	标准连线
wor、trior	多重驱动时，具有线"或"特性的连线
wand、triand	多重驱动时，具有线"与"特性的连线
tri1、tri0	上拉电阻、下接电阻
supply1、supply0	电源线、地线

常用的线网型变量类型是 wire 和 tri。wire 型变量通常用来表示单驱动的线网型数据，tri 型变量则用来表示多驱动的线网型数据。

定义线网型变量的格式为：

```
wire in1,in2;
wire [7:0] local_bus;
```

第一种格式中，将 in1 及 in2 定义为 1 位线网型变量。

第二种格式中，将 local_bus 定义为 8 位线网型变量。

例如：

```
wire a,b;          //定义了两个位宽为1的wire型变量a和b
wire [7:0] c;      //定义了一个位宽为8的wire型变量c
```

在定义变量 a、b 时，没有定义其位宽，则默认其位宽为 1；在定义变量 c 时，定义了其位宽，其最高位为 7，最低位为 0，共 8 位。在没有驱动源对 wire 型变量进行驱动时，其默认的取值为高阻态 z。

（2）寄存器型

寄存器型变量具有存储信息的能力，它能够一直保存赋给它的值，直到它被赋予新的值为止。寄存器型变量表示一个抽象的数据存储单元，并不特指寄存器，而是所有具有存储能力的电路，如触发器等。

寄存器型变量与线网型变量的显著区别是线网型变量需要有持续的驱动，而寄存器型变量在接受下一次赋值之前，始终保持原值不变。

如表10-3所示，Verilog HDL提供了4种常用寄存器型变量。

表10-3　常用寄存器型变量

类型	功能说明	类型	功能说明
reg	常用寄存器型变量	real	64位带符号整型变量
integer	32位带符号整型变量	time	64位无符号时间型变量

reg型变量是常用的一种寄存器型变量，integer、real 和 time 主要用于纯数学的抽象描述，不对应任何具体电路。

定义寄存器型变量的格式为：

```
reg in3,in4;           //in3、in4为1位寄存器型变量
reg [7:0] local_bus    //local_bus为8位寄存器型变量
```

例如：

```
reg a,b;               //定义了两个位宽为1的reg型变量a和b
reg [7:0] c;           //定义了一个位宽为8的reg型变量c
```

使用integer、real、time定义寄存器型变量和使用reg进行定义并没有本质上的区别。integer、real、time型变量的位宽是固定的，它们已经是向量，因此，在定义变量时不能加入位宽说明。

例如：

```
integer a,b;           //定义a、b为整型变量，integer型变量的位宽为32
real a,b;              //定义a、b为整型变量，real型变量的位宽为64
time a;                //定义a为时间型变量，time型变量的位宽为64
```

（3）参数型

参数型变量与前两种变量不同，它没有对应的物理模型。参数型变量使用关键字 parameter 定义，虽然称为变量，但在同一模块中，每个参数型变量的值必须为一个常量。在模块中使用参数型变量不仅可以增加程序的可读性和可维护性，在调用时，对参数型变量赋予不同的值，就可以构建不同的模型。

定义参数型变量的格式为：

```
parameter 参数名1=表达式1,参数名2=表达式2,参数名3=表达式3,…;
```

例如：

```
parameter delay=10;          //delay的默认值为常数10
bus_width=32;                //bus_width的默认值为常数32
```

除上述3种典型的数据类型之外，还存在结构比较特殊的数组。

数组是由相同位宽的数据构成的集合。在Verilog HDL中，一组寄存器型变量可以定义为数组，数组对应实际电路中的存储器。可以通过对reg型变量建立数组来对存储器建模，扩展reg型数据的地址，生成memory型数据。

定义数组的格式为：

```
reg[n-1:0]memory-name[n-1:0];
```

其中reg[n-1:0]定义存储器中每个存储单元的位数为n，memory-name[n-1:0]则定义该存储器

中有n个存储单元。注意，数组的下标只能是整数。

例如：

```
reg[3:0]men[256:0];            //一个名为men的存储器，含有257个4位的存储单元
```
使用integer、real、time定义的寄存器型变量虽然不能定义位宽，但可以定义数组。

例如：

```
integer men[0:7];        //定义了一个整型数组，相当于一个32×8位的存储器
time men[0:7];           //定义了一个时间型数组，相当于一个64×8位的存储器
real men[0:7];           //定义了一个整型数组，相当于一个64×8位的存储器
```

10.3.2　Verilog HDL 的基本语句

1．赋值语句

赋值语句是 Verilog HDL 使用频率最高、最重要的语句。运算符作用于操作数上，将产生运算结果，这个结果必须通过赋值语句输出到一个信号中。Verilog HDL 中有两种变量赋值的方法，一种是连续赋值，另一种是过程赋值。

（1）连续赋值

连续赋值是为线网型变量提供驱动的一种方法，线网型变量可以理解为实际电路中的导线，那么，连续赋值就是给导线提供驱动的方法。换句话说，连续赋值负责把导线连到驱动源上。

连续赋值只能为线网型变量赋值，线网型变量也必须用连续赋值的方法赋值。

assign为连续赋值语句的关键字，用于对线网型变量进行赋值。其基本格式为：

```
assign #[delay] <线网型变量> = <表达式>；
```

其中，"#"为延迟符号，后面跟数字表示延迟多少个时间单位。

例如：

```
assign out1=a&b;          //out1输出a和b的"与"值
assign {a,b}=2'b10;       // 拼接的线网型变量a和b的值是整型常量
```

在连续赋值语句中，一旦对变量进行赋值，被赋值的变量将一直随着驱动源的变化而变化。如果一个模块中包含多个连续赋值语句，那么这些语句是并发执行的，并没有先后顺序。

由于上面讨论的连续赋值语句带有assign关键字，因此，可以称为显式连续赋值语句。Verilog HDL还支持隐式连续赋值语句。在隐式连续赋值语句中，使用关键字wire。

例如：

```
wire out2=a+b;            //out2输出a和b的"或"值
```

（2）过程赋值

过程赋值语句用于对寄存器型变量赋值，没有任何先导的关键字，只能在always语句或initial语句的过程块中赋值。

Verilog HDL按照过程赋值语句被有效执行的顺序，将过程赋值语句分为阻塞型赋值语句和非阻塞型赋值语句。

① 阻塞型赋值语句

阻塞型赋值语句使用赋值运算符＝为变量赋值，阻塞型赋值在赋值语句执行结束后立即改

变。在赋值结束以前不可以进行其他操作，在赋值结束后继续后面的操作。

阻塞型赋值语句的基本格式为：

<寄存器型变量> = <表达式>

例如：

b=a;　　　　//b的值在赋值语句结束后立即变为a的值

② 非阻塞型赋值语句

非阻塞型赋值语句使用赋值运算符<=为变量赋值，非阻塞型赋值在执行赋值语句时仅仅对赋值运算符右侧的表达式的值进行评估，并不立即进行赋值，而是继续进行后面的操作，在块结束后才完成赋值运算。

非阻塞型赋值语句的基本格式为：

<寄存器型变量> <= <表达式>

例如：

b<=a;　　//b的值在赋值语句执行后并不等于a的值，而是保持原来的值，块结束后才进行赋值

可以看出，阻塞型赋值语句和非阻塞型赋值语句的基本区别是：阻塞型赋值语句的执行受前后顺序的影响，只有在第一条语句执行完之后，才可以执行第二条语句；而非阻塞型赋值语句在某一规定时刻同时完成，不受先后顺序的影响。

2．块语句

在某些情况下，对电路的操作需要用多条 Verilog HDL 语句才能描述，这时需要用块语句将多条语句组合在一起，使其格式上更像一条语句。块语句有两种：一种是begin-end语句，通常用来标识按照给定顺序执行的顺序块；另一种是fork-join语句，用来标识并行执行并行块。

在 Verilog HDL 中，块语句可以包含多个块，但这些块不能嵌套。有两种类型的块可以用于行为描述：initial块和 always块。initial块和 always块的区别是，initial语句后面的块语句只执行一次，而always语句则循环地重复执行后面的块语句。

（1）顺序块语句

顺序块内的语句是按顺序执行的，只有前面一条语句执行完成后，才能执行后面一条语句，直到最后一条语句执行完。块的起始时间是第一条语句开始执行的时间，块的结束时间是最后一条语句执行结束的时间，中间每条语句的延迟时间是相对于前一条语句的仿真时间而定的。

顺序块的基本格式为：

```
initial
begin
    语句1;
    语句2;
    ...
    语句n;
end
```

（2）并行块语句

并行块内的语句是同时执行的，即程序控制流程一旦进入该块，块内语句同时开始并执行，每条语句的延迟都是相对于整个并行块开始执行的绝对时间。当按时间顺序，最后一条语句执行

完后，程序控制流程跳出该块，其结束时间是最后的语句执行结束的时间。

并行块的基本格式为：

```
always
fork
    语句1;
    语句2;
    ...
    语句n;
join
```

3．条件语句

Verilog HDL 实现条件结构的语句主要有 if 语句和 case 语句，它们都是顺序语句。

（1）if 语句

if 语句用来判断所给的条件是否满足，根据判断结果执行相应的语句。

Verilog HDL 提供了 3 种形式的 if 语句。

第一种形式：

```
if(表达式)语句1;
```

第二种形式：

```
if(表达式)语句1;
    else 语句2;
```

第三种形式：

```
if(表达式)语句1;
else if(表达式2)语句2;
else if(表达式3)语句3;
...
else if(表达式n) 语句n;
else 语句(n+1);
```

if 语句中，表达式为逻辑表达式或关系表达式。

在第一种形式中，如果表达式成立，即表达式的值为 1，执行后面的语句 1；如果表达式不成立，即表达式的值为 0、x 或 z，跳过 if 语句，执行其后续语句。

在第二种形式中，如果表达式成立，执行语句 1；如果表达式不成立，执行语句 2。

在第三种形式中，依次检查表达式是否成立，根据表达式的值，判断执行相应语句。

（2）case 语句

case 语句用于多个选择分支的情况，该语句的一般格式为：

```
case(表达式)
    分支表达式1:语句1;
    分支表达式2:语句2;
    ...
    分支表达式n:语句n;
default:语句(n+1);
endcase
```

case后面的表达式通常称为控制表达式，表示控制信号的某些位。而case语句中的分支表达式是控制信号的具体状态值。case语句首先对控制表达式求值，然后依次对各分支表达式求值，并进行比较。当控制表达式的值与分支表达式的值相等时，执行第一个与控制表达式相匹配的分支表达式后面的语句。

在case语句中，比较控制表达式的值和分支表达式的值，相当于使用===运算符，也就是说，如果控制表达式的值和分支表达式的值同时为不确定值或者同时为高阻态，都认为是相等的。

在分支表达式的最后添加了default分支项，default分支项的语句是在前面所有分支都不满足的情况下执行的。

在Verilog HDL中，case语句还有两种变形：casex和casez。除关键字casex和casez外，其格式与case语句的完全一样。在casez语句中，出现在casez表达式和任意分支表达式中的值z被认为是无关值，即相应位被忽略，不考虑高阻态值z的比较过程。而在casex语句中，高阻态值z和不确定值x都被认为是无关值，视为不考虑的情况。

4．循环语句

与条件结构一样，循环结构也是一种非常重要的结构。在Verilog HDL中，描述循环结构的语句有repeat、while、for和forever这4种。

（1）repeat语句

repeat语句只能用于已知循环次数的情况，是最简单的循环语句。

repeat语句的基本格式为：

```
repeat(循环次数表达式)
begin
     语句1;
     语句2;
     ...
     语句n;
end
```

通常，循环次数表达式为常量表达式。如果循环次数表达式的值不确定，为x或z，循环次数按0处理。

（2）while语句

while语句通过控制某个变量的取值来控制循环次数，直到循环条件不满足时退出。

while语句的基本格式为：

```
while(循环条件表达式)
begin
     语句1;
     语句2;
     ...
     语句n;
end
```

执行while语句时，首先判断循环条件表达式是否为真，如果为真，执行后面的语句，然后返回判断循环条件表达式是否为真，依据判断结果，确定是否需要继续执行。如果循环条件表达式开始时为假，那么过程语句将不再被执行。

（3）for语句

for语句可以实现所有循环结构。

for语句的基本格式为：

```
for( 循环变量赋初值；条件表达式；更新循环变量 )
begin
    语句1;
    语句2;
    ...
    语句n;
end
```

在第一次循环开始时，首先对循环变量赋初值；循环开始后，判断初值是否满足条件表达式的要求，如果满足，则执行循环，否则，退出循环；在完成一次循环后，更新循环变量，再次判断其值是否满足条件表达式的要求，如果满足，则执行循环，否则，退出循环。依此循环，直到满足复合循环结束条件，循环过程终止。

（4）forever语句

forever语句可以无条件地连续执行语句。

forever语句的基本格式为：

```
forever
        begin
        语句1;
        语句2;
        ...
        语句n;
end
```

forever语句连续不断地执行相应的语句。如果要退出循环，必须采用强制退出的方法。

10.3.3 Verilog HDL 的其他结构

1．函数和任务

Verilog HDL分模块对系统加以描述，但有时这种划分并不一定方便。因此，Verilog HDL还提供了函数和任务的描述方法。

函数和任务的共同点是都可以在程序中的不同地方调用共同的过程。如果程序中需要重复用到一个计算，可以把这个计算的表达式定义为一个函数，在程序的其他地方就可以调用这个函数。同样，如果程序中需要重复用到某一个过程，可以将这个过程定义为一个任务，在程序的其他地方就可以调用这个任务。

和任务相比，函数的功能稍弱。在函数中，可以嵌套调用函数，但不可以调用任务；而在任务中，既可以调用函数，也可以调用任务。函数中不允许出现延迟和事件控制语句，也就是函数必须立即执行完，而任务可以在执行过程中被挂起。函数必须有一个返回值，返回值被赋予和函数名同名的变量。函数至少需要一个参数，且参数必须都为输入端口，不可以包含输出或者双向端口。而任务不带返回值，但任务的参数可以定义为输出端口或者双向端口，因此，任务可以返回多个值。

定义函数使用function...endfunction语句，函数的基本格式为：

```
function <位宽说明>函数名;
    <输入端口与数据类型说明>;
    <变量说明>;
    begin
    语句1;
    语句2;
    ...
    语句n;
    end
endfunction
```

如果函数说明部分没有指定函数返回值的类型和位宽，那么默认返回一位寄存器型数据。函数定义中包含一个与函数同名的函数内部的寄存器，在函数内部，只要对函数进行赋值，就相当于对函数的返回值进行赋值。

函数的调用是通过将函数作为表达式中的操作数来实现的。其调用格式为：

```
<函数名> ( <表达式1>,<表达式2>,...)
```

定义任务使用task...endtask语句，任务的基本格式为：

```
task 任务名;
    <端口及数据类型说明>;
    begin
    语句1;
    语句2;
    ...
    语句n;
    end
endtask
```

调用任务的基本格式为：

```
<任务名> (端口1,端口2,...)
```

2. 系统任务和函数

Verilog HDL中有许多系统任务和函数，它们都以 $ 开头，具有丰富的功能，用于辅助完成仿真过程，方便调试和设计。

（1）用于暂停和退出仿真过程的系统任务

用于暂停仿真过程的系统任务是 $stop。$stop有带参数和不带参数两种表示形式。

```
$stop;
$stop(n);   //n可以取0、1或者2
```

不带参数的 $stop 等同于 $stop(0)，在暂停时不输出任何信息；$stop(1)在暂停时输出当前仿真时刻和暂停处位于程序中的位置；$stop(2)在暂停时不仅输出当前仿真时刻和暂停处位于程序中的位置，还输出仿真过程占用的内存大小和CPU时间。

用于退出仿真过程的系统任务是 $finish。$finish也有带参数和不带参数两种表示形式。

```
$finish;
$finish(n);   //n可以取0、1或者2
```

当使用带参数的形式时，参数n的含义和$stop中参数n的含义相同。当使用不带参数的形式时，等同于$finish(1)，这点与$stop是不同的。

（2）用于监测信号的系统任务

这类系统任务主要用于在仿真过程中，将一些基本信息或仿真的结果按照需要的格式输出。$display、$write、$monitor和$strobe属于这类系统任务。

调用这类系统任务的格式为：

```
$display("格式控制字符串",输出变量列表);
```

表10-4列出了格式控制字符串及其含义。

表 10-4　格式控制字符串及其含义

格式控制字符串	含义	格式控制字符串	含义
%h或%H	以十六进制形式显示信号的值	%c或%C	以ASCⅡ形式显示信号的值
%d或%D	以十进制形式显示信号的值	%v或%V	显示线网型信号的驱动强度
%o或%O	以八进制形式显示信号的值	%m或%M	显示模块的名称
%b或%B	以二进制形式显示信号的值	%s或%S	以字符串的形式显示信号的值

$write的使用方法和$display的一样，功能也相同。

$monitor可以持续监测一个或多个信号的变化，每当被监测的信号的值发生变化时，都将显示信号的值。$monitor的使用方法和$display的相同。

$strobe的功能与$display的相似，不同的是，使用$display显示的值是执行到$display语句时变量的值，而使用$strobe显示的值是当该仿真结束后变量的值。

（3）用于获取仿真时间的系统任务

$time属于仿真时间类系统任务，通常与显示类系统任务配合，以64位整数的形式显示仿真过程中某一时刻的时间。

（4）用于产生随机数的系统任务

Verilog HDL中用于产生随机数的系统任务是$random，一般有两种表示形式。

```
number=$random;
number=$random(seed);
```

不带参数的$random返回一个32位随机数。使用带有参数seed的$random时，seed必须为已赋值的寄存器型变量或者数值，用于控制随机数的产生。

需要指出的是，Verilog HDL产生的是伪随机序列。伪随机序列是指，在一次程序仿真过程中，多次执行$random产生的多个结果是随机的，这些随机的结果构成一个随机序列。

3．预编译指令

Verilog HDL还定义了一系列预编译指令，在Verilog HDL程序被编译的时候，编译系统通常先对预编译指令进行预处理，然后将预处理的结果和源程序一起进行编译处理。在Verilog HDL

中，预编译指令有一个明显的标志，就是以符号'开头。

Verilog HDL有很多条预编译指令，大部分并不常用，下面仅介绍常用的宏定义指令、文件包含指令、仿真时间尺度指令和条件编译指令。

（1）宏定义指令'define

宏定义是指用一个指定的标识符来代替一个字符串，在编译之前，编译器先将程序中出现的标识符全部替换为它所表示的字符串，然后进行编译。

宏定义指令的一般格式为：

```
'define 标识符 ( 宏名 ) 字符串 ( 宏内容 )
```

在程序中，引用宏的方法是在宏名外加上符号" "。宏定义指令可以位于模块的任意位置，通常写在模块的外面。

（2）文件包含指令'include

使用 Verilog HDL 设计数字电路系统时，可能包含许多模块，而每个模块都单独保存为一个文件。还可以将宏定义、任务或者函数等写在单独的文件中，然后通过文件包含指令包含到其他文件中，供其他模块调用。在文件进行编译之前，编译器将文件包含指定的文件的全部内容插入文件包含指令处，然后进行编译。

文件包含指令的一般格式为：

```
'include" 文件名"
```

每条文件包含指令只能用于一个文件的包含，但是，包含文件允许嵌套包含，即包含的文件中允许包含另外一个文件。

（3）仿真时间尺度指令'timescale

仿真时间尺度是指对仿真器的时间单位及时间精度进行定义。在仿真时间尺度中，时间单位用来定义模块内部仿真时间和延迟时间的基准单位；时间精度用来声明该模块仿真时间的精确程度。

仿真时间尺度的一般格式为：

```
'timescale    仿真时间单位/时间精度
```

时间单位和时间精度都是由整数和计时单位组成的。

（4）条件编译指令'ifdef、'else、'endif

一般情况下，Verilog HDL 代码都需要编译，但有时希望能根据环境对一部分代码有选择地进行编译，这就是条件编译。

条件编译指令的基本格式为：

```
'ifdef  宏名
程序段1
'else
程序段2
'endif
```

'ifdef、'else、'endif指令可以出现在源文件的任何地方，但 'ifdef必须和'endif配合使用，而'else是可选的。

10.4　Verilog HDL 实现逻辑电路设计

　　硬件描述语言主要用于描述数字电路系统，通常称所要描述的数字电路系统为实体。不论数字电路系统是简单还是复杂，都需要从外部获取数据，进行处理后将数据交给外部环境。也就是说，数字电路系统必须与其所处的应用环境进行通信，与通信相关的部分称为接口，这是数字电路系统的重要组成部分。

　　在 Verilog HDL 中，对获取的数据进行处理是在一个模块内完成的。因此，这个模块必须具备同时描述接口和功能的能力。通过这些具备不同或相同功能的模块，可以描述数字电路系统复杂的功能。正如一个数字电路系统可以通过包含其他子系统而获得功能扩展，在 Verilog HDL 中，一个模块可以通过包含其他模块而获得功能扩展。这种扩展可以一直进行下去，形成一个复杂的树形结构，完成数字电路系统复杂功能的描述。

　　用 Verilog HDL 描述数字电路系统时，首先必须对模块进行定义。每个模块以关键字 module 开始，以关键字 endmodule 结束，每个模块的内容都必须包含在 module 和 endmodule 之间，包括模块名、端口列表、端口类型列表、内部变量定义和逻辑功能描述。

　　Verilog HDL 中模块的基本结构如下：

```
module  模块名称(端口列表)
        <端口描述（包括端口声明、端口类型列表>
        <内部变量定义>
        <逻辑功能描述>
endmodule
```

　　通常，每个模块都可以完成一定的逻辑功能，模块名是模块唯一的标识符，用于描述模块的功能；端口列表仅定义端口的方向和名称；端口描述由输入、输出说明和信号类型声明组成，用于端口、数据类型和参数的定义；逻辑功能描述是模块的主体，它描述了模块的输出信号和输入信号的逻辑关系。

10.4.1　Verilog HDL 实现组合逻辑电路设计

　　例10-1 用 assign 语句实现二选一多路选择器。

例10-1精讲

```
module  muxtwo( out,a,b,sl );
input a,b,sl;               //输入端口声明
output out;                 //输出端口声明
wire out;
wire nsl, sela, selb;  //定义中间变量
assign    nsl=~sl;
assign    sela=a && nsl;
assign    selb=b && sl;
assign    out =sela || selb;
endmodule
```

　　例10-2 用 assign 语句实现 4 位数字比较器。

```
module comp(a,b,g,s,e);
```

```
input [3:0]a,b;        //4位数据
output g,s,e;             //若a>b, 输出g; 若a=b, 输出e; 若a<b, 输出s
wire  g,s,e;
assign g=(a>b)?1:0;
assign e=(a==b)?1:0;
assign s=(a<b)?1:0;
endmodule
```

例10-3 用元器件例化实现1位全加器。

元器件例化即调用Verilog HDL提供的元器件，它包括门元器件例化和模块元器件例化。每个实例元器件的名称必须唯一，以避免与其他调用元器件的实例相混淆，实例元器件名也可以省略。

```
module FA_struct (A,B,Cin,Sum,Cout);
input A,B,Cin;        //输入端口声明
output Sum,Cout;       //输出端口声明
wire S1,T1,T2,T3;  //S1,T1,T2,T3是中间环节的线网型变量
xor X1 (S1,A,B);
xor X2 (Sum,S1,Cin);
and A1 (T1,A,B );
and A2 (T2,A,Cin);
and A3 (T3,B,Cin);
or  O1 (Cout,T1,T2,T3 );
endmodule
```

例10-4 采用模拟元器件例化的方法，用4个例10-3设计的1位全加器实现4位串行加法器。

```
module Four_bit_FA(A,B,Sum,Cout );
input  [3:0]A,[3:0]B;
output [3:0] Sum;
output Cout;
wire [3:0]A,wire [3:0]B;
wire [3:0] Sum;
wire Cout;
wire c1,c2,c3;                          //内部线网声明
//实例化4个1位全加器
FA_struct FA0 (A[0],B[0],0,Sum[0],c1);    //端口映射采用名字关联
FA_struct FA1 (A[1],B[1],c1,Sum[1],c2);
FA_struct FA2 (A[2],B[2],c2,Sum[2],c3);
FA_struct FA3 (A[3],B[3],c3,Sum[3],Cout);
```

例10-5 用always语句实现二选一多路选择器。

always语句只要满足条件，循环就一直执行。always语句有两种触发方式，第一种是电平触发，生成组合逻辑电路，例如always @(a or b or c)，a、b、c均为变量，当其中一个发生变化时，后面的语句将被执行。第二种是沿触发，生成时序逻辑电路，例如always @(posedge clk or negedge rstn)，即当时钟处在上升沿或下降沿时，后面的语句将被执行。

```
module  test (out,a,b,sl);
input a,b,sl;        //输入端口声明
output out;            //输出端口声明
```

```
reg  out;
always @(a or b or sl)
 if (sl==0)
    out=a;
 else
    out=b;
endmodule
```

例10-6 用case语句实现3线-8线译码器。

```
module decoder (A, F);
    input[2:0] A;
    output[7:0] F;
    reg[7:0] F;
    always @ (A or F)
    begin
        case (A)
                3'b000 : F=8'b00000001;
                3'b001 : F=8'b00000010;
                3'b010 : F=8'b00000100;
                3'b011 : F=8'b00001000;
                3'b100 : F=8'b00010000;
                3'b101 : F=8'b00100000;
                3'b110 : F=8'b01000000;
                default: F=8'b10000000;
        endcase
    end
 endmodule
```

例10-7 用for语句实现5人投票表决器，若超过3人（含3人）投赞成票，则表决通过。

```
module  vote5 ( pass,vote );
    output pass;
    input [4:0] vote;
    reg [2:0] sum;                //sum为reg型变量，用于统计投赞成票的人数
    integer i;
    reg pass;
    always @(vote)
        begin
            sum=0;                //sum初值为0
            for (i=0;i<=4;i=i+1)  //for语句
        if(vote[i])   sum=sum+1;  //只要有人投赞成票，则 sum加1
            if (sum>=3'd3)  pass=1; //若超过3人（含3人）赞成票，则表决通过
            else            pass=0;
        end
endmodule
```

10.4.2　Verilog HDL 实现时序逻辑电路设计

采用 always 语句设计时序逻辑电路时，输出变量一定要用 reg 型变量，而且一定要用非阻塞型赋值；触发时钟可以用上升沿或下降沿；一般要有复位信号，用于对变量复位或设置初始值。

在时序逻辑电路里可以用条件、多分支、循环等语句实现功能，可以进行算术运算、逻辑运算、位拼接运算和移位运算等。

例10-8　设计模10计数器电路。

```
module Counter(clk,rst,cnt);
input clk,rst;
output [3:0] cnt;                       //计数器二进制位数
reg [3:0] cnt;                          //定义输出变量cnt为reg型
always @(posedge clk or negedge rst) //时钟上升沿开始或复位下降沿开始
 begin
   if (!rst) cnt<=0;
   else
    if (cnt==4'd10)
      cnt<=1'b0;
    else
      cnt<=cnt +1'b1;
 end
endmodule
```

例10-9　设计电路，将 1kHz 时钟频率分成 1Hz。

```
module F_divider(clk,F_Out);
input clk;
output F_Out;
reg  F_Out;
reg [8:0] cnt;                  //2⁹=512，分频计数器大小
always @(posedge clk)
 begin
    if (cnt>=500)
    begin                       //产生1Hz频率的方波时钟
       cnt<=1'b0;
       F_Out<=~F_Out;           //取反输出
    end
    else
      cnt<=cnt +1'b1;
 end
endmodule
```

10.4.3　有限状态机设计

有限状态机是由寄存器和组合逻辑电路构成的时序电路。其状态（即由寄存器组的1和0的组合状态所构成的有限个状态）只在同一时钟跳变沿的情况下才能从一个状态转向另一个状态。究竟转向哪一个状态不但取决于各个输入值，还取决于当前状态。

1．有限状态机的组成

有限状态机由寄存器和组合逻辑电路组成，其中寄存器存储状态，组合逻辑电路译码并产生输出信号。寄存器接收的是时钟信号和复位信号，存储的现态在时钟的作用下变为次态。组合逻辑电路接收的是输入信号和现态在现态和输入信号的作用下产生次态的输出信号。 reset复位有同步复位和异步复位，用于确保有限状态机开始工作时就处于有效状态。

2．设计步骤

（1）逻辑抽象，绘制原始状态图。根据电路设计要求的文字描述，进行逻辑抽象，确定电路输入信号、输出信号以及电路的状态数。确定输入、输出、状态含义，并按逻辑关系对状态进行顺序编号，用状态图或真值表描述。

（2）状态化简。在状态图中，如果有两个状态在相同的输入下将转换到同一个状态，则称这两个状态为等效状态。等效状态是重复的，可以消去一个。电路的状态数越少，存储电路中触发器就越少。

（3）状态编码。通常有很多状态编码方法，如顺序编码、格雷编码和一位热码编码等，状态编码选择得当可以简化设计的电路。

（4）用 Verilog HDL 来描述有限状态机，用 EDA 工具进行仿真。

例10-10 利用 Verilog HDL 描述 101 序列信号检测器。

101 序列信号检测器是用来检测序列信号 "101" 的。电路输入为一位串行数据，当检测到比特流 "101" 时，电路输出为 1，否则输出为 0。

```
module fsm(Clock,Reset,Data,Detected );
input Clock,Reset,Data;
output reg Detected;
reg[1:0] state;
parameter S0=2'b00,S1=2'b01,S2=2'b11,S3=2'b10;   //状态编码，采用格雷编码方法
always @(posedge Clock or posedge Reset)
begin
 if (Reset)                                       //异步复位，s0为起始状态
  begin
    Detected<=1'b0;
    state<=S0;
  end
 else
  begin case (state)
    S0:begin Detected<=1'b0;if(Data) state<=S1;else state<=S0; end
    S1:begin Detected<=1'b0;if(Data) state<=S1;else state<=S2; end
    S2:begin Detected<=1'b0;if(Data) state<=S3;else state<=S0; end
    S3:begin Detected<=1'b1;if(Data) state<=S1;else state<=S2; end
    default: state<=S0;
    endcase
  end
end
endmodule
```

📝 本章小结

1．逻辑电路自动化设计流程：（1）设计输入方式；（2）逻辑综合；（3）适配；（4）功能仿真与时序仿真；（5）编程下载与硬件测试。

2．Verilog HDL的核心是逻辑功能描述，描述逻辑功能的方法有：用assign语句描述组合逻辑、用always语句描述组合逻辑或者时序逻辑，调用逻辑功能。在一个模块中可以任意使用各种描述逻辑功能的方法，所选用方法的数量和次数都不受限制。

📝 习题

综合题

1．Verilog HDL中，阻塞型赋值和非阻塞型赋值有何区别？

2．用Verilog HDL实现4选1多路选择器。

3．用Verilog HDL实现七段数码管显示译码器。

4．用Verilog HDL实现2线-4线译码器。

第11章

集成运算放大器

本章学习目标

掌握集成运算放大器的基本组成和电路结构。

了解集成运算放大器的特征。

掌握负反馈电路的基本概念。

掌握集成运算放大器的应用。

本章讨论的问题

集成运算放大器采用差分放大电路的优点有哪些？

负反馈对改善电路的放大特性有哪些？

集成运算放大器如何进行运算？

为国家做事。——黄敞（中国集成电路泰斗）

　　20世纪50年代初期开始，黄敞重点研究晶体管理论及制作工艺等半导体前沿科学，通过理论与技术的探索研究，系统论述了晶体管理论和应用。黄敞提出了"载流子总量分析方法"，可系统分析元器件内部载流子的运动规律，为晶体管模型、集成电路的研究提供了一种科学的分析方法。这一开创性成果对半导体元器件理论和超大规模集成电路理论的发展起到了开拓性的引领作用。

　　黄敞是一位学术思想活跃的学者，为中国微电子、微计算机事业的新长征奠定科技人才基础做出了重要贡献。

11.1 集成运算放大器概述

在工业自动控制系统和测量装置中，经常需要将温度、压力、转速等物理量通过传感器转变为电信号，然后与参照量相比较得到偏差信号，再把偏差信号放大去控制执行机构（如电动机、继电器和测量仪表等），从而实现自动控制。这些物理量的变化通常是缓慢的，由它们转变成的电信号或偏差信号也是缓慢变化的，有的还是直流信号。这些信号很弱（一般是毫伏数量级），需要经过多级放大后才能使用。集成运算放大器实质上就是一个完整的多级直接耦合放大电路，利用半导体集成工艺把整个电路的晶体管、连线及其他元器件都制作在一块硅片上，引出电路的输入端、输出端和正负电源端等，再加以封装，当作一个元器件来使用。目前，它的应用已远远超出了对电信号的数学运算范畴，在自动控制、测量技术等方面也得到了广泛的应用。

集成运算放大器简称集成运放，是多引脚元器件。典型集成运放LM324在同一块半导体基片上制作了4个完全相同的运放单元，由于具有4组输入输出的集成运放，因此在需要较多运算放大的场合，使用它就很方便。LM324的外观及引脚排列如图11-1所示。

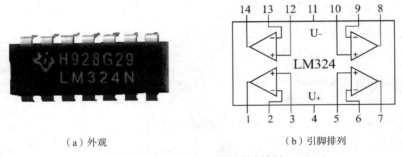

（a）外观 （b）引脚排列

图 11-1 LM324 的外观及引脚排列

集成运放的类型很多，类似的型号有LM358、LM124/224、CA124/224/324、CF124/224/324、μA124/224/324等。其中，124系列为军工级产品，224系列为工业级产品，324系列为民用级产品。

11.1.1 集成运放的基本组成

集成运放的类型很多，电路也各不相同，但从电路的总体结构上看，它们都具有许多共同之处，通常包括差动输入级、中间放大级、输出级和偏置电路，如图11-2所示。

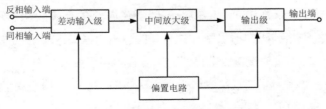

图 11-2 集成运放的基本组成

1．输入级

输入级是接收微弱电信号、消除零点漂移（以下简称零漂）且具有一定增益的关键一级，它将决定整个电路技术指标的优劣。这一级不但要能有效地抑制零漂，并应有较高的输入电阻和一定的放大倍数，这就要求输入级有尽可能高的共模拟制比和高输入阻抗。所以输入级通常采用带恒流源的差分放大电路，也称差动输入级。

2．中间级

中间级的主要任务是提供足够高的电压放大倍数，通常由共发射极放大电路构成的多级放大电路组成，并采用有源负载（恒流源负载）电路。

3．输出级

输出级的作用是提供一定幅度的电流和电压输出，用以驱动负载工作，并应具有一定的保护功能。对输出级的要求是输入阻抗高、输出阻抗低。输出阻抗低是为了提高带负载能力；输入阻抗高是为了实现中间放大级与负载的隔离。所以输出级常采用输出电阻很低的射极输出器或由射极输出器组成的互补对称输出电路。

4．偏置电路

偏置电路是为整个电路提供偏置电流、设置合适的静态工作点。偏置电路由各种恒流源电路组成。

集成运放除了上述4个部分外，还要有一些辅助电路，如过流、过压、过热保护电路等。与分立元器件电路相比，集成运放有如下特点：硅片上不能制作大容量电容，所以集成运放均采用直接耦合方式；集成运放大量采用差分放大电路和恒流源电路，这些电路可以抑制零漂并稳定工作点；电路设计过程中注重电路的性能，而不过分在意多一个元器件或少一个元器件；用有源元器件代替大阻值的电阻；常用复合晶体管代替单个晶体管，以使集成运放性能最好。

11.1.2 集成运放的图形符号和信号输入方式

集成运放作为电路元器件，虽然产品型号较多，但基本结构类似。根据图11-2可知，集成运放有两个输入端，一个输出端，其图形符号如图11-3所示。

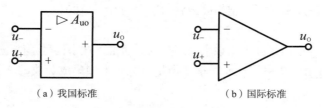

（a）我国标准　　　　　　　　（b）国际标准

图 11-3　集成运放的图形符号

图11-3（a）中，▷表示放大器，三角所指方向为信号传输方向，A_{uo}表示该放大器的开环电压放大倍数，+（或P）表示同相输入端，–（或N）表示反相输入端。图11-3（b）所示为集成运放国际标准符号。实际上集成运放的引出端不止3个，在使用时，还需加上正、负电源，但分析集成运放时，只画出图示的3个端就可以了，其他接线端各有各的功能，但因对分析没有影响，故略去不画。

在实际使用集成运放时，其信号有3种基本输入方式：若同相输入端接地，信号从反相端与地之间输入，称为反相输入方式；若反相输入端接地，信号从同相输入端与地之间输入，称为同相输入方式；若信号从两输入端之间输入或两输入端都有信号输入，称为差分输入方式。

11.1.3 集成运放的分类

自仙童半导体公司研制出第一块集成运放 μA702 以来，经过几十年的发展，集成运放已成为一种类别与品种系列繁多的模拟集成电路了。为了在工作中能够正确地选用集成运放，必须了解集成运放的分类。集成运放有4种分类方法，说明如下。

1. 按电路用途分类

集成运放按电路用途可分为通用型和专用型两大类。所谓通用型，是指集成运放的性能指标基本上兼顾了各方面的使用要求，没有特别的参数要求，基本上能满足一般应用的需求。专用型又称为高性能型，它有一项或几项特殊要求，可在特定场合或特定要求下使用。专用型集成运放按某项特性参数进行进一步分类。

（1）通用型

这类集成运放具有价格低和应用范围广等特点。从客观上判断通用型集成运放，目前还没有明确的统一标准，习惯上认为，在不要求具有特殊特性参数的情况下所采用的集成运放为通用型集成运放。由于集成运放特性参数的标准不断提高，现在和过去的通用型集成运放的特性参数的标准并不相同。

（2）低输入偏置电流、高输入阻抗型

有些应用场合，如小电流测量电路、高输入阻抗测量电路、积分器、光电探测器等电路，要求集成运放具有很低的输入偏置电流和很高的输入阻抗。场效应管型集成运放具有很低的输入偏置电流和很高的输入阻抗，其偏置电流一般为 0.1 ～ 50pA。高输入阻抗型集成运放一般指输入阻抗不低于 10MΩ 的元器件。

（3）低输入失调电压型

输入失调电压是造成直流放大电路零位输出的主要原因之一。通常输入失调电压在 1mV 以下（一般为 50μV ～ 1mV）的集成运放为低输入失调电压型集成运放。

（4）高速型

高速型集成运放具有快速跟踪输入信号电压的能力，常用摆率（集成运放输出电压转换速率）来衡量。一般摆率在 5V/μs 以上（通常为 5V/μs ～ 70V/μs）的集成运放为高速型集成运放。高速型集成运放的摆率通常是通用型集成运放的摆率的 10 ～ 100 倍。

（5）宽频带型

宽频带型集成运放是以最高工作频率来划分的。通常，在小信号条件下用单位增益带宽来衡量，在大信号条件下用全功率带宽或摆率来衡量。宽频带型集成运放的增益带宽一般为几十兆赫兹。

（6）高压型

工作电源电压越高，输出电压的动态范围越宽。一般电源电压在 ±20V 以上的集成运放称为高压型集成运放。采用场效应管作为输入级的集成运放，摆率较高，其电源电压范围一般为 ±15 ～ ±40V。最高电源电压可达 ±150V，最大输出电压可达 ±145V。

（7）低功耗型

一般集成运放的静态功耗在 50mW 以上，而低功耗型集成运放的静态功耗在 5mW 以下，在 1mW 以下的集成运放称为微功耗型集成运放。低功耗型集成运放一般在便携式仪器或产品、航空航天仪器中应用。

（8）高输出电流型和功率型

一般集成运放输出电流能力有限，通常在 10mA 以下。输出电流在 50mA 以上的集成运放称为高输出电流型集成运放，输出电流在 1A 以上的集成运放通常称为功率型集成运放。高输出电流型集成运放实际上是一级电流放大电路，此类集成运放的输出电流通常为 ±200 ～ ±600mA，

输出电阻约为 1Ω。电流放大电路的典型应用是串接在通用型集成运放之后进行扩展。

2．按供电电源分类

（1）双电源集成运放

绝大部分集成运放在设计中都是正、负对称的双电源供电，以保证优良的运放性能。

（2）单电源集成运放

这类集成运放采用特殊设计，在单电源下能实现零输入、零输出，交流放大时，失真较小。

双电源集成运放有正、负供电系统，必然增加设备的体积和质量，因此某些场合需要单电源工作的集成运放，如航空航天及武器装备对电源体积、质量要求轻的电子设备，等等。

3．按制作工艺分类

集成运放按其制作工艺可分为 3 类。

（1）双极型集成运放。

（2）单极型集成运放。

（3）双极 - 单极兼容型集成运放。

11.2　差分放大电路

在多级放大电路中采用直接耦合，虽然可以解决传输缓变信号及设备小型化问题，但存在两个特殊问题：一是级间静态工作点互相影响问题，二是零漂问题。

在直接耦合放大电路中，由于级与级之间无隔直（流）电容，因此各级的静态工作点相互影响，从而要求在设计电路时要合理安排，使各级都有合适的静态工作点。

若将直接耦合放大电路的输入端短路（$u_i=0$），理论上讲，输出电压应保持某个固定值不变，然而实际情况并非如此。在实际的放大电路中，由于电源电压的波动、元器件参数的变化、环境温度的变化等，放大电路的输出电压往往会偏离初始静态值，出现缓慢的、无规则的漂移，这种漂移会被逐级放大，严重时会"淹没"有用信号，使放大电路无法工作。这种现象称为零漂。多级直接耦合放大电路的第一级静态工作点的漂移，对整个放大电路的影响最大。实践证明，放大电路级数越多，零漂越严重，当漂移电压与需要放大的信号相差不多时，输出端就很难分辨哪一部分是有用信号，哪一部分是漂移信号，这样就造成直接耦合放大电路不能正常工作。采用直接耦合必须处理好抑制零漂这一关键问题。抑制零漂最普遍而实用的方法是采用差分放大电路。集成运放的输入级电路就采用差分放大电路。

11.2.1　基本差分放大电路

图 11-4 所示为基本差分放大电路，它由完全相同的单管放大电路组成。两个晶体管 V_1、V_2 的特性完全相同，外接电阻也对称相等，两侧各元器件的温度特性也都一样，所以两侧电路完全对称。信号从两管的基极输入，从两管的集电极输出。两管的发射极连在一起接 R_e，电路像拖了一个"尾巴"，所以这种差分放大电路又称为长尾式差分放大电路。这个电路有两个输入端、两个输出端，信号电压通过两个基极输入，从两个集电极引出，输出电压为两集电极电位之差。

静态时，输入信号为 0，即 $u_{i1} = u_{i2} = 0$。由于电路对称，即 $I_{C1} = I_{C2}$ 或 $U_{C1} = U_{C2}$，故输出电压

为 $U_O = U_{C1} = U_{C2} = 0$。当电源波动或温度变化时，两管集电极电位将同时发生变化。例如温度升高时，两管集电极电流将同步增加，其集电极电位则同步下降。由于电路对称，两管变化量相等，即 $\Delta u_{C1} = \Delta u_{C2}$，所以输出电压 $u_o = \Delta u_{C1} - \Delta u_{C2} = 0$。可见，尽管每个晶体管都存在零漂，但两管各自的零漂电压在输出端相互抵消，使差分放大电路整体零漂被抑制。显然，电路的对称性越好，抑制零漂的能力越强。但是在实际工程中，两侧电路不可能做到绝对对称，所以零漂也就不可能完全被抑制。

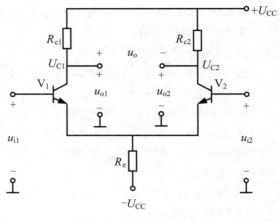

图 11-4　基本差分放大电路

11.2.2　差分放大电路的输入信号类型及电压放大倍数

差分放大电路的输入信号可分为两种，即共模信号和差模信号。

当在差分放大电路的两个输入端分别输入大小相等、极性相同的信号，即 $u_{i1} = u_{i2}$ 时，这种输入方式称为共模输入，所输入的信号称为共模信号。

图 11-5 所示为差分放大电路的共模输入方式。当差分放大电路输入共模信号时，由于电路对称，两管的集电极电位变化相同，所以输出电压恒为 0。可见，在理想情况下，差分放大电路输入共模信号时不产生输出电压，或者说，差分放大电路对共模信号能够起到抑制作用。实际上，差分放大电路对零漂所起的抑制作用就是抑制共模信号。共模信号常用 u_{ic} 表示，即 $u_{ic} = u_{ic1} = u_{ic2}$。

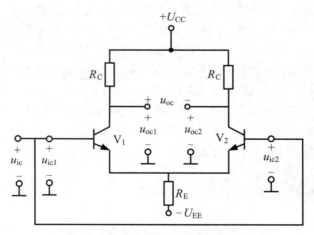

图 11-5　差分放大电路的共模输入方式

当在差分放大电路的两个输入端分别输入大小相等、极性相反的信号，即 $u_{i1} = -u_{i2}$ 时，这种输入方式称为差模输入，所输入的信号称为差模信号。差模信号常用 u_{id} 表示，即 $u_{id1} = u_{id} / 2$，$u_{id2} = -u_{id} / 2$。

图 11-6 所示为差分放大电路的差模输入方式。当差分放大电路输入差模信号时，由于电路对称，两管的输出电位的变化是大小相等、极性相反的，即某管集电极电位升高 Δu_c，则另一个

管集电极电位必然降低Δu_{c}。

设两管的电压放大倍数均为A，则两管的输出电压分别为

$$u_{o1} = Au_{i1} = \frac{1}{2}Au_{id}$$

$$u_{o2} = Au_{i2} = -\frac{1}{2}Au_{id}$$

电路总输出为

$$u_{od} = u_{o1} - u_{o2} = Au_{id}$$

差模电压放大倍数为

$$A_{d} = \frac{u_{od}}{u_{id}} = A$$

可见，差分放大电路的差模电压放大倍数等于组成该差分放大电路的半边电路的放大倍数。

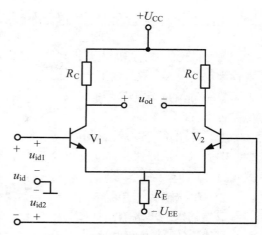

图 11-6　差分放大电路的差模输入方式

由单管共射放大电路的电压放大倍数计算公式，可得

$$A_{d} = A \approx -\frac{\beta R_{C}}{r_{be}} \tag{11-1}$$

两管集电极接有负载R_{L}时，有

$$A_{d} = -\frac{\beta R_{L}'}{r_{be}} \tag{11-2}$$

其中，$R_{L}' = R_{C}//(R_{L}/2)$。

差分放大电路的输入回路经过两管的发射结，故输入电阻为

$$r_{id} = 2r_{be} \tag{11-3}$$

差分放大电路的输出端经过两个R_{C}，故输出电阻为

$$r_{od} = 2R_{C} \tag{11-4}$$

当两个输入信号电压既非共模又非差模，而是任意的两个信号时，可将它们分解成共模信号和差模信号后再去处理。其中，差模信号是两个输入信号之差，共模信号是两个输入信号的平均值。即差分放大电路的输入信号可以看成差模信号与共模信号的叠加。

对于差模信号，要求电压放大倍数尽量大；对于共模信号，要求电压放大倍数尽量小。为了全面衡量一个差分放大电路放大差模信号、抑制共模信号的能力，常用共模抑制比（单位：dB）来综合表征这一性质。

共模抑制比的定义为

$$K_{CMR} = \left| \frac{A_{d}}{A_{c}} \right| \tag{11-5}$$

有时也用对数形式表示，即

$$K_{CMR} = 20\lg \left| \frac{A_{d}}{A_{c}} \right| \tag{11-6}$$

这个定义表明，共模抑制比越大，差分放大电路放大差模信号（有用信号）的能力越强，抑制共模信号（无用信号）的能力也越强。所以希望差分放大电路的共模抑制比越大越好。理想情况下K_{CMR}趋于无穷大，一般差分放大电路的K_{CMR}为$40 \sim 60$ dB，高质量差分放大电路的K_{CMR}可达120dB。

11.2.3 差分放大电路的输入、输出

前面讲到的差分放大电路，其信号都是从两管的基极输入、从两管的集电极输出的，这种方式称为双端输入、双端输出。此外，根据不同需要，输入信号也可以从一个管的基极和地之间输入（单端输入），输出信号也可以从一个管的集电极和地之间输出（单端输出）。因此，差分放大电路可以有以下 4 种接法。

1. 双端输入、双端输出

图 11-6 所示即这种接法。电压放大倍数按式（11-2）计算，输入、输出电阻按式（11-3）、式（11-4）计算。

2. 双端输入、单端输出

双端输入、单端输出如图 11-7 所示，输出只从一个晶体管 V_1 的集电极与地之间引出。u_o 只有双端输出时的一半，电压放大倍数 A_d 也只有双端输出时的一半，即

$$A_d = \frac{1}{2} A = -\frac{\beta R_C}{2r_{be}} \qquad （11\text{-}7）$$

输入电阻不随输出方式改变，而输入电阻为

$$r_{od} = 2R_C \qquad （11\text{-}8）$$

3. 单端输入、双端输出

单端输入、双端输出如图 11-8 所示，输入信号只从一个晶体管 V_1 的基极引入，另一个晶体管 V_2 的基极接地。R_E 一般很大，其对信号的分流作用可以忽略不计，V_1、V_2 的基极信号仍分别为 $u_{i1}/2$ 和 $-u_{i1}/2$，此时两个晶体管近似工作于差动状态，这种接法的动态分析与双端输入方式的相同。

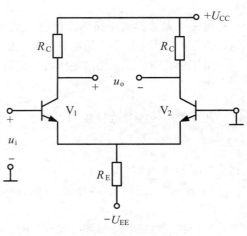

图 11-7　双端输入、单端输出

4. 单端输入、单端输出

单端输入、单端输出如图 11-9 所示，这种接法既有图 11-7 所示单端输出的特点，又有图 11-8 所示单端输入的特点。其电压放大倍数、输入电阻的计算与双端输入、单端输出的情况相同。

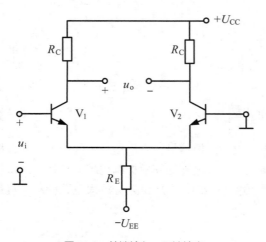

图 11-8　单端输入、双端输出

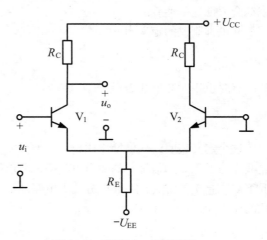

图 11-9　单端输入、单端输出

不论何种输入方式，只要是双端输出，其差模电压放大倍数就等于单管电压放大倍数，输出电阻就等于 $2R_C$；只要是单端输出，其差模电压放大倍数及输出电阻均减少一半。另外，输入方式对输入电阻没有影响。

11.2.4 差分放大电路的改进

在长尾式差分放大电路中，欲增大电路的共模抑制比，发射极电阻 R_E 越大越好，这就必须增大负电源电压（$-U_{EE}$）的值，显然使用过高电源电压或 R_E 过大会使直流耗能过大。

为了解决这个问题，可以用恒流源代替 R_E。图 11-10 所示为带恒流源的差分放大电路。

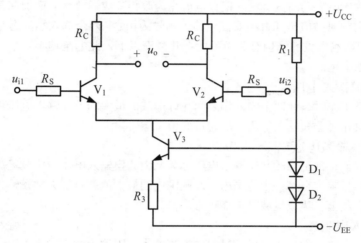

图 11-10 带恒流源的差分放大电路

电路中 V_3 是一个恒流源，它能维持自身集电极电流恒定，不随共模信号的增减而变化，使共模抑制比大大提高。这相当于用恒流源的内阻（恒流源内阻为无穷大）来抑制共模信号。

11.3 集成运放的基本特征

11.3.1 集成运放的主要参数

为了表征集成运放各方面的性能，制造厂家曾定出了 20 多种技术指标，作为合理选择和正确使用集成运放的依据，下面列出主要的几种。

1. 开环差模电压放大倍数 A_{uo}

集成运放在开环（无反馈）状态下输出电压 u_o 与输入的差模电压（$u_{i1}-u_{i2}$）之比称为开环差模电压放大倍数，即 $A_{uo}=u_o/(u_{i1}-u_{i2})$。$A_{uo}$ 越大，构成的电路运算精度越高，工作也越稳定。

2. 输入失调电压 U_{IO}

当输入信号为 0 时，集成运放的输出电压应为 0。但实际上由于制造工艺等多方面原因，它的差动输入级很难做到完全对称，故当输入为 0（$u_{i1}=u_{i2}=0$）时，输出并不为 0，这一输出电压折合到输入端的值就称为输入失调电压；反过来说，若要使输出电压为0，则必须在输入端加一个很小的补偿电压，这个电压就是输入失调电压。输入失调电压反映了线性组件内部制造的对称程度。输入失调电压一般为几毫伏，显然此值越小越好。理想集成运放的输入失调电压为0。

3．输入失调电流I_{IO}

当输入信号为0时，输入极两个差动管静态基极电流之差称为输入失调电流，也就是补偿同相和反相两个输入端静态基极电流之差的电流。输入失调电流范围一般为$0.01 \sim 0.1\mu A$，此值越小越好。理想集成运放的输入失调电流为0。

4．输入偏置电流I_{IB}

当输入信号为0时，输入极两个差动管静态基极电流的平均值称为输入偏置电流，它的大小反映了集成运放输入电阻的高低。输入偏置电流是为改善集成运放性能而加在其输入端的另一个静态基极电流，它的典型值是几百纳安。当输入信号为0时，两个输入端静态基极电流的平均值即$I_{IB} = (I_{B1}+I_{B2})/2$与输入级的结构有关，一般在几微安以下，此电流越小，I_{IO}也越小，零漂便随之减小。因此I_{IB}越小越好。

5．最大差模输入电压U_{IND}

集成运放正常工作时，在两个输入端之间允许加载的最大的差模输入电压称为最大差模输入电压。集成运放工作时差模输入电压不能超过此值。

6．最大共模输入电压U_{ICM}

保证集成运放能正常工作的共模输入电压称为最大共模输入电压。集成运放对共模信号有抑制作用，故把此信号限定在某一个范围内，此范围内的最大值就是最大共模输入电压的值。如果共模输入电压超过此值，集成运放将不能正常工作。

7．差模输入电阻r_{id}

集成运放的两个输入端加入差模信号时的交流输入电阻称为差模输入电阻。差模输入电阻反映了集成运放对信号源的影响程度，其值越大，集成运放向信号源索取的电流越小，对输入信号的影响越小，运算精度越高。差模输入电阻的典型值为$2M\Omega$，国产高输入阻抗型集成运放，其值可达到$1000M\Omega$。

8．差模输出电阻r_{od}

差模输出电阻是指集成运放在开环状态下，输出端电压变化量与输出电流变化量的比值。它的数值大小能反映集成运放带负载能力的强弱。它的数值一般是几十欧姆到几百欧姆，其值越小越好。

9．最大输出电压U_{opp}

最大输出电压是指集成运放工作在放大状态时能够输出的最大电压幅值。

此外，还有输出电阻、温度漂移、转换速率、静态功耗及共模抑制比等参数，必要时可查阅产品说明书了解详情。

11.3.2　集成运放的理想化条件

集成运放是一个比较复杂的集成电路系统，它在工作时必将会受到许多因素制约。在实际应用中，为了使分析和计算简单化，可以用一种具有理想外部特性的电子元器件代替实际的集成运放，这就是"理想集成运放"。

理想集成运放与实际的集成运放一样，有一个同相输入端、一个反相输入端和一个输出端。

从同相输入端输入的信号和放大电路的输出信号相位相同，而从反相输入端输入的信号和放大电路的输出信号相位相反。同相和反相输入端的对地电压分别用 U_+、U_- 或 u_+、u_- 表示，U_o 表示输出电压，∞ 表示开环电压放大倍数为无穷大。

理想集成运放应满足以下条件。

（1）开环差模电压放大倍数 $A_{uo} \to \infty$

只要输入端有电压输入信号，其输出端就会输出所能输出的最大信号。

（2）差模输入电阻 $r_{id} \to \infty$

无论集成运放上加多大的电压信号，真正的输入电流都近似为 0，也就是说，几乎不向信号源吸取能量。

（3）开环输出电阻 $r_o \to 0$

不带反馈时的输出电阻近似为 0，带负载的能力非常强。

（4）共模抑制比 $K_{CMR} \to \infty$

对有用信号有放大作用，对零漂信号几乎能全部抑制。

（5）没有失调现象

当输入信号为 0 时，输出信号也为 0（即失调电压、失调电流均为 0）。

理想集成运放
的电压传输
特性解释

11.3.3　理想集成运放的电压传输特性

实际电路中，集成运放的传输特性如图 11-11 所示。图中曲线上升部分的斜率为开环差模电压放大倍数 A_{uo}，以 μA741 为例，其开环差模电压放大倍数 A_{uo} 可达 10^5，最大输出电压受到电源电压的限制，不超过 ±18V。此时，输入端的电压 $u_{id} = u_{od}/A_{ud}$，不超过 ±0.18mV，也就是说，当 $|u_{id}|$ 为 0～0.18mV 时，u_{od} 与 u_{id} 为线性放大关系，称为线性区。若 $|u_{id}|$ 超过 0.18mV，则集成运放内部的输出级的晶体管进入饱和区工作，输出电压 u_{od} 的值近似等于电源电压，与 u_{id} 不再呈线性放大关系，故称为非线性区。

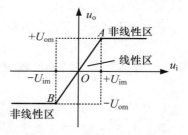

图 11-11　集成运放的传输特性

1．线性区

集成运放工作在线性区的必要条件是引入负反馈。

在线性区时，集成运放的输入电压很小而且它的同相输入端和反相输入端之间存在"虚短"和"虚断"现象。

（1）虚短

虚短是指理想集成运放两个输入端电位相等。开环差模电压放大倍数 $A_{uo}=u_o/(u_+ - u_-)$，由理想化条件 $A_{uo} \to \infty$，而 u_o 只能是有限值，得 $u_+ - u_- \approx 0$，即

$$u_- \approx u_+ \tag{11-9}$$

这表明集成运放两个输入端对地的电压总是近似相等的。二者不相接但电位又总相等，相当于短路，通常称为"虚短"。

另外，如果同相输入端接地（或通过电阻接地），即 $u_+ = 0$，则反相输入端电位也为 0，但又不接地，则称为"虚地"。

（2）虚断

虚断是指理想集成运放输入电流等于 0。

由于差模输入电阻$r_{id} \to \infty$，可知流进集成运放同相输入端和反相输入端的电流为0，即

$$i_+ = i_- \approx 0 \qquad\qquad (11\text{-}10)$$

集成运放是与电路相连接的，但输入电流又近似为0，如同断开，故通常称为"虚断"。

利用"虚短"和"虚断"的概念分析工作于线性区的集成运放十分简便。

2．非线性区

当集成运放工作在开环状态或外接正反馈时，集成运放就一定工作在非线性区。其特点如下。

（1）"虚短"特性不再成立

输出电压只有两种状态：正饱和电压$+U_{om}$和负饱和电压$-U_{om}$。

当$u_+ > u_-$时，$u_o = +U_{om}$。

当$u_+ < u_-$时，$u_o = -U_{om}$。

（2）"虚断"特性仍然成立

工作于非线性区的理想集成运放仍然有差模输入电阻$r_{id} \to \infty$，因此$i_+ = i_- \approx 0$。

11.4 负反馈放大电路

在多级放大电路的信号传输过程中，从第二级开始，信号幅值逐渐变大，这可能导致多级放大电路的最终输出信号产生一定的失真，甚至在有些情况下失真会很严重，而此失真并非由静态工作点不合适导致，往往需要在电路中增加一个反馈支路来改善失真，提高波形的稳定性。

11.4.1　反馈的基本概念

所谓反馈，就是将放大电路的输出信号（电压或电流）的一部分或全部送回到放大电路的输入端，并与输入信号（电压或电流）相合成的过程。

不同特点的反馈对电路的影响和作用效果不一样，因此，为了在实际工作中区分和应用反馈，我们根据反馈的不同特点对其进行分类，大致可分为以下几类。

1．正反馈和负反馈

为了区别于放大电路原来的输入信号，我们把反馈信号和原输入信号合成后送进放大电路输入端的新输入信号叫作净输入信号。如果反馈信号与输入信号的极性相同，使净输入信号增强，叫作正反馈。如果反馈信号与输入信号的极性相反，使净输入信号减弱，叫作负反馈。

正反馈虽然能使输出信号增大，电压放大倍数增大，但使放大电路的性能显著变差（工作不稳定、失真增加等），所以在放大电路中一般不采用正反馈，正反馈一般应用于振荡电路中。负反馈能改善放大电路的性能，因而被广泛地应用到放大电路中。

2．直流反馈和交流反馈

对直流量起反馈作用的反馈叫作直流反馈，对交流量起反馈作用的反馈叫作交流反馈，既能反馈直流信号也能反馈交流信号的反馈叫作交直流反馈。它们区别的关键点是：反馈信号是只有直流量还是只有交流量，还是交流、直流量都有。

3．电压反馈和电流反馈

根据反馈信号从放大电路输出端的取出方式，可以判定反馈是电压反馈还是电流反馈。反馈

信号取自输出端负载两端的电压，这种反馈称为电压反馈，如图 11-12（a）所示。如果取自电流，则是电流反馈，如图 11-12（b）所示。电压反馈的反馈电路与放大电路的输出端并联，电流反馈的反馈电路与放大电路的输出端串联。

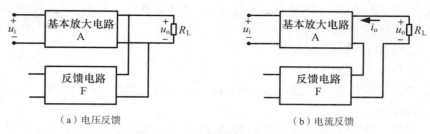

（a）电压反馈　　　　　　　　　　　　（b）电流反馈

图 11-12　电压反馈和电流反馈

4．串联反馈和并联反馈

根据反馈信号在放大电路输入端的连接方式，来判定反馈是串联反馈还是并联反馈。反馈信号在输入端以电压形式出现，且与输入电压串联起来加到放大电路输入端的，称为串联反馈，如图 11-13（a）所示。反馈信号以电流形式出现，且与输入电流并联作用于放大电路输入端的，称为并联反馈，如图 11-13（b）所示。

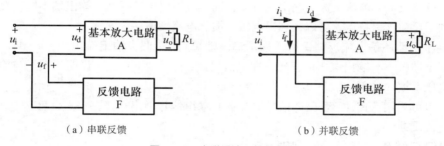

（a）串联反馈　　　　　　　　　　　　（b）并联反馈

图 11-13　串联反馈和并联反馈

必须注意，电压反馈不应该理解为反馈到输入端的信号一定以电压形式出现，虽然它在输出端取出的是电压，但是在输入端以何种形式出现完全取决于它在输入端的连接方式。串联反馈时，它是以电压形式出现的，并联反馈时，它是以电流形式出现的，对电流反馈也应该做同样的理解。

11.4.2　反馈的类型判断

放大电路的反馈种类很多。对于一个放大电路，如何判断它是否存在反馈？如果存在反馈，该如何判定它的反馈类型呢？

首先，确定放大电路是否存在反馈，就是看电路中有无构成输出端和输入端反向联系的元器件或网络，如果有，则存在反馈，反之，则不存在反馈。其次，按各类反馈的定义和特点来判断反馈类型。

1．正反馈和负反馈的判别

对一个具体的放大电路，通常采用瞬时极性法判别引入的反馈是正反馈还是负反馈。

所谓瞬时极性，就是电信号的瞬时值变化趋势是增大或减小，而不是电信号的瞬时值为正或负。例如，假设在原输入信号的作用下，晶体管的基极电位在某一瞬时的极性为正（＋），则表示其瞬时值呈增大的趋势；若极性为负（－），则表示其瞬时值呈减小的趋势。

根据前面对共发射极放大电路的分析可知，基极的瞬时极性为正（上升）时，集电极的瞬时极性为负（下降），发射极的瞬时极性为正（上升），而且电容、电阻等反馈元器件不改变瞬时极性。信号通过变压器传输后，其极性具有不确定性，要根据其同名端来确定，根据这些关系就可以判别是正反馈还是负反馈。

瞬时极性法的具体步骤如下。

第一步，假设输入信号某一瞬时的对地极性为正。

第二步，沿信号传输方向依次从输入端到输出端标出放大电路各点的瞬时极性，从而确定反馈信号的瞬时极性。

第三步，根据反馈信号与输入信号的连接情况，分析净输入信号变化，如果反馈信号使净输入信号增强，则为正反馈，反之，则为负反馈。

2．电压反馈和电流反馈的判别

电压反馈和电流反馈是根据取样环节（表现为反馈电路与放大电路的连接关系）来分类的，从电路结构来看，电压反馈和电流反馈有如下特点：电压反馈取样输出电压，故反馈电路与负载并联，取样点（指反馈支路与输出回路的连接点）与输出端为同一点；电流反馈取样输出电流，故反馈电路与负载串联，取样点与输出端不为同一点。

显然，电压反馈、电流反馈与输出端有关，同一电极引出的反馈，输出端不同，反馈类型也就不同。利用反馈这一特点，可以判别出电压反馈、电流反馈。

判别电压反馈还是电流反馈，通常采用输出端短路法：假设输出端短路（$u_o=0$），若反馈仍存在，说明反馈量不与输出电压成正比，即电流反馈；若反馈不存在，说明反馈量与输出电压成正比，即电压反馈。

另外，也可采用快速法：若反馈信号取样点和输出信号引出端接在一点，就是电压反馈；反之，就是电流反馈。

3．串联反馈和并联反馈的判别

串联反馈和并联反馈的判别方法是看反馈电路在输入回路的连接方法，如果反馈电路在输入回路中与信号源串联，则为串联反馈，这时，反馈端（指反馈电路与输入回路的连接点）与输入端（指非接地的输入端）不为同一点；如果反馈电路与信号源并联，则为并联反馈，这时，反馈端与信号源输入端为同一点。

简而言之，判别串联反馈和并联反馈的方法可归纳为两种。

（1）短接法

放大电路的输入端短路，若反馈信号也被短路，则是并联反馈；反之，则是串联反馈。

（2）快速法

反馈信号接到输入端，则是并联反馈；反之，反馈信号接到非输入端，则是串联反馈。例如NPN型晶体管构成的共发射极放大电路，反馈信号接到输入端即晶体管的基极，则是并联反馈；反馈信号接到非输入端即晶体管的发射极，则是串联反馈。

例11-1 判别在图11-14所示两个电路中，反馈元器件R_f引进的是哪一种反馈类型。

解：图11-14（a）所示电路中电阻R_f同时在输出和输入回路中，构成了电路输出和输入的联系；图11-14（b）所示电路中电阻R_f接在输出回路中T_2的发射极和输入回路中T_1的基极之间，构成了电路输出和输入的联系，所以图11-14

例11-1精讲

（a）所示电路和图11-14（b）所示电路都存在反馈。

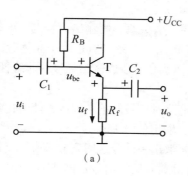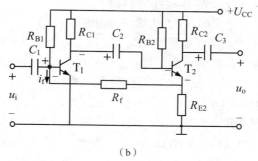

图 11-14 例 11-1 电路

（1）判别是电压反馈还是电流反馈。

图11-14（a）所示电路中反馈信号u_f取自放大电路输出端，故为电压反馈。图11-14（b）所示电路中反馈信号不是取自放大电路的输出端，故为电流反馈。

（2）判别是正反馈还是负反馈。

根据瞬时极性法，假设晶体管T和T_1基极原来的输入信号极性为正（＋），其余各极的瞬时极性都在图11-14中标出。在图11-14（a）所示电路中反馈信号加到发射极，并和原假设信号的极性一致，故为负反馈。在图11-14（b）所示电路中反馈信号的极性为负（－），并且加到输入端晶体管T_1的基极和原来假设信号的极性相反，故为负反馈。

（3）判别是串联反馈还是并联反馈。

图11-14（a）所示电路中反馈信号加到晶体管的发射极，故为串联反馈。图11-14（b）所示电路中反馈信号加到晶体管的基极，故为并联反馈。

所以图11-14（a）所示电路中R_f引进的是电压串联负反馈，图11-14（b）所示电路中R_f引进的是电流并联负反馈。

在放大电路的输出端，反馈电路可以把输出电压反馈到输入回路，也可以把输出电流反馈到输入回路。在输入回路中，反馈电路可以与信号源并联，也可以与信号源串联。因此，可以组成4种不同类型的负反馈电路：电压并联负反馈电路；电压串联负反馈电路；电流并联负反馈电路；电流串联负反馈电路。

11.4.3 负反馈对放大电路性能的影响

1. 负反馈使放大倍数减小，但提高了放大倍数的稳定性

反馈放大电路的原理图如图11-15所示。

把没有引入反馈时的放大电路叫作开环，其放大倍数称为开环放大倍数，用A表示；把引入反馈后的放大电路叫作闭环，其放大倍数称为闭环放大倍数，用A_f表示。则有如下公式

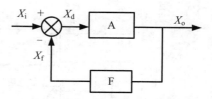

图 11-15 反馈放大电路的原理图

$$A = \frac{X_o}{X_d}, \quad A_f = \frac{X_o}{X_d} \qquad (11-11)$$

式中，由于引入的是负反馈，使得净输入信号小于输入信号，即$X_d < X_i$，所以有$A_f < A$。由此可见，放大电路引入负反馈后，放大倍数减小了。

另外，可以验证，引入负反馈可以提高电路放大倍数的稳定性。

2．负反馈使非线性失真减小

当放大电路的输入端加上一个正弦交流信号u_i时，如果没有失真，则输出信号也应该是同频率的正弦波，仅仅是幅值放大了，即输出与输入呈线性（正比）关系。但是由于晶体管的非线性，放大电路的输出信号与输入信号并不是线性关系，这样就容易造成输出信号的非线性失真。图11-16所示为负反馈对非线性失真的影响。

图11-16（a）所示是没有负反馈的情况。假设该放大电路对信号的正半周放大能力比负半周的强，那么其输出波形u_o的正半周幅值大，负半周幅值小，输出信号失真。

引入负反馈后如图11-16（b）所示，从失真的输出信号取出一部分送回到输入端。反馈电路一般是线性元器件，它不会产生失真，所以通过反馈电路得到的反馈信号u_f仍是正半周幅值大，负半周幅值小。在比较环节中与u_i合成时，因为是负反馈，在比较环节中u_f和u_i相减，这样u_d的正半周幅值相对变小，负半周幅值相对变大。这个失真波形经过放大得到补偿，使输出信号的正负半周的幅值趋于相等，从而减小了非线性失真。

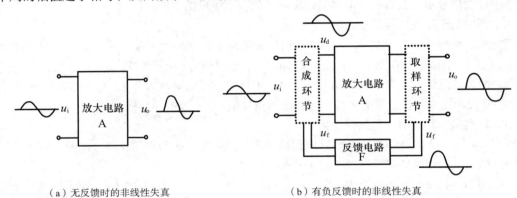

（a）无反馈时的非线性失真　　　　　　　　（b）有反馈时的非线性失真

图11-16　负反馈对非线性失真的影响

值得指出的是，采取负反馈措施只是减小了波形的非线性失真，不能彻底消除非线性失真。

3．负反馈对输入电阻和输出电阻的影响

（1）输入电阻

输入电阻是放大电路输入端的参数，当放大电路引入负反馈后，其输入电阻将发生变化，这种变化主要取决于反馈信号在输入端的连接方式：串联反馈使输入电阻增大，并联反馈使输入电阻减小，它与输出端取出反馈信号的方式无关。图11-17所示为负反馈对输入电阻的影响。

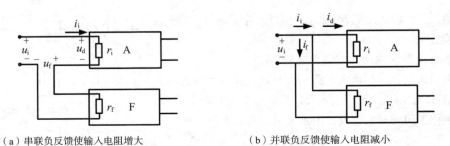

（a）串联负反馈使输入电阻增大　　　　　　（b）并联负反馈使输入电阻减小

图11-17　负反馈对输入电阻的影响

由图11-17（a）可以看出，引入串联负反馈后，等效的输入电阻相当于原开环放大电路的输

入电阻 r_i 与反馈回路的反馈电阻 r_f 串联，其结果必然是增大了。所以串联负反馈使输入电阻增大。

由图 11-17（b）可以看出，引入并联负反馈后，等效的输入电阻相当于原开环放大电路的输入电阻 r_i 与反馈回路的反馈电阻 r_f 并联，其结果必然是减小了。所以并联负反馈使输入电阻减小。

（2）输出电阻

输出电阻是放大电路输出端的参数，当放大电路引入负反馈后，其输出电阻将发生变化，这种变化主要取决于反馈信号在输出端的连接方式：电压负反馈使输出电阻减小，电流负反馈使输出电阻增大，它与反馈信号在输入端的合成方式无关。

电压负反馈能稳定输出电压，这是由于放大电路可等效为一个有内阻的电源，而电压负反馈具有维持输出电压恒定的作用。一旦引入电压负反馈，当负载发生变化时，输出电压的变化要比未引入负反馈时的小，这相当于输出端等效电源的内阻减小，也就是输出电阻减小了。

电流负反馈能稳定输出电流。即由于电流负反馈具有维持电流恒定的作用，一旦引入电流负反馈，当负载发生变化时，输出电流基本不随负载改变而发生变化，这相当于输出端等效电源的内阻增大了，也就是输出电阻增大了。

此外，在放大电路中引入负反馈后，还能提高电路的抗干扰能力、降低噪声等。因而，在实际应用的放大电路中，几乎都会用到负反馈。

11.5 集成运放在线性运算方面的应用

11.5.1 比例运算电路

所谓比例运算电路，是指输出电压 u_o 与输入电压 u_i 之间具有线性比例关系，即 $u_o = Ku_i$。当比例系数 $K > 1$ 时，电路为放大电路。

1. 反相比例运算电路

反相比例运算电路如图 11-18 所示。由于集成运放的同相输入端经电阻 R_2 接地，利用"虚断"的概念，该电阻上没有电流，所以没有电压降，就是说集成运放的同相输入端是接地的。利用"虚短"的概念，同相输入端与反相输入端的电位相同，所以反相输入端也是地电位，由于没有实际接地，所以称为"虚地"。电路中同相输入端与地之间的电阻 R_2 称为平衡电阻，大小为 $R_2 = R_1 // R_f$。

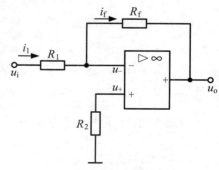

图 11-18　反相比例运算电路

利用"虚断"概念，得

$$i_1 = i_f$$

利用"虚地"概念，得

$$i_1 = \frac{u_i - u_-}{R_1} = \frac{u_i}{R_1}$$

$$i_f = \frac{u_- - u_o}{R_f} = -\frac{u_o}{R_f}$$

由此可得

$$u_o = -\frac{R_f}{R_1} u_i$$

得到反相比例放大倍数

$$A_{uf} = -\frac{R_f}{R_1} \qquad (11\text{-}12)$$

式（11-12）表明，反相比例放大倍数仅取决于反馈电路中两电阻之比，而与集成运放本身的参数无关，式中的负号说明输出电压与输入电压反相。当 $R_f = R_1$ 时，有

$$A_{uf} = -\frac{R_f}{R_1} = -1$$

此时的反相比例运算电路又称为反相器。可用图11-19所示符号表示反相器，图中"▷1"表示放大倍数为1。

2. 同相比例运算电路

同相比例运算电路如图11-20所示。

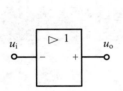

图 11-19　反相器 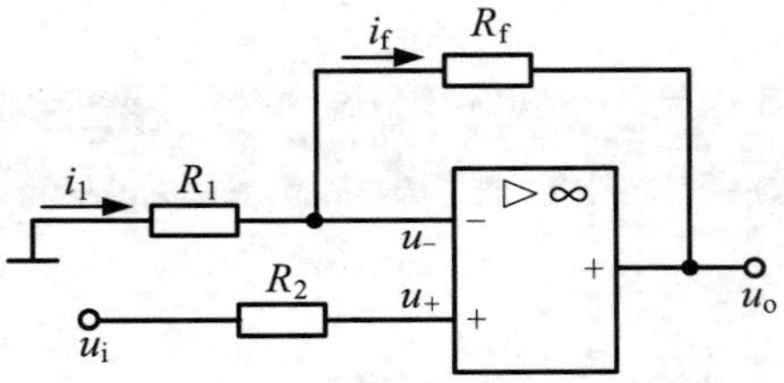　　　　图 11-20　同相比例运算电路

利用"虚断"的概念，得

$$i_1 = i_f$$

利用"虚短"的概念，得

$$i_1 = \frac{0 - u_-}{R_1} = -\frac{u_i}{R_1}$$

$$i_f = \frac{u_- - u_o}{R_f} = \frac{u_i - u_o}{R_f}$$

因此得到输出电压的表达式为

$$u_o = \left(1 + \frac{R_f}{R_1}\right) u_i$$

得到同相比例放大倍数

$$A_{uf} = 1 + \frac{R_f}{R_1} \qquad (11\text{-}13)$$

由于这是串联反馈电路，所以输入电阻很大，理想情况下 $r_{id} \to \infty$。由于信号加在同相输入端，而反相输入端和同相输入端电位一样，所以输入信号对于集成运放是共模信号，这就要求集成运放有很好的共模抑制能力。

3．电压跟随器

若将反馈电阻R_f和R_1、R_2去掉，则成为图11-21所示的电路，该电路的输出全部反馈到输入端，是电压串联负反馈。由$R_1 = \infty$，$R_f = 0$、可知$u_o = u_i$，输出电压跟随输入电压的变化而变化，因此，这种电路称为电压跟随器。

图11-21 电压跟随器

11.5.2 加法、减法运算电路

1．反相加法运算电路

反相加法运算电路如图11-22所示。可以判别它是一个电压并联负反馈放大电路。与前述电路相比，它增加了两个输入端。平衡电阻$R_4 = R_1 // R_2 // R_3 // R_f$。

由图11-22可得

$$i_1 + i_2 + i_3 = i_f$$

其中

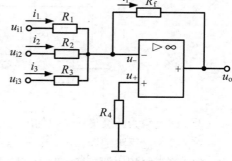

图11-22 反相加法运算电路

$$i_1 = \frac{u_{i1} - u_-}{R_1} = \frac{u_{i1}}{R_1}, \quad i_2 = \frac{u_{i2}}{R_2}, \quad i_3 = \frac{u_{i3}}{R_3}, \quad i_f = \frac{u_- - u_o}{R_f} = -\frac{u_o}{R_f}$$

因此可以得到

$$u_o = -R_f \left(\frac{u_{i1}}{R_1} + \frac{u_{i2}}{R_2} + \frac{u_{i3}}{R_3} \right)$$

当$R_1 = R_2 = R_3 = R_f = R$，则有

$$u_o = -(u_{i1} + u_{i2} + u_{i3}) \tag{11-14}$$

式（11-14）表明，输出电压等于各个输入电压之和，从而实现反相加法运算。加法运算电路常用在测量和控制系统中，对各种信号按不同比例进行组合运算。该电路的特点是便于调节，因为同相输入端接地，反相输入端是"虚地"。

加法运算电路也可以由多路输入的同相放大电路组成，但是，同相加法运算电路的共模输入电压较高，且调节不便，因此较少使用。

2．减法运算电路

利用差分放大电路实现减法运算电路，如图11-23所示。

由图11-23可得

$$\frac{u_{i1} - u_-}{R_1} = \frac{u_- - u_o}{R_f}, \quad \frac{u_{i2} - u_+}{R_2} = \frac{u_+}{R_3}$$

由于$u_- = u_+$，所以可得

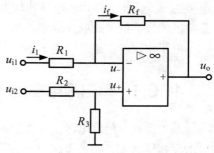

图11-23 减法运算电路

$$u_o = \left(1 + \frac{R_f}{R_1} \right) \left(\frac{R_3}{R_2 + R_3} \right) u_{i2} - \frac{R_f}{R_1} u_{i1} \tag{11-15}$$

当$R_1 = R_2$，$R_3 = R_4$时，

$$u_o = \frac{R_f}{R_1} (u_{i2} - u_{i1}) \tag{11-16}$$

当$R_1 = R_2 = R_3 = R_f$时，

$$u_o = u_{i2} - u_{i1}$$ （11-17）

例11-2 已知图11-24所示电路中，$u_i = -2V$，$R_f = 2R_1$，试求u_o。

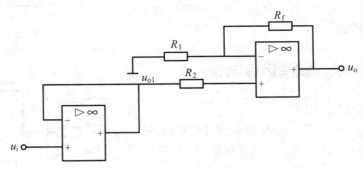

图 11-24 例11-2电路

解： 此电路为两级集成运放的串联形式，可以每级单独计算。

第1级为电压跟随器，$u_{o1} = u_i = -2V$。

第2级为同相比例运算电路，其输入电压为u_{o1}，因此

$$u_o = \left(1 + \frac{R_f}{R_1}\right)u_i = \left(1 + \frac{R_f}{R_1}\right)u_{o1} = \left(1 + \frac{2R_1}{R_1}\right)(-2) = -6V$$

11.6 集成运放在非线性运算方面的应用

当集成运放工作在开环状态时，由于它的开环放大倍数很大，即使在两个输入端之间输入一个微小的信号，也能使集成运放饱和而进入非线性状态。集成运放非线性应用时，仍有"虚断"的特性。

电压比较器便是根据这一原理工作的。电压比较器就是将一个模拟量的输入电压信号和一个参考电压相比较，在二者幅值相等的临界点，输出电压将产生跃变，并将比较结果以高电平或低电平的形式输出。所以，电压比较器通常输入的是连续变化的模拟信号，输出的是以高、低电平为特征的数字信号或脉冲信号。

电压比较器广泛地应用于越限报警、模数转换、波形变换及信号测量等方面。

11.6.1 单门限电压比较器

基本反相单门限电压比较器如图11-25所示。输入电压u_i加在集成运放的反相输入端，参考电压U_R加在同相输入端（设$U_R > 0$）。由于集成运放工作在开环状态，所以当$u_i > U_R$时，$u_+ < u_-$，$u_o = -U_{om}$；当$u_i < U_R$时，$u_+ > u_-$，$u_o = +U_{om}$。

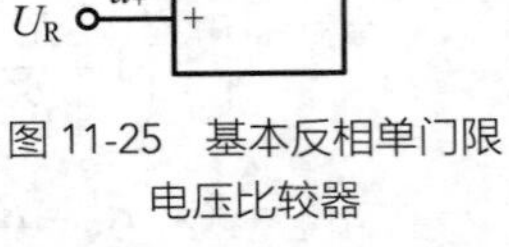

图 11-25 基本反相单门限电压比较器

当$u_i > U_R$时，电压比较器的输出$u_o = -U_{om}$，无论u_i的值如何变化，输出电压不会改变。当u_i减小到U_R时，电压比较器的输出才产生变化，u_i由$-U_{om}$跳变成$+U_{om}$。

当$u_i < U_R$时，$u_o = +U_{om}$，无论u_i的值如何变化，输出电压不会改变。当u_i增大到U_R时，电

压比较器的输出才产生变化，u_o 由 $+U_{om}$ 跳变成 $-U_{om}$。

图 11-26（a）所示为当 $U_R > 0$ 时的单门限电压比较器的传输特性曲线。

实际的参考电压 U_R 可以是正值，也可以是负值，当 $U_R < 0$ 时，单门限电压比较器的传输特性曲线如图 11-26（b）所示。

利用电压比较器可将正弦波变换成矩形波。如图 11-27 所示，其参考电压 $U_R > 0$，输入信号 u_i 是正弦波，相应的输出电压是矩形波。

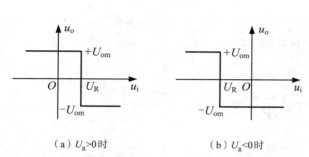

（a）$U_R > 0$ 时　　　　（b）$U_R < 0$ 时

图 11-26　单门限电压比较器的传输特性曲线

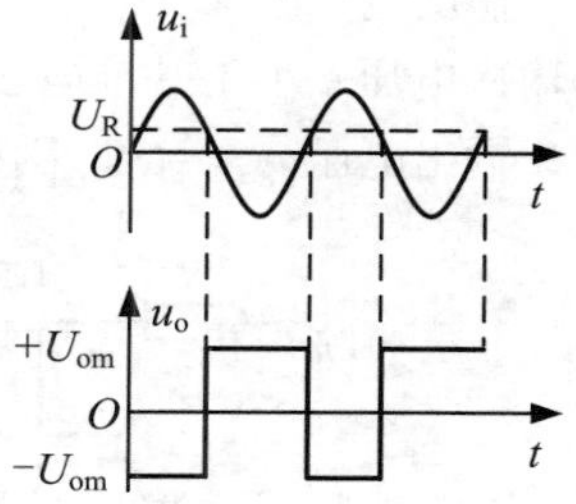

图 11-27　电压比较器输入、输出电压波形

从时序图可知，电压比较器的输出电压只有两个值，$u_i > U_R$ 时，$u_o = -U_{om}$；$u_i < U_R$ 时，$u_o = +U_{om}$，输出电压 u_o 只在 $u_i = U_R$ 处才发生跳变。从电压比较器的传输特性曲线可看出，$+U_{om}$ 与 $-U_{om}$ 之间的变换只与一个值 U_R 相对应，这个值称为门限电压，因此这种电压比较器称为单门限电压比较器。

同理，如果我们将 u_i 连接集成运放的同相输入端，U_R 连接反相输入端，可以构成同相的单门限电压比较器，这时当 $u_i > U_R$ 时，$u_o = +U_{om}$；当 $u_i < U_R$ 时，$u_o = -U_{om}$。

11.6.2　过零电压比较器

如图 11-28 所示，输入电压 u_i 加到运放的反相输入端 u_-；同相输入端接地。即当参考电压 $U_R = 0$ 时，该电路就变为过零电压比较器。

由于集成运放工作在开环状态，所以过零电压比较器的输出只有两种可能的值 $+U_{om}$ 和 $-U_{om}$。

当 $u_i > 0$，即 $u_+ < u_-$ 时，则 $u_o = +U_{om}$。

当 $u_i < 0$，即 $u_+ > u_-$ 时，则 $u_o = -U_{om}$。

过零电压比较器输入、输出电压波形如图 11-29 所示。

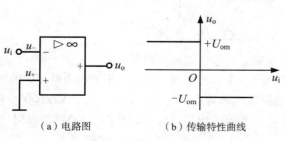

（a）电路图　　　　（b）传输特性曲线

图 11-28　过零电压比较器

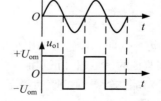

图 11-29　过零电压比较器输入、输出电压波形

11.6.3　采取限幅的电压比较器

为了获取特定输出电压或限制输出电压值，可以在输出端采取稳压管限幅。图11-30所示为采取双稳压管限幅的电压比较器。其中，VD_{z1}、VD_{z2}为两个反向串联的稳压管（也可采用一个双向稳压管），实现双向限幅。

当输入电压u_i大于基准电压U_R时，VD_{z1}反向击穿限幅，VD_{z2}正向导通，不考虑二极管正向压降时，输出电压$u_o = -U_z$。

当输入电压u_i小于基准电压U_R时，VD_{z1}正向导通，VD_{z2}反向击穿限幅，不考虑二极管正向压降时，输出电压$u_o = +U_z$。因此，输出电压被限制在$\pm U_z$之间。

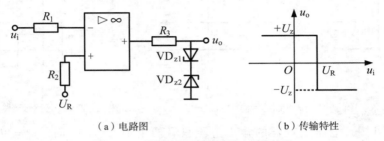

（a）电路图　　　　　　　（b）传输特性

图 11-30　采取双稳压管限幅的电压比较器

除了集成运放可构成比较器之外，目前有多种集成比较器芯片，例如LM339、LM119、LM193、MC1414等，虽然它们比集成运放的开环增益小，失调电压大，共模抑制比小，但是它们的速度快，传输延迟时间短，而且一般不需要外加电路就可以直接驱动TTL、CMOS等集成电路，并可以直接驱动继电器等功率元器件。

11.6.4　应用举例

若需要对某一参数（如压力、温度、噪声等）进行监控，可将传感器输出的监控信号u_i送给比较器监控报警。图11-31所示是利用比较器设计出的监控报警电路。

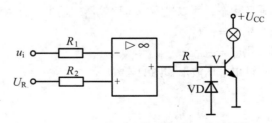

图 11-31　监控报警电路

当$u_i > U_R$时，比较器输出负值，晶体管V截止，报警指示灯熄灭，表明正常工作；当$u_i < U_R$时，被监控的信号超过正常值，比较器输出正值，晶体管V饱和导通，报警指示灯亮。电阻器R决定了对晶体管导通的驱动程度，其阻值应保证晶体管进入饱和状态。二极管VD起保护作用，当比较器输出负值时，晶体管发射结上反偏电压较高，可能击穿发射结，而VD能把发射结的反向电压限制在0.7V，从而保护晶体管。

本章小结

1．集成运放采用高增益的直接耦合放大电路，它由输入级、中间级、输出级、偏置电路4个部分组成。为了有效抑制零漂和增大共模抑制比，常采用差分放大电路作为输入级。

2．差分放大电路是利用其电路的对称性使零输入时达到零输出，对差模信号具有很强的放大能力，而对共模信号具有很强的抑制作用。由电路输入、输出方式的不同组合，差分放大电路共有4种典型接法。影响电路指标的接线方式主要取决于是单端输出方式还是双端输出方式。

3．集成运放有两个工作区，即线性工作区和非线性工作区。在线性应用时，集成运放通常工作于深度负反馈状态，两输入端存在"虚短"和"虚断"现象。在非线性应用时，集成运放通常工作于开环或正反馈状态，此时集成运放的输出不是正饱和电压就是负饱和电压。

4．集成运放线性应用时，可组成比例、加法、减法运算电路，读者应当掌握这些运算电路的工作原理和传输关系，并会分析一些简单的信号运算电路。

5．集成运放非线性应用时，可组成电压比较器，用来比较两个信号的大小。

习题

一、填空题

1．差分放大电路能够放大（　　　），而抑制（　　　）。

2．（　　　）运算电路可实现$A_u>1$的放大电路；（　　　）运算电路可实现$A_u<0$的放大电路。

3．在具有反馈的放大电路中，如果令输出电压$u_0=0$，反馈信号消失，说明它的反馈为（　　　）反馈，否则为（　　　）反馈。

4．在对放大电路的输入、输出电阻的影响中，串联负反馈的影响是使输入电阻的阻值（　　　），而电压负反馈的影响是使输出电阻的阻值（　　　）。

5．射极输出器的主要特点是：r_i较大，r_o较小，A_u（　　　）1，它虽然没有（　　　）放大作用，但具有电流或功率放大作用。

6．共模抑制比K_{CMR}等于（　　　）与（　　　）之比的绝对值，K_{CMR}值越大，表明电路抑制共模信号的能力越强。

7．某两级放大电路，已知$A_{u1}=-20$，$A_{u2}=50$，则总的$A_u=$（　　　）。

8．多级放大电路的耦合方式有（　　　）耦合和（　　　）耦合。

9．理想集成运放线性应用满足的特性是（　　　）和（　　　）。

二、选择题

1．在线性区内，分析理想集成运放二输入间的电压时可采用（　　　）。

A．"虚短"　　　　　　　B．"虚断"　　　　　　　C．"虚地"　　　　　　　D．以上选项均不对

2．若要将幅值为$\pm U_m$的矩形波转变为三角波，则应选用（　　　）。

A．反相比例运算电路　　　　　　　　　　B．同相比例运算电路

C．微分运算电路　　　　　　　　　　　　D．积分运算电路

3．差分放大电路的主要性能指标仅与（　　　）。

A．输入方式有关　　　　　　　　　　　　B．输出方式有关

C. 输入、输出方式均有关   D. 输入、输出方法均无关

4. 集成运放内部是直接耦合放大电路，因此能放大（   ）。

A. 直流信号   B. 交流信号

C. 直流信号和交流信号均可以   D. 直流信号和交流信号均不行

5. 为了减小零漂，减小输出电阻，大多输入级和输出级分别采用（   ）。

A. 共集或共漏   B. 互补对称和电流源

C. 差分和电流源   D. 差分和互补对称

6. 差分放大电路双端输出时的差模电压增益与半边差模等效电路的电压增益应是（   ）。

A. 1倍   B. 相等   C. 2倍   D. 一半

7. 差模输入电阻不论双端输入还是单端输入方式，应是半边差模等效电路输入电阻的（   ）。

A. 一半   B. 1倍   C. 2倍   D. 3倍

8. 要把三角波变换为矩形波，需要采用的运算电路是（   ）。

A. 反相比例运算电路   B. 同相比例运算电路

C. 积分运算电路   D. 微分运算电路

9. 下列不属于负反馈对放大电路性能影响的为（   ）。

A. 提高放大电路增益的稳定性   B. 增大放大倍数

C. 减少非线性失真   D. 扩展频带

三、综合题

1. 已知 $R_1 = R_3 = R_4 = 10\text{k}\Omega$，$R_2 = R_5 = 100\text{k}\Omega$，求解图11-32所示电路中 u_o 与 u_{i1}、u_{i2} 的关系式。

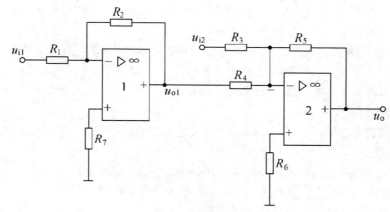

图 11-32   综合题 1 图

2. 如图11-33所示，若 $u_{i1}=1\text{V}$，$u_{i2}=u_{i3}=0\text{V}$，求 u_o 的值；若 $u_{i1}=u_{i2}=1\text{V}$，$u_{i3}=0\text{V}$，求 u_o 的值。

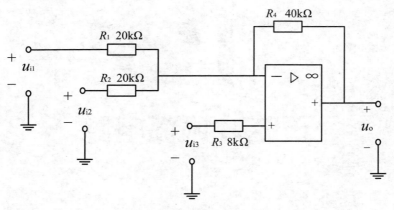

图 11-33　综合题 2 图

第 12 章

正弦波振荡电路

本章学习目标

了解正弦波振荡电路的基本组成。

掌握正弦波振荡电路产生自激振荡应满足的条件。

掌握 RC 正弦波振荡电路、LC 正弦波振荡电路和石英晶体正弦波振荡电路的工作原理。

本章讨论的问题

RC 正弦波振荡电路一般用在哪些信号发生器中？

LC 正弦波振荡电路可分为哪几种？

石英晶体正弦波振荡电路的特点有哪些？

努力富国，努力强国。——王守武（中国科学院院士）

　　王守武是我国半导体科学奠基人之一，半导体元器件物理学家。他组织筹建了我国第一个半导体研究室和全国半导体测试中心；创建了中国科学院半导体研究所和微电子研究所；在研究与开拓半导体材料、半导体元器件、光电子元器件及大规模集成电路等方面开创了我国很多个"第一"，做出了重要贡献，被人们誉为我国半导体研究的"拓荒者"。

　　王守武在几十年的科研生涯中，以爱国求实、勇于创新、甘为人梯的实际行动，生动诠释了科学家精神，为后辈科技工作者树立了光辉榜样。

12.1　正弦波振荡电路概述

从能量的角度观察，正弦波振荡电路是将直流电能转换成频率和幅值一定的正弦交流信号。它由放大、反馈和选频环节组成，属于正反馈电路。讨论正弦波振荡电路原理的关键就是要找到保证振荡电路从无到有地建立起振荡的起振条件，保证振荡电路产生等幅且持续振荡的平衡条件，以及确定振荡电路的振荡频率。

12.1.1　正弦波振荡电路的基本组成

正弦波振荡电路的框图如图12-1所示。当开关S打在端点"1"时，较小的输入信号u_i经过开关S送到基本放大电路的输入端，经过基本放大电路的放大，在输出端得到一个较大的输出信号u_o。这时把开关S瞬时打向"2"，将输出信号通过反馈电路送入输入端，反馈电压u_f与原输入信号电压u_i大小相等、相位相同，即用反馈电压代替外加的输入信号电压，由于基本放大电路的输入信号没有改变，输出信号u_o也就没有改变，反馈信号u_f得以维持。整个电路在去掉输入信号u_i的情况下，将继续保持稳定的输出信号。

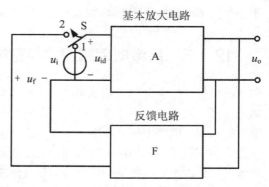

图 12-1　正弦波振荡电路的框图

在图12-1所示电路中，当开关S打向"2"时，就构成了一个振荡电路。由图12-1可以看出，振荡电路由一个基本放大电路和一个反馈电路组成。但要产生单一频率的正弦波信号，还必须有选频电路（或选频网络），选频电路可以加在基本放大电路中，也可以加在反馈电路中。因此一个正弦波振荡电路应当包括基本放大电路、反馈电路和选频电路3个基本组成部分。

12.1.2　自激振荡的条件

自激振荡指不外加激励信号而自行产生的恒稳和持续的振荡。放大器的输入端不加输入信号，输出端仍有一定的幅值和频率的输出信号，这种现象就是自激振荡。

1．幅值平衡条件

由图12-1可以看出，振荡电路在没有外加输入信号的情况下就有输出信号，就是因为它把反馈信号作为基本放大电路的输入信号。为了使振荡电路维持振荡，必须保证反馈信号u_f与输入信号u_i大小相等。

由于

$$A = \frac{u_o}{u_i}, \quad F = \frac{u_f}{u_o}$$

可以得到

$$A \cdot F = \frac{u_o}{u_i} \cdot \frac{u_f}{u_o} = \frac{u_f}{u_i} = 1$$

幅值平衡条件
解释

227

即

$$A \cdot F = 1 \tag{12-1}$$

式（12-1）就是振荡电路能够振荡的幅值平衡条件。式中 A 表示基本放大电路的开环放大倍数，F 表示反馈电路的反馈系数。

2．相位平衡条件

为了保证反馈信号 u_f 与输入信号 u_i 相位相同，应确保

$$\varphi_A + \varphi_F = \pm 2n\pi, \quad n = 0, 1, 2, 3, \cdots \tag{12-2}$$

式（12-2）为振荡电路的相位平衡条件。式中 φ_A 表示基本放大电路的相移（基本放大电路的输出信号与输入信号间的相位差），φ_F 表示反馈电路的相移（反馈电路的输出信号与输入信号间的相位差），反馈信号的相位与所需输入信号的相位相同，即电路引入正反馈才能产生振荡。对于一个振荡电路来说，必须同时满足幅值平衡条件和相位平衡条件，电路才能振荡。

12.1.3　自激振荡的建立与稳幅

前面讨论振荡电路的基本结构时，将基本放大电路的输出信号通过反馈电路送到输入端作为输入信号，从而实现了振荡。那么，原始的输入信号是从哪里来的呢？其实，当振荡电路刚接通电源的瞬间，电路中便会产生一个电冲击，这个电冲击激起的信号包含各种频率成分，其中只有一种频率的信号满足相位平衡条件，通过放大→正反馈→放大，输出信号逐渐由小变大。而其他频率的信号因不满足相位平衡条件而被衰减掉。可见，振荡电路能否起振，除了电路必须引入正反馈之外，反馈信号 u_f 应比输入信号 u_i 的幅值要大。

即

$$A \cdot F = \frac{u_o}{u_i} \cdot \frac{u_f}{u_o} = \frac{u_f}{u_i} > 1 \tag{12-3}$$

自激振荡的起振波形如图 12-2 所示。振荡电路在起振以后，输出信号的振荡幅值会不会无限地增大呢？实际上是不会的。由于晶体管是非线性元器件，当振荡幅值增大至一定程度后，振荡电路中的晶体管将进入非线性区，晶体管的 β 将会减小，放大电路的电压放大倍数 A 会减小，从而使 AF 减小，当满足 $AF = 1$ 时，输出幅值既不增大，也不减小，将维持在某一幅值进行等幅振荡。

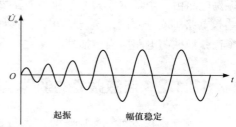

图 12-2　自激振荡的起振波形

综上所述，正弦波振荡电路产生振荡的条件如下。

相位平衡条件：$\varphi_A + \varphi_F = \pm 2n\pi, \ n = 0, 1, 2, 3, \cdots$。

幅值平衡条件：$A \cdot F = 1$。

要保证振荡电路能够振荡，必须同时满足以上两个条件，这两个条件中相位平衡条件是关键。

12.2　*RC* 正弦波振荡电路

RC 正弦波振荡电路利用电阻和电容组成选频网络，一般用来产生 200kHz 以下的低频正弦波信

号。RC桥式正弦波振荡电路由于具有结构简单、易于调节、方便经济等优点，常被采用。

12.2.1 *RC* 桥式正弦波振荡电路的组成

RC桥式正弦波振荡电路如图12-3所示。电路中放大电路由集成运放组成，R_3和R_4构成负反馈支路。R_1和C_1、R_2和C_2组成串并联网络，构成正反馈支路。上述两个反馈支路正好形成电桥的4个桥臂，故称之为RC桥式正弦波振荡电路。

显然，由于R_3和R_4组成的负反馈支路没有选频作用，故只有依靠R_1与C_1和R_2和C_2组成的串并联网络来实现正反馈和选频，才能使电路产生振荡。

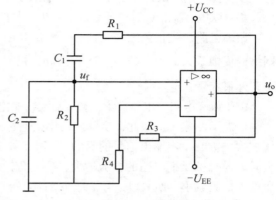

图 12-3 *RC* 桥式正弦波振荡电路

12.2.2 *RC* 串并联选频网络

RC串并联选频网络如图12-4所示。在由R_1和C_1与R_2和C_2组成的串并联网络中，R_1、C_1构成串联支路，R_2、C_2构成并联支路，u_o为输入信号，u_f为输出信号（也为反馈信号）。

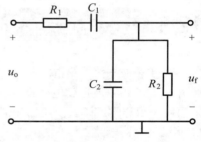

图 12-4 *RC* 串并联选频网络

对图12-4所示选频网络进行分析。设$R_1=R_2=R$，$C_1=C_2=C$，通过分析计算可以得出，当$f = f_0 = \dfrac{1}{2\pi RC}$时，输出电压$u_f$的幅值达到最大，此时$F = \dfrac{u_f}{u_o} = \dfrac{1}{3}$，同时电路的输出电压$u_f$与输入电压同相位。所以RC串并联选频网络具有选频作用。RC串并联选频网络的幅频特性和相频特性曲线如图12-5所示。

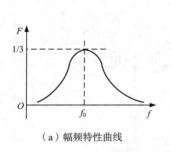

（a）幅频特性曲线

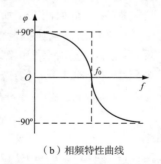

（b）相频特性曲线

*RC*串并联选频网络解释

图 12-5 *RC* 串并联选频网络的幅频特性和相频特性曲线

12.2.3 振荡频率和稳幅措施

可以分析，当$f = f_0$时，振荡电路的输出电压u_f与输入电压u_o同相，即电路满足相位平衡条件；当f偏离f_0时，因输出电压u_f与输入电压u_o相位不同，不满足相位平衡条件，不能产生自激

振荡。所以，该电路产生振荡的频率为

$$f_0 = \frac{1}{2\pi RC} \qquad （12-4）$$

改变选频网络的R或C值可以实现振荡频率的调节。在工业生产和实验中，通常采用双联电位器和双联电容器，可以方便地调节输出信号的频率。

振荡电路产生正弦波振荡还必须满足起振条件$AF > 1$。由前面分析可知，$f = f_0$时，串并联网络的反馈系数最大，即$F_{max} = \frac{1}{3}$。因此，根据起振条件，电压放大倍数只要满足$A > 3$即可，这个条件很容易满足。

由于放大电路的电压放大倍数A较大，输出信号幅值较大，静态工作点进入非线性区，易造成输出波形的失真。因此，实际应用中，通过R_3与R_4为电路引入电压串联负反馈，达到减小电压放大倍数、稳定输出信号的目的。其中，R_3为具有负温度系数的热敏电阻，当输出信号u_o增大时，通过负反馈电路的电流增大，R_3上功耗增大，温度升高，R_3阻值减小，负反馈增强，电压放大倍数减小，使输出信号u_o减小，当$AF=1$时，输出信号u_o保持稳定。相反，当输出信号减小时，R_3的负反馈支路会使电压放大倍数增大，当$AF=1$时，输出信号u_o保持稳定。

12.3　LC正弦波振荡电路

LC正弦波振荡电路指由电感L、电容C组成选频网络的正弦波振荡电路，用于产生高频正弦波信号。LC正弦波振荡电路具有易起振、输出电压较大、容易满足阻抗匹配的优点，所以在很多领域应用非常广泛。变压器反馈式LC正弦波振荡电路和三点式LC正弦波振荡电路是常见的LC正弦波振荡电路。

12.3.1　变压器反馈式LC正弦波振荡电路

1．电路结构

变压器反馈式LC正弦波振荡电路如图12-6所示。变压器反馈式LC正弦波振荡电路包括正弦波振荡电路所必需的基本放大电路、反馈电路、选频网络和稳幅环节。其中，该电路的反馈电路由变压器线圈L_f构成，选频网络由电容C和电感L构成，所以称上述电路为变压器反馈式LC正弦波振荡电路。

2．LC并联谐振回路

在选频放大电路中，经常用到图12-7（a）所示的LC并联谐振回路，图中的r表示回路的等效电阻。图12-7（b）所示为阻挡Z与角频率ω之间的关系曲线，

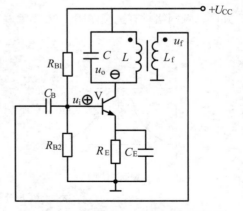

图12-6　变压器反馈式LC正弦波振荡电路

称为LC并联谐振回路的谐振曲线，图中的ω_0称为回路的谐振角频率。

可见，对应于某一个角频率$\omega = \frac{1}{\sqrt{LC}}$，$Z = Z_o$最大且是纯阻性。

当$\omega \to 0$时，虽然容抗$\frac{1}{\omega C}$很大，但感抗ωL很小，它们又是并联的，所以阻抗Z很小且呈电

感特性（简称感性）。当 $\omega \to \infty$ 时，虽然感抗 ωL 很大，但容抗 $\dfrac{1}{\omega C}$ 很小，所以阻抗 Z 仍很小且呈电容特性（容性）。

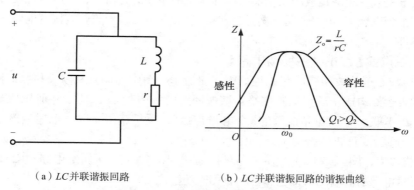

（a）LC 并联谐振回路　　　　（b）LC 并联谐振回路的谐振曲线

图 12-7　LC 并联谐振回路及其谐振曲线

可见，在 $\omega = \omega_0$ 时，阻抗最大且为电阻特性。Q 为 LC 并联谐振回路的品质因数，它是评价回路损耗大小的重要指标。Q 值越大表示品质因数越高，回路的损耗越小，对频率的选择性越好。Z 随着 ω 偏离 ω_0 值而迅速衰减，偏离 ω_0 值越大，衰减越多，而且衰减的速度与回路的品质因数 Q 值有关，Q 值越大，曲线越尖锐，说明衰减速度越快，回路的选频特性越好。

3．工作原理

如图 12-6 所示，图中 L、L_f 组成变压器，其中 L 为初级线圈电感，L_f 为反馈线圈电感，用来构成正反馈。L、C 组成并联谐振回路，是放大电路的负载，构成选频放大电路。R_{B1}、R_{B2} 和 R_E 为放大电路的直流偏置电阻，C_B 为耦合电容，C_E 为发射极旁路电容，对振荡频率而言，C_B、C_E 的容抗很小，可看成短路。

当 u_i 的频率与 LC 并联谐振回路的谐振频率相同时，LC 并联谐振回路的等效阻抗为一纯电阻且为最大，这时 u_o 与 u_i 反相，并联谐振回路的等效电阻是放大电路的负载（含次级反射到初级的电阻）。若变压器同名端如图 12-6 所示，则 u_f 与 u_o 反相，所以，u_f 与 u_i 同相，满足振荡的相位平衡条件。由于 LC 并联谐振回路的选频作用，电路中只有频率等于谐振频率的信号得到足够的放大，只要 L 与 L_f 耦合较好，就能满足振荡的幅值平衡条件而产生正弦波振荡。其振荡频率取决于 LC 并联谐振回路的谐振频率，即

$$f_0 = \frac{1}{2\pi\sqrt{LC}} \tag{12-5}$$

信号的输出一般是通过与 L 耦合的另一个绕组输出，也可以通过 L_f 绕组输出。由于基本放大电路的放大倍数较大，幅值平衡条件很容易满足，所以电路容易起振。

幅值的稳定是利用晶体管的非线性特性实现的。当输出幅值较大时，晶体管会工作在接近非线性区，使得放大倍数减小，从而使回路满足 $AF=1$。

12.3.2　三点式 LC 正弦波振荡电路

三点式 LC 正弦波振荡电路是另一种常用的 LC 振荡电路，其特点是电路中 LC 并联谐振回路的 3 个端口分别与放大电路的 3 个端口相连，故而称为三点式 LC 正弦波振荡电路。三点式 LC 正弦波振荡电路又分为电感三点式 LC 正弦波振荡电路和电容三点式 LC 正弦波振荡电路两种。

三点式LC正弦波振荡电路的连接规律为：对于振荡器的交流通路，与晶体管的发射极或者集成运放的同相输入端相连的LC回路元器件，其电抗性质相同（同为电感或同为电容）；与晶体管的基极和集电极或者集成运放的反相输入端和输出端相连的元器件，其电抗性质必不同（一个为电感，另一个为电容）。可以证明，满足该连接规律的三点式LC正弦波振荡电路一定满足振荡的相位平衡条件。

1. 电感三点式LC正弦波振荡电路

电感三点式LC正弦波振荡电路原理如图12-8所示。图中晶体管V构成共发射极放大电路，电感L_1、L_2和电容C构成正反馈选频网络。谐振回路的3个端点1、2、3分别与晶体管的3个电极相接（L_1、L_2串联，分别与晶体管的3个电极连接），反馈信号u_f取自电感线圈L_2两端电压，故称为电感三点式LC正弦波振荡电路，也称为电感反馈式LC正弦波振荡电路。如果忽略R_{B1}、R_{B2}、R_C的负载效应，图12-8（a）所示电路可以简化为图12-8（b）所示电路。图12-8中电感符号上的黑点表示电感的同名端，即电感两端有相同的电位。

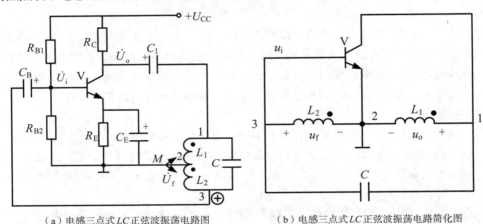

（a）电感三点式LC正弦波振荡电路图　　　　（b）电感三点式LC正弦波振荡电路简化图

图 12-8　电感三点式LC正弦波振荡电路原理

图12-8所示电路谐振时，相对于参考点地电位，输出电压U_o（U_C）与输入电压U_i（U_B）反相，而U_f与U_o反相，所以U_f与U_i同相，电路在回路谐振频率处构成正反馈，从而满足了振荡的相位平衡条件。由此可得到振荡频率为

$$f_0 = \frac{1}{2\pi\sqrt{L'C}} \tag{12-6}$$

$$L' = L_1 + L_2 + 2M \tag{12-7}$$

式中，M为两部分线圈之间的互感。

电感三点式LC正弦波振荡电路的优点是容易起振，这是因为L_1与L_2之间耦合很紧、正反馈较强。此外，改变振荡回路的电容值，就可很方便地调节振荡信号频率。

但由于反馈信号取自电感L_2两端，而L_2对高次谐波呈现高阻抗，故不能抑制高次谐波的反馈，因此振荡电路输出信号中的高次谐波成分较多，信号波形较差。该电路的最高频率可达几十兆赫兹。

2. 电容三点式LC正弦波振荡电路

电容三点式LC正弦波振荡电路原理如图12-9所示，其电路构成与电感三点式LC正弦波振荡电路的基本相同，不过正反馈选频网络由电容C_1、C_2和电感L构成，反馈信号u_f取自电容C_2两端，故称为电容三点式LC正弦波振荡电路，也称为电容反馈式LC正弦波振荡电路，C_2也称为反馈电容。

由图12-9不难判断在回路谐振频率处，反馈信号u_f与输入电压u_i同相，满足振荡的相位平衡条件。电路的振荡频率近似等于谐振回路的谐振频率，即

$$f_0 = \frac{1}{2\pi\sqrt{LC'}} \qquad (12\text{-}8)$$

$$C' = \frac{C_1 C_2}{C_1 + C_2} \qquad (12\text{-}9)$$

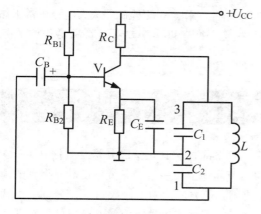
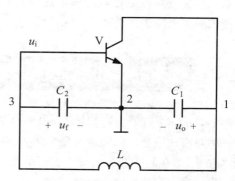

（a）电容三点式LC正弦波振荡电路图　　　　　　（b）电容三点式LC正弦波振荡电路简化图

图 12-9　电容三点式LC正弦波振荡电路原理

电容三点式LC正弦波振荡电路的反馈信号取自电容C_2两端，因为C_2对高次谐波呈现较小的容抗，反馈信号中高次谐波的分量小，故振荡电路的输出信号波形较好。

当通过改变C_1或C_2来调节振荡频率时，会改变正反馈量的大小，因而会使输出信号幅值发生变化，甚至可能会使振荡电路停振。所以调节这种振荡电路的振荡频率很不方便。

图12-10所示为改进型电容三点式LC正弦波振荡电路原理。与图12-9相比较，它仅在电感支路中串入一个容量很小的微调电容C_3，当$C_3 \ll C_1$，$C_3 \ll C_2$时，$C' \approx C_3$。所以，这种电路的振荡频率为

$$f_0 = \frac{1}{2\pi\sqrt{LC'}}$$

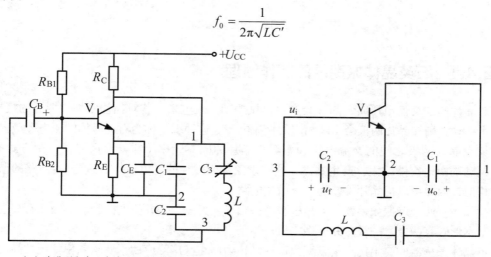

（a）改进型电容三点式LC正弦波振荡电路图　　　　　　（b）改进型电容三点式LC正弦波振荡电路简化图

图 12-10　改进型电容三点式LC正弦波振荡电路原理

在改进型电容三点式LC正弦波振荡电路中，当C_3比C_1、C_2小得多时，振荡频率仅由C_3和L来决定，与C_1、C_2基本无关，C_1、C_2仅构成正反馈，它们的容量相对来说可以取得较大，从而减小与之相并联的晶体管输入电容、输出电容的影响，提高了频率的稳定性。

分析3种LC正弦波振荡电路能否正常工作的步骤可归纳如下。

第一步，检查电路是否具备正弦波振荡器的基本组成部分，即基本放大电路和反馈电路，并且有选频网络。

第二步，检查放大电路的偏置电路，检查晶体管的静态工作点是否能确保放大电路正常工作。

第三步，分析振荡器是否满足幅值平衡条件和相位平衡条件（主要看是否满足相位平衡条件，即用瞬时极性法判别是否存在正反馈）。

12.4 石英晶体正弦波振荡电路

图12-11（a）所示为石英晶体。天然的石英是六菱形晶体，其化学成分是二氧化硅（SiO_2）。石英晶体具有非常稳定的物理和化学性能。从一块石英晶体上按一定的方位角切割，得到的薄片称为"晶片"。在晶片两个对应的表面用真空喷涂或用其他方法涂敷上一层银膜，分别引出两个电极，再用金属壳或玻璃壳封装起来，就构成了一个石英晶体谐振器。它是石英晶体振荡器的核心元器件。图12-11（b）所示为各种石英晶体振荡器。

（a）石英晶体

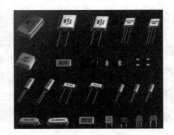

（b）石英晶体振荡器

图 12-11　石英晶体和石英晶体振荡器

12.4.1　石英晶体振荡器的工作原理

当对晶片施加交流电压时，晶片会产生机械振动。反过来，若对晶片施加周期性的机械力，使它发生振动，则在晶片两极会出现相应的交流电压。这种现象称为石英晶体的压电效应。

当加在晶片两极之间的交流电压频率等于晶片的固有频率（与外形尺寸及切割方式有关）时，其振动的幅值突然增大，产生共振，这种现象称为晶片的压电谐振。这与LC回路的谐振现象非常相似，因此可以把晶片等效为一个谐振电路。

石英晶体有两个谐振频率，一个是串联谐振频率，另一个是并联谐振频率，因而石英晶体振荡器的基本形式有两类，一类是并联型，另一类是串联型。

石英晶体振荡器的突出优点是频率稳定性高，因而它被广泛应用于要求频率稳定性高的设备中，例如标准信号发生器、脉冲计数器和计算机中的时钟信号发生器等。

石英晶体振荡器的图形符号如图12-12（a）所示，它可用一个LC串并联电路来等效，如

图 12-12（b）所示。其中 C_o 是晶片两表面涂敷银膜形成的电容，L 和 C 分别模拟晶片的机械振动的参数，电阻 R 表示因摩擦而造成的损耗。晶片具有很高的质量与弹性比值（等于 L/C），因而它的品质因数 Q 值很高，可达 $1 \times 10^4 \sim 5 \times 10^5$ 数量级。

例如一个 4MHz 的石英晶体振荡器，其典型参数为：C_o=5pF，L=100mH，C=0.015pF，R=100Ω，Q=25000。从图 12-12（b）所示的等效电路可得到它的电抗与频率之间的关系曲线，称为石英晶体振荡器的电抗频率特性曲线，如图 12-12（c）所示。

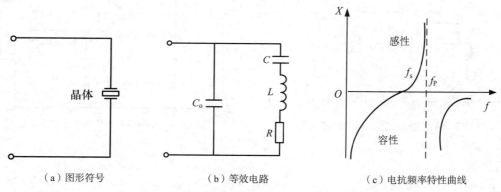

（a）图形符号　　　　　　　（b）等效电路　　　　　　（c）电抗频率特性曲线

图 12-12　石英振荡的图形符号、等效电路及电抗频率特性曲线

12.4.2　石英晶体振荡电路分析

显然图 12-12（b）所示电路可以视为 R、L、C 的串联与 C_o 的并联（RLC 支路），设加到石英晶体两端信号的频率 f 可变，在频率较低时，RLC 支路的 $X_C > X_L$（$\frac{1}{\omega C} > \omega L$），为容性，与 C_o 并联后仍相当于电容。

当频率升高时，总有一个频率 f_s 使得 $X_C = X_L$，使 LC 支路发生串联谐振，这时晶体两端相当于一个小电阻 R 与 C_o 并联。

如果频率继续升高，LC 支路中 $X_C < X_L$，呈现感性，当 $X_C = X_L$ 时，LC 支路与 C_o 发生并联谐振，频率为 f_p，使得晶体两端出现最大阻抗 Z_o。

如果频率再次升高，晶体显示容性。

石英晶体正弦波振荡电路可分为两类，一类是石英晶体作为一个高 Q 值的元器件，它和回路中的其他元器件形成并联谐振，这类电路称为并联型石英晶体正弦波振荡电路，如图 12-13 所示；另一类是串联型石英晶体正弦波振荡电路，如图 12-14 所示。

并联型石英晶体正弦波振荡电路通常与反相放大电路配合构成振荡器，串联型石英晶体正弦波振荡电路则通常与放大倍数同相的放大电路构成振荡器。不论是并联型石英晶体振荡电路还是串联型石英晶体振荡电路，其振荡频率均由石英晶体和与石英晶体串联的电容 C 决定。

串联型石英晶体振荡电路在构成振荡器时，如果设等效电容为 C_s，电感为 L_s，电阻为 R_s，其振荡频率

$$f_s = \frac{1}{2\pi\sqrt{L_s C_s}}$$

（12-10）

并联型石英晶体正弦波振荡电路在构成振荡器时，其振荡频率

$$f_{p} = \frac{1}{2\pi\sqrt{L_{s}C'}} \qquad (12\text{-}11)$$

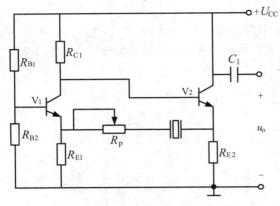

图 12-13　并联型石英晶体正弦波振荡电路

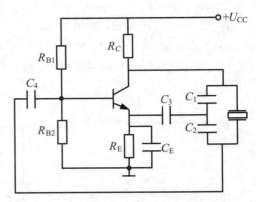

图 12-14　串联型石英晶体正弦波振荡电路

其中

$$C' = \frac{C_{o}C_{s}}{C_{o} + C_{s}}$$

此时要注意，由于 $C' < C_{s}$，所以 $f_{p} > f_{s}$；但由于 $C' \approx C_{s}$，因此实际上 $f_{p} \approx f_{s}$。振荡器的振荡频率基本不受外部参数影响，主要由 L_{s}、C_{s} 确定。

📝 本章小结

1. 正弦波振荡电路要产生自激振荡，必须同时满足以下条件。

（1）相位平衡条件

$$\varphi_{A} + \varphi_{F} = \pm 2n\pi, \quad n=0,1,2,3,\cdots$$

（2）幅值平衡条件

$$A \cdot F = \frac{u_{o}}{u_{i}} \cdot \frac{u_{f}}{u_{o}} = \frac{u_{f}}{u_{i}} > 1$$

2. 正弦波振荡电路分为 RC 正弦波振荡电路、LC 正弦波振荡电路和石英晶体正弦波振荡电路。

（1）RC 正弦波振荡电路利用 RC 串并联网络作为选频网络，并依靠稳压二极管来稳定振荡幅值和改善振荡波形。RC 正弦波振荡电路一般用在低频信号发生器中。

（2）LC 正弦波振荡电路利用 LC 并联谐振回路作为选频网络。LC 正弦波振荡电路可分为变压器反馈式、电容三点式、电感三点式等。其中电容反馈式电路的工作频率较高，振荡波形好，因而应用较广。

（3）石英晶体正弦波振荡电路利用石英晶体谐振器作为选频网络，它的频率稳定性很高。石英晶体正弦波振荡电路有并联型和串联型两种。

📝 习题

一、填空题

1. 根据选频网络所采用的元器件不同，正弦波振荡电路可以分为（　　　　　）、LC 正弦波振荡电路和（　　　）。

2. 正弦波振荡器的起振条件是 $A \cdot F$（　　　）1；而幅值平衡条件是 $A \cdot F$（　　　）1。

3. 变压器反馈式 LC 振荡电路包括振荡电路所必需的（　　　）、（　　　）、（　　　）和（　　　）。

4. 石英晶体有两个谐振频率，一个是（　　　），另一个是（　　　），因而石英晶体正弦波振荡电路的基本形式有两类，一类是（　　　），另一类是（　　　）。

5. 不论是并联型石英晶体正弦波振荡电路还是串联型正弦波石英晶体振荡电路，其振荡频率均由石英晶体和与石英晶体串联的（　　　）决定。

二、综合题

1. 说明 LC 正弦波电路的组成。

2. 在变压器反馈式 LC 正弦波振荡电路中，当频率满足什么条件时回路发生谐振？

3. 电路中要产生自激振荡，需要引入正反馈还是负反馈？

4. 放大电路满足自激振荡的充分必要条件是什么？

5. 在 RC 正弦波振荡器中，一般要加入负反馈支路，其主要目的是什么？

6. 说出正弦波振荡器中正反馈电路的作用。

7. 石英晶体振荡器有什么特点？与什么结构的振荡器类似？

第 **13** 章

脉冲波形产生和变换

📍 本章学习目标

掌握 555 定时器的原理和应用。

掌握多谐振荡器、单稳态触发器和施密特触发器的原理。

📍 本章讨论的问题

555 定时器的输入阈值是多少？

555 定时器的回差如何计算？

多谐振荡器、单稳态触发器和施密特触发器应用于哪些场合？

做一辈子研究生，就是要以研究生的谦虚、勤奋的学习心态和劲头，努力不止，奋斗不懈。——林为干（中国科学院院士、微波理论学家）

　　林为干长期从事电磁理论、微波理论、光波导理论以及电磁波传播、辐射理论和应用的教学与研究工作，取得了多项创新成果。改革开放后，林为干开展了毫米波技术和宽带光纤技术等方面的系统研究，完成了一大批国家科研任务，取得了一系列成果。林为干在闭合场理论、开放场理论和镜像理论方面做出了一定贡献，由他提出的单腔多模理论，推动了我国卫星通信、移动通信等领域的发展。

13.1 555 定时器

在数字电路中经常用到脉冲信号，它是具有一定幅值和频率的矩形波。例如时序电路中的时钟脉冲、控制过程中的定时信号等。这些脉冲波形的获取，通常有两种方法：一种是利用多谐振荡器直接产生矩形脉冲；另一种则是通过整形电路对已有的波形进行整形、变换，施密特触发器、单稳态触发器和多谐振荡器都具有脉冲波形整形、变换功能。

555 定时器是一种集模拟、数字于一体的集成电路，其应用极为广泛。它不仅用于信号的产生、变换、定时等多种场合，还常用于控制与检测电路中。只要在它外部配接少数几个电阻、电容元器件便可组成施密特触发器、单稳态触发器和多谐振荡器等电路。

555 定时器有 TTL 和 CMOS 两种类型的产品，它们的结构及工作原理基本相同。一般来说，TTL 型 555 定时器的驱动能力较强，电源电压范围为 5 ～ 16V，最大负载电流可达 200mA。而 CMOS 型 555 定时器的电源电压范围为 3 ～ 18V，最大负载电流不超过 4mA，输入阻抗高、功耗低，适用于构成长时间的延时电路。555 定时器可以提供与 TTL 和 CMOS 数字电路兼容的接口电平，也可与模拟电路电平兼容，还可输出一定功率，驱动微型电机、扬声器、指示灯等。

555 定时器的外观及引脚排列如图 13-1 所示。

 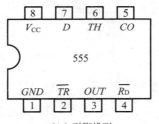 

（a）外观　　　　　　　（b）引脚排列

图 13-1　555 定时器的外观及引脚排列

555 定时器的内部电路由分压器、电压比较器 C_1 和 C_2、简单 RS 锁存器、放电晶体管 T 以及缓冲器 G 组成，它的内部电路结构如图 13-2 所示。

3 个 $5k\Omega$ 的电阻串联组成分压器，为比较器 C_1、C_2 提供参考电压。当控制电压端悬空时（可对地接上 $0.01\mu F$ 左右的抗干扰滤波电容），比较器 C_1 和 C_2 的基准电压分别为 $U_{R1} = V_{th1} = \frac{2}{3}V_{CC}$ 和 $U_{R2} = V_{th2} = \frac{1}{3}V_{CC}$。

比较器 C_1 输出为 R，比较器 C_2 输出为 S，均为低电平有效，作为 RS 触发器的输入端，控制触发器置1、清零、保持。RS 触发器的 Q 端的输出经过两次反相后，作为输出 V_O；一次反相后，控制放电晶体管 T 的导通与截止。

6 脚（TH）是比较器 C_1 的反相比较输入端 V_6，称为阈值输入端，输入高电平有效。6 脚的主要作用是：在 $V_6 > \frac{2}{3}V_{CC}$ 时，使输出 V_O 为低电平，放电晶体管导通。

2 脚（$\overline{TR}$）是比较器 C_2 的同相信号输入端 V_2，输出 S 低电平有效，称为低电平触发输入端。2 脚的作用是：当 $V_2 < U_{R2}$ 时，使输出 V_O 为高电平，放电晶体管截止。

在 $V_2 > U_{R2}$（无效）且 $V_6 < U_{R1}$（无效）时，比较器 C_1、C_2 输出均为高电平，RS 触发器维持原来状态，V_O 与放电晶体管状态不变。

4脚（$\overline{R_D}$）为直接复位输入端，在变为低电平时，使放电晶体管导通，输出V_O为低电平。

5脚为控制电压端CO，在该引脚与地之间连接电阻R'可以改变U_{R1}和U_{R2}的大小，如连接10kΩ的电阻时，$U_{R1}=0.5V_{CC}$，$U_{R2}=\frac{1}{2}U_{R1}=0.25V_{CC}$。实际应用中，该引脚通常只对地连接一个$0.01\sim0.1\mu F$的电容，以消除基准电压中的干扰信号。

7脚连接放电晶体管T的集电极，为外部的电容器提供对地的放电通路。在用于定时器或振荡器时，晶体管的集电极（7脚）一般都要外接上拉电阻。

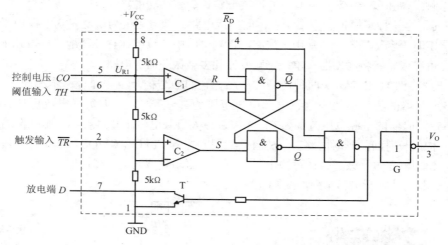

图 13-2　555 定时器的内部电路结构

555定时器的真值表如表13-1所示。

表 13-1　555 定时器的真值表

输　　入			输　　出	
阈值输入（TH）	触发输入（$\overline{TR}$）	复位输入（$\overline{R_D}$）	输出（V_O）	放电晶体管T
×	×	0	0	导通
$<\frac{2}{3}V_{CC}$	$<\frac{1}{3}V_{CC}$	1	1	截止
$>\frac{2}{3}V_{CC}$	$>\frac{1}{3}V_{CC}$	1	0	导通
$<\frac{2}{3}V_{CC}$	$>\frac{1}{3}V_{CC}$	1	不变	不变

13.2　多谐振荡器、单稳态触发器和施密特触发器

13.2.1　多谐振荡器

多谐振荡器是一种能产生方波或矩形波的电路，无须输入信号，通常作为脉冲信号源使用。由于方波或矩形波中含有许多谐波，所以其被称为多谐振荡器。多谐振荡器的工作特点是没有稳

定状态，只有两个暂稳态，工作时，多谐振荡器通过电容的充电和放电，使两个暂稳态相互交替，从而产生自激振荡，输出周期性的矩形脉冲信号，故又称为无稳态触发器。多谐振荡器的电路形式多种多样。

1．多谐振荡器的结构

用555定时器构成的多谐振荡器如图13-3所示。R_1、R_2和C为外接定时元器件，TH和$\overline{TR}$相连后与电容C相连，C的另一端接地，控制电压端CO外接$0.01\mu F$电容。

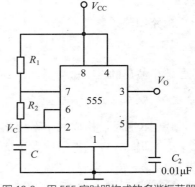

图 13-3　用 555 定时器构成的多谐振荡器

2．多谐振荡器的工作原理

根据图13-3所示结构，多谐振荡器的工作过程如下。

（1）启动

接通电源后，$V_C = 0$，电容C通过R_1和R_2，被充电，$\tau_1 = (R_1 + R_2)C$（τ_1为555定时器的充电时间常数，反映充电过程的快慢），当V_C上升到$\frac{2}{3}V_{CC}$时，使V_O为低电平，同时放电晶体管T导通，进入放电过程，电路进入第一暂稳态。

（2）放电过程

V_O变为低电平，放电晶体管T导通后，其集电极接地，此时电容C通过R_2和放电晶体管T放电，$\tau_2 = R_2C$（τ_2为555定时器的放电时间常数，反映放电时间的快慢），V_C下降。当V_C下降到$\frac{1}{3}V_{CC}$时，V_O翻转为高电平，放电晶体管T截止。电路进入第二暂稳态。

（3）正常充电过程

电容器C充电，V_C由$\frac{1}{3}V_{CC}$上升到V_{CC}，$\tau_1 = (R_1 + R_2)C$，当V_C的值达到$\frac{2}{3}V_{CC}$时，V_O再次变为低电平，放电晶体T管导通，电容器C放电。之后重复以上过程，不停地来回充电、放电，从而使电路产生振荡，输出矩形脉冲。电路不停地在第一暂稳态和第二暂稳态之间循环转换。

用555定时器构成的多谐振荡器有两个暂稳态，其工作波形如图13-4所示。

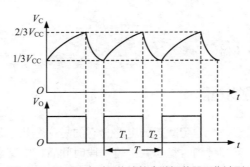

图 13-4　用 555 定时器构成的多谐振荡器工作波形

电容器C充电所需的时间为V_C由$\frac{1}{3}V_{CC}$上升到$\frac{2}{3}V_{CC}$需要的时间T_1为

$$T_1 \approx 0.7(R_1 + R_2)C$$

电容器C放电所需的时间为V_C由$\frac{2}{3}V_{CC}$下降到$\frac{1}{3}V_{CC}$需要的时间T_2为

$$T_2 \approx 0.7 R_2 C$$

周期 $T = T_1 + T_2 \approx 0.7(R_1 + 2R_2)C$，矩形波的频率为

$$f_0 = \frac{1}{T}$$

电路振荡频率为

$$f = \frac{1}{T_1 + T_2} \approx \frac{1.4}{(R_1 + 2R_2)C}$$

输出波形的占空比为

$$\delta(\%) = \frac{T_1}{T} \approx \frac{R_1 + R_2}{R_1 + 2R_2} \times 100\%$$

用555定时器构成的多谐振荡器的振荡频率受电源电压和温度变化的影响很小。可以看出 $T_1 > T_2$，即输出 V_O 的占空比大于50%。为了使占空比接近50%，最简单的办法是取 $R_2 > 20R_1$，使得 $(R_1 + R_2) \approx R_2$，即 $T_1 \approx T_2$。

例13-1 如图13-5所示电路，求解其振荡频率。

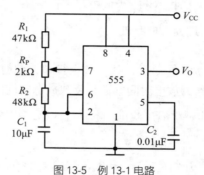

图 13-5 例 13-1 电路

解：根据前面得到振荡频率的公式可知，振荡频率为

$$f = \frac{1}{T_1 + T_2} \approx \frac{1.4}{(R_1 + 2R_2)C_1} \approx 1\text{Hz}$$

因此可得周期为

$$T = \frac{1}{f} = 1\text{s}$$

因此该电路是秒信号发生器。

13.2.2 单稳态触发器

单稳态触发器是一种只有一个稳定状态的电路，它的另一个状态是暂稳态。在外加触发脉冲作用下，电路能够从稳定状态翻转到暂稳态，经过一段时间后，电路靠自身的作用，将自动返回到稳定状态。所以单稳态触发器只有一个稳定状态，这个稳定状态要么是0，要么是1。单稳态触发器的工作特点是：在无外加触发脉冲时，电路处于稳定状态；在收到外加触发脉冲时，电路从稳定状态翻转到暂稳态；经过一段时间后，电路从暂稳态返回到稳定状态。单稳态触发器在暂稳态停留的时间仅取决于电路本身外接的 R、C 的值，与外加触发脉冲无关。

1．单稳态触发器的结构

用555定时器构成的单稳态触发器如图13-6所示。将 $\overline{TR}$ 作为信号的输入端，外接 R 和 C 定时

即可。

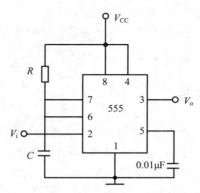

图 13-6　用 555 定时器构成的单稳态触发器

2．单稳态触发器的工作原理

（1）稳定状态

在接通电源后触发器 $Q=0$，则 $V_O=0$，放电晶体管 T 导通，电容 C 通过放电晶体管 T 迅速放电，使 $V_C=0$，使得 V_6、V_7 均小于 U_{R1}，V_O 保持低电平不变，$V_C=0$。

如果接通电源后 $Q=1$，V_O 为高电平，放电晶体管 T 就会截止，电源通过电阻 R 向电容 C 充电，当 V_C 上升到 $\frac{2}{3}V_{CC}$ 时，触发器 $R=0$，$S=1$，$Q=0$，V_O 变为低电平。此时放电晶体管 T 导通，电容 C 放电，$V_6=V_7=0$，V_O 保持低电平不变。

因此，电路通电后在没有触发信号时，只有一种稳定状态，且 $V_O=0$，放电晶体管 T 截止。

（2）暂稳态

若触发输入端施加负触发信号 V_i（$V_i<\frac{1}{3}V_{CC}$），电路的输出 V_O 由低电平跳变为高电平，同时放电晶体管截止，电路进入暂稳态。之后电容 C 充电，当 C 充电至 $V_C=\frac{2}{3}V_{CC}$ 时，输出电压 V_O 由高电平翻转为低电平，同时放电晶体管 T 导通，电容 C 迅速放电，电路返回到稳定状态。单稳态触发器的工作波形如图 13-7 所示。其中，t_p 为暂稳态的持续时间。

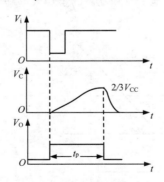

图 13-7　单稳态触发器的工作波形

如果忽略放电晶体管 T 的饱和压降，则 V_C 从零电平上升到 $\frac{2}{3}V_{CC}$ 的时间，即输出电压 V_O 的脉冲宽度 $T_w\approx1.1RC$。

通常R的取值范围为几百欧姆到几兆欧姆，电容取值范围为几百皮法到上百微法。这种电路产生的脉冲宽度可从几微秒到数分钟，精度可达0.1%。

TTL型555定时器的定时时间一般小于十几分钟。如果使用CMOS型定时器7555，定时时间可以长达数小时。

13.2.3　施密特触发器

施密特触发器也是常见的数字电路，它可以将输入缓慢变化的不规则波形整形为符合数字电路要求的矩形脉冲。它有两个稳定状态，但与其他触发器不同的是，这两个稳定状态的转换和保持都取决于外加的触发信号。施密特触发器具有滞回特性，抗干扰能力强，所以广泛应用于脉冲的整形和产生。

1．施密特触发器的结构

将555定时器的阈值输入端6脚和触发输入端2脚相接，直接复位连接V_{CC}，5脚连接0.01μF抗干扰电容，即构成施密特触发器，$V_{th1}=\dfrac{2}{3}V_{CC}$，$V_{th2}=\dfrac{1}{3}V_{CC}$，电路如图13-8所示。

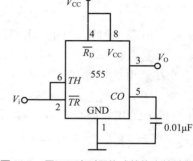

图13-8　用555定时器构成的施密特触发器

2．施密特触发器的工作原理

（1）如果V_i由0开始逐渐增加，当$V_i<V_{th2}$时，V_2有效，V_6无效，使输出V_o为高电平1（V_{OH}），晶体管截止。

（2）V_i继续增加，如果$V_{th2}<V_i<V_{th1}$，输出V_o保持高电平不变。

（3）V_i再增加，一旦$V_i>V_{th1}$时，$V_6>V_{R1}$，$V_2>V_{R2}$，V_o就由高电平跳变为低电平0（V_{OL}），晶体管导通。V_i再增加，仍是$V_i>V_{th1}$，电路输出端保持低电平不变。

（4）如果V_i由大于V_{th1}的电压值逐渐下降，在$V_{th2}<V_i<V_{th1}$时，电路输出状态不变，仍保持V_o低电平，晶体管导通；只有当$V_i<V_{th2}$时，电路才再次翻转，V_o由低电平跳变为高电平，晶体管截止。

如果输入V_i的波形是三角波，施密特触发器的工作波形和电压传输特性曲线如图13-9所示。

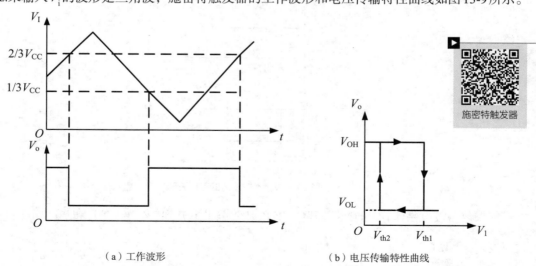

（a）工作波形　　　　　　　　　（b）电压传输特性曲线

图13-9　输入V_i的波形是三角波时施密特触发器的工作波形及电压传输特性曲线

📝 本章小结

1．555定时器（也称时基组件）是一种将模拟功能与数字功能结合在一起的多用途集成元器件。用它加上少量电阻、电容元器件，就能方便地构成多谐振荡器、单稳态触发器、施密特触发器，因而其在定时、检测、控制和报警等许多方面有着广泛的应用。

2．多谐振荡器是一种能直接产生方波或矩形波的自激振荡器。由于方波或矩形波中含有丰富的谐波，因此称其为多谐振荡器。多谐振荡器的电路形式很多，通常用555定时器构成多谐振荡器。

3．单稳态触发器只有一个稳态，当无外加触发信号时，触发器即保持在稳定状态。当外加触发信号作用后，触发器翻转到暂稳态，持续一段时间后它又会自动返回到原来的稳定状态。

4．施密特触发器也是常见的数字电路，它可以将输入缓慢变化的不规则波形整形为符合数字电路要求的矩形脉冲。它有两个稳定状态，但与其他触发器不同的是，这两个稳定状态的转换和保持都取决于外加的触发信号。

📝 习题

一、填空题

1．用555定时器构成的施密特触发器有（　　）个稳定状态。（**华中科技大学考研试题**）

2．某单稳态触发器由555定时器组成，若其定时电容 $C=0.1\mu F$，定时电阻 $R=10k\Omega$，输入信号为脉冲宽度 $t_w=50\mu s$、周期 $T=1500\mu s$ 的负脉冲，则单稳态的宽度为（　　）μs，输出信号周期为（　　）μs。（**北京理工大学考研试题**）

3．多谐振荡器是一种能产生（　　）或（　　）的电路，通常作为脉冲信号源使用。

4．单稳态触发器进入暂稳态的时刻由（　　）决定，而暂稳态持续时间由（　　）决定。（**北京航空航天大学考研试题**）

5．施密特触发器是一种（　　）电路，常用于对脉冲波形的（　　）等。（**中国海洋大学考研试题**）

6．施密特触发器有（　　）个稳定状态，多谐振荡器有（　　）个稳定状态。（**北京大学考研试题**）

二、选择题

1．单稳态触发器输出脉冲宽度主要取决于（　　）。（**暨南大学考研试题**）

A．触发脉冲的宽度　　　　B．触发脉冲的幅值

C．电源电压的数值　　　　D．组成微分或积分电路的电阻、电容参数

2．单稳态触发器的功能是（　　）。（**东南大学考研试题**）

A．每触发一次，输出一串周期性脉冲，其周期由电路的电阻、电容元器件参数决定

B．每触发一次，输出一个矩形脉冲，脉冲宽度由电路的电阻、电容元器件参数决定

C．每触发一次，输出一个矩形脉冲，脉冲幅值由电路的电阻、电容元器件参数决定

D．将输入波形高于某个稳态幅值的部分削去，变为只有一个稳态的波形，稳态的幅值由电路的电阻、电容元器件参数决定

3．下列功能中不属于施密特触发器应用范围的是（　　）。（**南京理工大学考研试题**）

    A．脉冲延时   B．波形变换   C．脉冲整形   D．幅值鉴别

三、综合题

1．用555定时器、两个电阻R_1和R_2、两个电容$C_1=10\mu F$和$C_2=0.01\mu F$，设计一个占空比为0.6、振荡频率$f=50Hz$的振荡器。要求画出给定元器件设计的振荡器电路并合理选择R_1和R_2的阻值，将元器件参数标注在电路元器件旁。（**东北大学考研试题**）

2．为什么方波振荡器也称作多谐振荡器？又称为无稳态触发器？（**北京理工大学考研试题**）

3．说明施密特触发器具有什么样的电压输出特性，描述该特性的参数是什么，该元器件主要用途是什么。（**重庆大学考研试题**）

第 **14** 章

数模转换器与模数转换器

⏻ **本章学习目标**

掌握数模转换器的工作原理和主要参数。

掌握模数转换器的工作原理和主要参数。

⏻ **本章讨论的问题**

什么是数模转换器和模数转换器？

数模转换器和模数转换器主要参数有哪些？

注重学生的理论基础，着重培养学生实践和实验能力。——王守觉（中国科学院院士、半导体电子学家）

　　王守觉于1958年在国内首次研制成功锗合金扩散高频晶体管，并在109工厂进行小批量生产，应用于我国研制的晶体管化高速计算机；1959—1963年负责研究成功全部硅平面工艺技术，并研制成功5种硅平面型晶体管；1974年成功地用自制的计算机辅助自动制版技术制成了大规模集成电路掩模版；1976年起从事新电路的探讨，提出了一种新的多值与连续逻辑高速电路——多元逻辑电路，并试用于整机；1979年后主要从事多值与连续逻辑电路系统的研究，使之应用于生产实际中。

　　王守觉为我国半导体元器件和微电子技术的创新、发展做出的开创性和系统性的杰出贡献，开拓创新、求索不止的科学精神，爱国奉献、淡泊名利的高尚风范，以及为学科发展、国家科学技术进步和在青年科技人才培养方面取得的突出成绩，值得我们学习和赞颂。对于青年学子，他言传身教，悉心培养，并以严谨求实、探索不倦的学风，勤于任事、拼搏不止的品格，率领他们一起攀峰，从而深得他们的敬重与爱戴。

14.1 数模转换器

计算机在图像、语音处理等领域应用中，都要与一些连续变化的模拟量（如温度、压力、流量、位移、速度、光亮度、声音等模拟量）"打交道"，但计算机本身只能识别和处理数字量，因此，必须经过转换器，把模拟量转换成数字量，或将数字量转换成模拟量，才能实现CPU与外部设备之间的信息交换。

数模转换器的作用是将数字信号转换成模拟信号。它常用在系统对外部设备实现控制操作的输出通道中。国内外市场已有上百种数模转换器产品出售，它们在转换时间、转换精度、分辨率以及使用价值上都各具特色。目前衡量一个数模转换器的性能的主要参数如下。

分辨率：指数模转换器能够转换的二进制数的位数，位数越多，分辨率就越高。

转换时间：指数字量从输入到完成转换、输出达到最终值并稳定所需的时间。

转换精度：指数模转换器实际输出电压与理论值之间的误差。一般采用数字量的最低有效位作为衡量单位，例如 $\pm\frac{1}{2}$LSB（最低有效位）。

线性度：指数字量变化时，数模转换器输出的模拟量按比例关系变化的程度。理想的数模转换器是线性的，但实际上有误差，模拟输出偏离理想输出的最大值称为线性误差。

数模转换器的原理是由输入二进制码的各位分别控制相应的模拟开关，通过电阻网络得到一个与二进制码各位的权值成比例的电流，再经过运算放大、求和，转换成与输入二进制码成比例的模拟电压输出。

14.1.1 T形电阻数模转换器

数模转换器有多种电路类型，其中T形电阻数模转换器是较常用的一种。图14-1所示是4位T形电阻数模转换器，主要由4个部分组成。

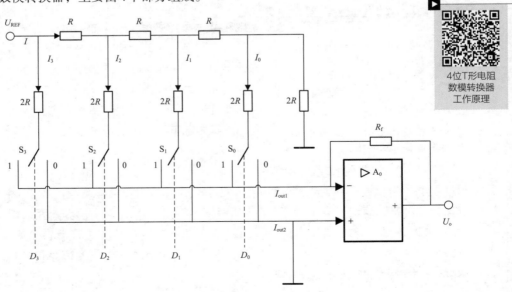

图 14-1 4 位 T 形电阻数模转换器

（1）下形电阻网络。T形电阻网络由若干个电阻值为R和$2R$的电阻构成。

（2）模拟开关。模拟开关S_3、S_2、S_1、S_0的状态分别受输入数字信号D_3、D_2、D_1、D_0控制，即每一位二进制码相应控制一个开关。以D_3为例，当$D_3=1$时，模拟开关S_3合向左边，支路电流I_3流向I_{out1}；当$D_3=0$时，模拟开关S_3合向右边，支路电流I_3流向I_{out2}。

（3）电流求和放大电路。电流求和放大器对各位数字量所对应的电流进行求和，并转换成相应的模拟电压。

（4）基准电源。基准电源用作基准的高精度电压U_{REF}，电压稳定性要求极高，一般通过专门设计的稳压电路获得。

如图14-1所示，集成运放采用反相输入方式连接，反相输入端为"虚地"。因此不论模拟开关接向左边还是右边，电阻$2R$接模拟开关一侧的电位为0。由图14-1可见，从输入端看进去整个电阻网络的等效电阻为R，总电流$I = \dfrac{U_{REF}}{R}$。并且有$I_3 = \dfrac{I}{2^4} \times 2^3$，$I_2 = \dfrac{I}{2^4} \times 2^2$，$I_1 = \dfrac{I}{2^4} \times 2^1$，$I_0 = \dfrac{I}{2^4} \times 2^0$，即每位支路电流与二进制权值成正比。

当每位开关合向左边时支路电流由I_{out1}流出，开关合向右边时支路电流由I_{out2}流出，故在输入不同的二进制码时，流过R_f的电流I_{out1}的大小就不同。

对于输入的一个任意4位二进制码$D_3D_2D_1D_0$有

$$I_{out1} = \frac{I}{2^4}(D_3 2^3 + D_2 2^2 + D_1 2^1 + D_0 2^0) \tag{14-1}$$

集成运放的输出电压可表示为

$$U_O = -R_f I_{out1} = -\frac{R_f I}{2^4}(D_3 2^3 + D_2 2^2 + D_1 2^1 + D_0 2^0) \tag{14-2}$$

可见输出的模拟电压正比于输入的二进制数字信号。依此类推，对于n位数模转换器，则有

$$U_O = -\frac{U_{REF}}{2^n R}(D_{n-1} 2^{n-1} + D_{n-2} 2^{n-2} + \cdots + D_1 2^1 + D_0 2^0) \tag{14-3}$$

14.1.2　CC7520 数模转换器

CC7520是用CMOS工艺制作的10位数模转换器，其内部只包含10位T形电阻网络和10个CMOS双向模拟开关，集成运放需要外接。图14-2（a）所示是其引脚排列。$D_0 \sim D_9$是数据输入端，U_{DD}是芯片电源端，U_{REF}是基准电压输入端，R_f是反馈输入端，I_{out1}、I_{out2}是电流输出端。

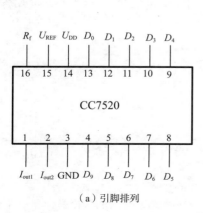

（a）引脚排列

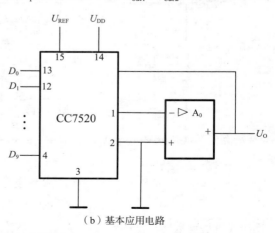

（b）基本应用电路

图 14-2　CC7520 数模转换器

CC7520的基本应用电路如图14-2（b）所示。CC7520内部16脚与1脚之间接有一个电阻R_f，且$R_f=R=10\text{k}\Omega$，此时集成运放的输出电压

$$U_\text{O} = -\frac{U_\text{REF}}{2^{10}}(D_9 2^9 + D_8 2^8 + \cdots + D_1 2^1 + D_0 2^0) \qquad （14\text{-}4）$$

14.2 模数转换器

模数转换器的功能是把模拟量转换成数字量。由于实现这种转换的工作原理和采用的工艺技术不同，产生出种类繁多的模数转换芯片。模数转换器按分辨率可分为4位、6位、8位、10位、14位、16位和BCD码的31/2位、51/2位等。模数转换器按转换时间可分为超高速（转换时间不大于330ns）、次超高速（转换时间范围为330ns ～ 3.3μs）、高速（转换时间范围为3.3μs ～ 20μs）、中速（转换时间范围为20μs ～ 300μs）、低速（转换时间大于300μs）等。模数转换器按转换原理可分为直接模数转换器和间接模数转换器。模数转换器的主要参数如下。

分辨率：指模数转换器能够转换的二进制数的位数。

转换时间：指从输入启动转换信号开始到转换结束并得到稳定的数字输出量为止的时间。

14.2.1 逐次逼近型模数转换器

1．逐次逼近型模数转换器的工作原理

逐次逼近型模数转换器的原理框图如图14-3所示。它由数模转换器、电压比较器、逐次逼近型寄存器、节拍脉冲发生器、输出寄存器、基准电源和模拟信号等几部分组成。

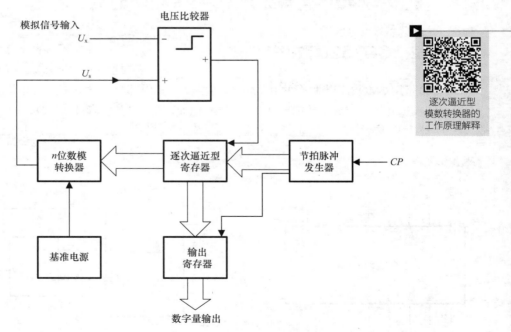

图 14-3　逐次逼近型模数转换器的原理框图

逐次逼近型模数转换器的转换过程如下。转换开始前，模数转换器输出的各位数字量全为0。

转换开始时，在节拍脉冲发生器输出的节拍脉冲作用下首先将逐次逼近型寄存器的最高位置1，使输出数字为 $100\cdots0$。这个数码经数模转换器转换成相应的模拟电压 U_s，送到电压比较器与输入电压 U_x 进行比较，若 $U_x > U_s$，说明数字量不够大，应将最高位的1保留；若 $U_x < U_s$，说明数字量过大，应将最高位的1清除。然后按同样的方法把逐次逼近型寄存器的次高位置1，并且经过比较确定这个1是否应该保留。如此逐位比较，一直进行到最低位为止。比较完毕后，逐次逼近型寄存器中的状态就是与模拟电压 U_x 对应的数字量。将此结果存入输出寄存器即可对外输出数字量。

2．3位逐次逼近型模数转换器

3位逐次逼近型模数转换器的逻辑电路如图14-4所示。

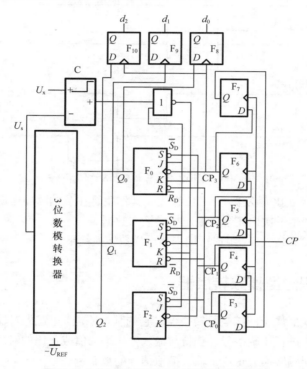

图14-4　3位逐次逼近型模数转换器的逻辑电路

3位数模转换器的作用是根据不同的输入产生一系列供比较用的参考电压。3位逐次逼近型模数转换器的输出 U_s 与输入 $Q_2Q_1Q_0$ 之间的关系如表14-1所示。

表14-1　3位逐次逼近型模数转换器输出 U_s 与输入 $Q_2Q_1Q_0$ 的关系

数字量输入			模拟量输出	数字量输入			模拟量输出
Q_2	Q_1	Q_0	U_s	Q_2	Q_1	Q_0	U_s
1	1	1	$\frac{7}{8}U_{REF}$	0	1	1	$\frac{3}{8}U_{REF}$
1	1	0	$\frac{6}{8}U_{REF}$	0	1	0	$\frac{2}{8}U_{REF}$
1	0	1	$\frac{5}{8}U_{REF}$	0	0	1	$\frac{1}{8}U_{REF}$
1	0	0	$\frac{4}{8}U_{REF}$	0	0	0	0

电压比较器的作用是：比较输入端接取样-保持后的输入电压U_x、反相输入端接参考电压U_s，将输入电压与参考电压进行比较，当$U_x>U_s$时电压比较器输出为1，反之输出为0。

节拍脉冲发生器由D触发器$F_3 \sim F_7$组成，其作用是产生节拍脉冲$CP_0 \sim CP_3$，如图14-5所示，作为逐次比较的控制信号。$CP_0 \sim CP_3$的初始状态为1，触发器F_7的输出端Q初始状态为0，可由$F_3 \sim F_7$的直接置1端或直接置0端来实现。

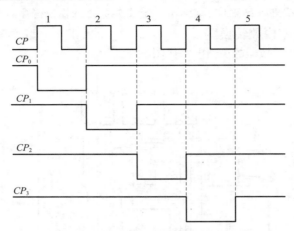

图 14-5　节拍脉冲发生器输出的节拍脉冲

逐次逼近型寄存器由JK触发器$F_0 \sim F_2$组成，其作用是在节拍脉冲作用下"记忆"前次比较结果，为数模转换器产生下次比较参考电压提供输入数据。

输出寄存器由触发器$F_8 \sim F_{10}$组成，用来存放模数转换结果。

14.2.2　双积分型模数转换器

双积分型模数转换器属于间接模数转换器。它的基本原理是：首先对输入模拟电压进行取样积分，然后对基准电压进行比较积分，获得与输入电压平均值成正比的时间间隔，并利用时钟脉冲和计数器将该时间间隔转换成正比于输入模拟信号的数字量。

双积分型模数转换器的原理框图如图14-6所示。它由积分器、过零比较器、模拟开关、控制逻辑电路、计数器和时钟脉冲发生器等组成。其中U_x为输入模拟电压，$-U_R$为基准电压，$-U_R$极性与U_x相反。为了叙述方便，现假定U_x为正极性恒定电压，$-U_R$则是负极性电压。转换前控制逻辑电路使模拟开关S_2闭合，电容C充分放电，并使计数器清零。

双积分型模数转换器转换过程可分为两个阶段：定时取样阶段和比较读数阶段。

在定时取样阶段，设$t=0$转换开始，控制逻辑电路使模拟开关S_2断开，模拟开关S_1合向A侧，积分器从起始状态0开始对U_x积分，积分器的输出电压为

$$u_0 = -\frac{1}{RC}\int_0^t U_x \mathrm{d}t \tag{14-5}$$

双积分型模数转换器的工作波形如图14-7所示。假定U_x为正值，则u_0为负并以与U_x大小相对应的斜率开始下降。由于$u_0<0$，比较器输出为高电平，与门开通，时钟脉冲CP通过与门加到计数器输入端，计数器从0状态开始计数，一直计到时间$t=t_1$时，计数器的各位再次恢复为0状态，也就是计数器状态循环变化了一次。此时计数器会输出一个信号送至模拟开关S_1，使S_1由A侧断开，转至B侧，停止取样。如果计数器为n位二进制计数器，T_c为计数脉冲周期，定时取样

阶段经过时间为

$$T_1 = t_1 - 0 = 2^n T_c \tag{14-6}$$

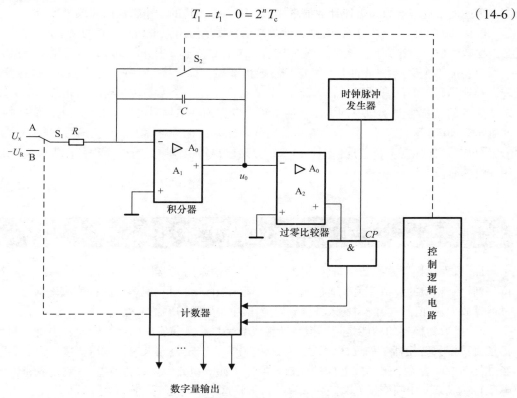

图 14-6　双积分型模数转换器的原理框图

转换瞬间 $t = t_1$，积分器的输出电压为

$$U_P = -\frac{T_1}{RC}U_x = -\frac{2^n T_c}{RC}U_x \tag{14-7}$$

在比较读数阶段，当 $t = t_1$ 时，模拟开关 S_1 合向 B 侧，积分器对反极性的基准电压 $-U_R$ 进行反向积分，输出电压 u_o。从负值 $-U_P$ 以一定斜率往正方向上升，同时计数器又从 0 开始计数。

$t > t_1$ 时积分器的输出电压为

$$u_0 = U_P - \frac{1}{RC}\int_{t_1}^{t}(U_R)\mathrm{d}t \tag{14-8}$$

当 $t = t_2$ 时，输出电压减小到 0，电压比较器输出变为低电平，与门关闭，计数器停止计数，此时输出电压为

$$u_0 = U_P + \frac{1}{RC}\int_{t_1}^{t_2}U_R\mathrm{d}t = U_P + \frac{U_R}{RC}(t_2 - t_1) = 0 \tag{14-9}$$

设 $T_2 = t_2 - t_1$，将它代入式（14-9），可得

$$T_2 = -\frac{U_P}{U_R}RC = \frac{T_1}{U_R}U_x = \frac{2^n T_c}{U_R}U_x \tag{14-10}$$

设在 T_2 时间内所计的脉冲数目为，则 $T_2 = D_{out}T_c$，从式（14-10）可得

$$D_{out} = \frac{T_2}{T_c} = \frac{2^n T_c U_x}{T_c U_R} = \frac{2^n}{U_R}U_x \tag{14-11}$$

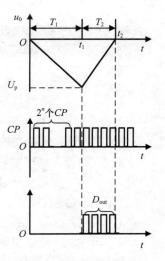

图 14-7　双积分型模数转换器的工作波形

因2^n、U_R均为定值，可见D_{out}与U_x成正比。

因此适当选取参数，可使计数值直接表示输入模拟量的大小，从而完成模数转换。应注意的是，要保证$U_x < U_R$（即$T_2 < T_1$），否则，计数结果会发生溢出，得到不正确的结果。

比较读数阶段结束后，模拟开关S_2闭合，电容C放电，积分器回零，等待下次转换。

双积分型模数转换器的主要优点是转换精度高、抗干扰能力强。这是因为采用两次积分比较，转换结果与时间常数无关，因此R、C的缓慢变化不会影响转换精度。此外，在一般控制系统中碰到的干扰主要来自电网电压，通常积分器选用的取样时间T_1等于工频电压周期的整数倍，如20ms、40ms等。这样，积分器在取样时间对输入的正负对称工频干扰信号的积分输出值等于0，故可有效地抑制工频干扰。但是，双积分型模数转换器需进行二次积分，工作速度较慢，常用在慢速测量系统中。

📝 本章小结

1. 数模转换器是把数字量转换成模拟量的线性电路元器件。其原理是由输入二进制码的各位分别控制相应的模拟开关，通过电阻网络得到一个与二进制码各位的权值成比例的电流，再经过运算放大求和，转换成与输入二进制码成比例的模拟电压输出。

2. 模数转换器的功能是把模拟量转换成数字量。目前应用的模数转换器主要有两大类。一类是直接模数转换器（如逐次逼近型模数转换器），它是将输入模拟电压直接转换成数字量，不经过任何中间变量。另一类是间接模数转换器（如双积分型模数转换器），它是先将输入的模拟电压转换成某一中间变量如时间、频率等，再将这个中间变量转换成数字代码。

📝 习题

一、填空题

1. 衡量一个数模转换器的性能的主要参数为：分辨率、（　　　）、转换精度和（　　　）。

2. 一个4位T形电阻数模转换器主要由T形电阻网络、（　　　）、（　　　）、基准电源组成。

3. 模数转换器的功能是（　　　）。

4. 逐次逼近型模数转换器由数模转换器、电压比较器、（　　　）、节拍脉冲发生器、输出寄存器、（　　　）等几部分组成。

二、综合题

1. 简述数模转换器的工作原理。

2. 简述逐次逼近型模数转换器的转换过程。

3. 简述双积分型模数转换器的基本原理。

第 **15** 章

仿真实验

ⓖ 本章学习目标

掌握 Multisim 仿真软件的使用方法。

掌握 Quartus II 的使用方法。

掌握 Verilog HDL 的基本应用。

ⓖ 本章讨论的问题

各实验的基本原理是什么？

人生不设限，精彩才无限。——顾毓琇（中国电子科学重要奠基者）

　　顾毓琇学贯中西，博古通今，是中国近代杰出的文理大师，在科学上，是国际电机权威和现代自动控制理论的先驱。他发明了"四次方程通解法"，用计算机求解方程的算法基于该"通解法"的基本思路；发明了"顾氏变数"，应用于交流电机瞬变分析，奠定了他在国际科学界的地位；获得了国际电子与电工领域的兰姆金质奖章、国际电路及系统学会颁发的杰出成就奖——千禧奖。

15.1 Multisim 仿真软件练习

15.1.1 实验目的

（1）熟悉 Multisim 仿真软件。
（2）练习绘制仿真电路。

15.1.2 Multisim 工作界面

使用 Multisim 仿真软件建立电路原理图方便、快捷，用虚拟仪器仪表测试电路性能参数及波形准确、直观，具有完备的性能分析手段。图 15-1 所示为 Multisim 工作界面。

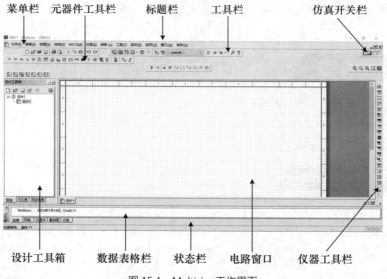

图 15-1 Multisim 工作界面

Multisim 工作界面最上部是标题栏，用于显示当前运行的软件和文件名称，下面一行是菜单栏，再下一行是工具栏（包括标准工具栏和主工具栏）和仿真开关栏，再下一行则是元器件工具栏。Multisim 工作界面左侧是设计工具箱。Multisim 工作界面中最大的区域是电路窗口，用于建立电路和进行电路仿真分析。Multisim 工作界面右侧是仪器工具栏。Multisim 工作界面下方是数据表格栏和状态栏。

15.1.3 实验内容

本次实验进行反相放大电路的设计，需要用到电源、电感、电容、晶体管以及示波器等元器件。在 Multisim 软件工作界面，用所选元器件搭建图 15-2 所示的电路，进行反相放大电路波形测试。按下仿真开关，激活电路，观察示波器，找出规律。

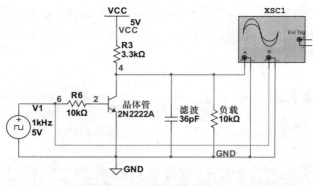

图 15-2　反相放大电路

15.1.4　实验报告

整理实验数据，撰写实验报告，并对实验结果进行分析、讨论。

15.2　单管共发射极放大电路仿真实验

15.2.1　实验目的

（1）掌握测试单管共发射极放大电路的原理。
（2）掌握测试单管共发射极放大电路的输入电压和输出电压的波形及相位关系的方法。

15.2.2　实验内容

本次实验进行单管共发射极放大电路的设计，需要用到电源、电阻、电容、晶体管、电压表、函数发生器以及示波器等元器件。在 Multisim 软件工作界面，用所选元器件搭建图 15-3 所示

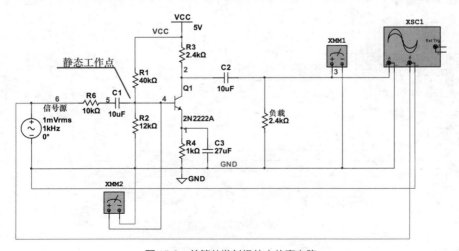

图 15-3　单管共发射极放大仿真电路

的单管共发射极放大仿真电路。分别双击电路中的函数发生器和示波器，在其打开的属性对话框中进行参数设置。然后按下仿真开关，激活电路，记录示波器显示的输入电压峰值和输出电压峰值，同时计算电压放大倍数。

15.2.3　实验报告

整理实验数据，撰写实验报告，并对实验结果进行分析、讨论。

15.3　译码器仿真实验

15.3.1　实验目的

（1）掌握译码器设计的方法和原理。
（2）灵活运用74LS138。

15.3.2　实验内容

本次实验利用74LS138进行译码器功能的验证，需要用到电源、译码器、跑马灯、数字信号发生器以及八段数码管等元器件。在Multisim软件工作界面，用所选元器件搭建图15-4所示的74LS138仿真电路。对数字信号发生器进行参数设置。然后按下仿真开关，激活电路，观察八段数码管和跑马灯，找出规律。

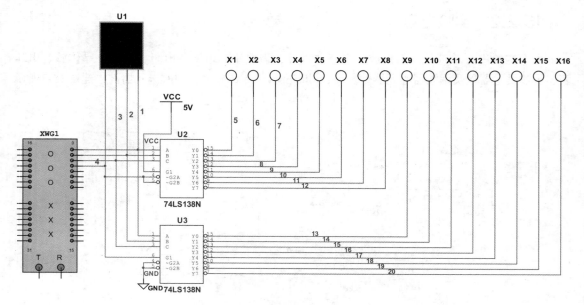

图 15-4　74LS138 仿真电路

15.3.3　实验报告

整理实验数据，撰写实验报告，并对实验结果进行分析、讨论。

15.4　计数器仿真实验

15.4.1　实验目的

（1）掌握计数器设计的方法和原理。
（2）灵活运用触发器。

15.4.2　实验内容

本次实验进行计数器的设计，需要用到电源、触发器、与门、异或门、反相器、单刀单掷开关、电阻、跑马灯以及八段数码管等元器件。在 Multisim 软件工作界面，用所选元器件搭建图 15-5 所示的 3 位二进制同步计数器。调整单刀单掷开关，设置初始状态。然后按下仿真开关，激活电路，观察八段数码管和跑马灯，找出规律。

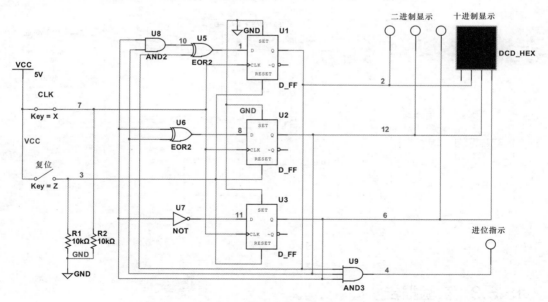

图 15-5　3 位二进制同步计数器

15.4.3　实验报告

整理实验数据，并对实验结果进行分析、讨论。

15.5 555定时器仿真实验

15.5.1 实验目的

（1）掌握555定时器的工作原理。
（2）熟练使用555定时器。

15.5.2 实验内容

本次实验利用555定时器进行门铃控制器的设计，需要用到电源、单刀单掷开关、555定时器、二极管、电感、电容以及发声器等元器件。在Multisim软件工作界面，用所选元器件搭建图15-6所示的门铃控制器。调整单刀单掷开关，设置初始状态。然后按下仿真开关，激活电路，当按下按钮时发出门铃的较高频率的"叮"声，当松开按钮时发出较低频率的"咚"声。门铃叮咚声的频率和持续时间可自由调节。

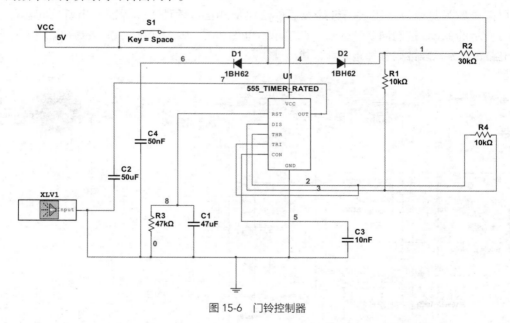

图15-6 门铃控制器

15.5.3 实验报告

整理实验数据，并对实验结果进行分析、讨论。

15.6 脉冲发生器仿真实验

15.6.1 实验目的

（1）掌握利用Quartus Ⅱ软件设计组合逻辑电路的方法。

（2）灵活运用74LS138译码器。

15.6.2 实验内容

本次实验利用Quartus Ⅱ软件进行脉冲发生器的设计，需要用到电源、译码器、与非门、输入模块、输出模块等。在Quartus Ⅱ软件工作界面，设计图15-7所示的脉冲发生器。进行综合、适配、仿真，最后进行编程下载与硬件测试。观察脉冲发生器的仿真波形输出，找出规律。

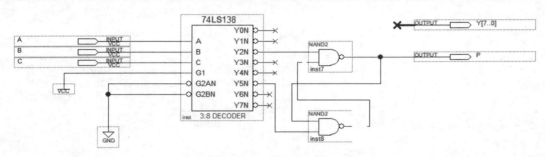

图 15-7　脉冲发生器

15.6.3 实验报告

整理实验数据，撰写实验报告，并对实验结果进行分析、讨论。

15.7 8位移位寄存器仿真实验

15.7.1 实验目的

掌握在Quartus Ⅱ软件中利用Verilog HDL实现8位移位寄存器的方法。

15.7.2 实验内容

本次实验利用Quartus Ⅱ软件进行8位移位寄存器的设计。在Quartus Ⅱ软件工作界面，采用Verilog HDL，编写程序，用非阻塞型赋值和阻塞型赋值方式分别设计一个8位移位寄存器。进行综合、适配、仿真，最后进行编程下载与硬件测试。观察两种不同方式移位寄存器的仿真波形输出，找出规律。

阻塞赋值代码　　　　非阻塞赋值代码

15.7.3　实验报告

整理实验数据，撰写实验报告，并对实验结果进行分析、讨论。